U0289916

Research on the Religious Architecture of Beijing Palace in Qing Dynasty

Fang Xiaofeng Writing

清代北京宫廷宗教建筑研究

方晓风 著

辽宁美术出版社

Liaoning Fine Arts Publishing House

图书在版编目（CIP）数据

清代北京宫廷宗教建筑研究 / 方晓风著. --沈阳：辽宁美术出版社，2018.8

ISBN 978-7-5314-7831-7

Ⅰ. ①清… Ⅱ. ①方… Ⅲ. ①紫禁城-宗教建筑-研究-北京-清代 Ⅳ. ①TU-092.49

中国版本图书馆CIP数据核字（2017）第301135号

出 版 者：辽宁美术出版社
地　　址：沈阳市和平区民族北街29号　邮编：110001
发 行 者：辽宁美术出版社
印 刷 者：辽宁一诺广告印务有限公司
开　　本：787mm×1092mm　1/16
印　　张：16
字　　数：250千字
出版时间：2018年8月第1版
印刷时间：2018年8月第1次印刷
责任编辑：彭伟哲
书籍设计：彭伟哲　姚　蔚　于敏悦
责任校对：郝　刚
ISBN 978-7-5314-7831-7
定　　价：68.00元

邮购部电话：024-83833008
E-mail:lnmscbs@163.com
http://www.lnmscbs.cn
图书如有印装质量问题请与出版部联系调换
出版部电话：024-23835227

目录 >>

第一章　绪论 >>

第一节　概念界定

一、宗教建筑

本文所涉及的宗教建筑包括儒、释、道和萨满几个主要系统的内容。这里宗教建筑的定义，是从事宗教活动、具有宗教内容的建筑或局部包含有以上内容的建筑，既可能是一个建筑群组，也可能是个体建筑或其室内空间含有宗教内容的建筑。这里需要说明的是“儒”这一名词下包含“儒家”和“儒教”两个方面的内容。儒包含宗教的因素是不争的事实，历来祠庙都是儒这一系统内的建筑，也被学界认为宗教建筑，已无须过多讨论，可能会引起异议的是本文将皇家祭祖和祀孔的建筑也纳入了讨论的范围（**目前的建筑史称之为礼制建筑，笔者曾撰文阐述了对这一分类的看法**[①]）。其一，这是因为儒、释、道三教并称并非始于现代，自隋唐以来，儒、释、道三教并称成为习语，作为中国封建时代意识形态领域的主流，将三者分开会导致认识模糊而无法获取整体的印象。从史籍中不难发现，佛道事务都是归入礼部管辖，礼志、郊祀志中也不乏佛、道祀典的记载，因此作为历史研究的方法，自囿于今天现代的分类原则和概念界定，这完全是一种后设的历史方法，不利于最大限度地还原历史真相，我们应该尊重研究对象对事物的认识和观念，如此，才能揭示历史的原貌。而且今天同属东亚文化圈内的韩国人仍在使用儒教这一概念，韦伯也使用这一概念，在国际学界中，这是一个得到普遍认同的概念。其二，儒之是否为宗教在宗教学界也有争议，学术分歧是正常的，不妨先将其纳入视野，让历史事实说话，或许本文的研究可以反过来对确认其属性有帮助。其三，本文也无意在判定儒的宗教属性方面做深入的讨论，这已超出了本文的研究范围。其四，本文选取的只是带有祭祀功能的建筑，祭祀活动无论如何是带有宗教性质的，或者说祭祀是一种宗教活动，这一点应该没有异议。其实祠庙中进行的无非也就是祭祀活动。其四，是从行为模式看，祭祖祀孔这类建筑中的礼拜行为同佛、道建筑内的礼拜行为在模式上是相近的，建筑也是为这种行为提供活动所需的空间、场所，类型一致，因此放在一起讨论是合适的。

另一方面，儒、释、道在中国历史的演进过程中相互渗透、借鉴，既有竞争也相互融合。严格地说，释、道的名目之下也并非都是宗教内容，但在研究过程中完全严格地进行区分是困难而不现实的，因此在实际选取研究对象的时候，界限略有模糊之

① 参见方晓风著，《“礼制建筑”求解》，张复合主编，《建筑史论文集》第15辑，清华大学出版社，2002年，第65–70页。

处，这也是需要说明的。本文在对祭祖建筑具体分类的时候使用“宗法性宗教”这一名词，以此来同习惯上儒所代表的儒家做一区别，但有时为了叙述的方便，仍不得不使用“儒教”或“儒”这样的名称，因为这一概念和称谓也是历史形成的，人为改变会带来很多不便。以名词对应内容，相信在理解时当不会有歧义。

二、文化

由于本文的研究从立意上就希望探讨一些文化层面的内容，因此对文化的界定也是必要的工作。《辞海》上关于“文化”的解释是：“通常指人民群众在社会历史实践过程中所创造的物质财富和精神财富的总和，也专指社会的意识形态，以及与之相适应的制度和组织结构。文化是一种历史现象，每一社会都有与其相适应的文化，并随着社会物质生产的发展而发展，作为意识形态的文化则是一定社会的政治和经济的反映，又给予巨大的影响和作用于一定社会的政治和经济。指中国古代封建王朝为维护其统治的所谓文治和教化，王融《三月三曲水诗序》：‘设神理以景俗，敷文化以柔远。’”对应本文的研究，意识形态以及制度和组织结构必然也是需要考察的重要内容。并且从这一点来看待建筑可能获得更为充分的认识和深刻的理解。

同时，本文想要论述的文化是一种选择机制，上述谈及的其教化功能正是反映了这一选择机制的实质，因此，探讨这一机制的工作就是具体而微地研究当时文化的方法，落实到本文的对象上，就是解释几个方面的问题：建造宫廷宗教建筑的目的是什么？建造的时机如何？建造后的使用情况如何？其在历史进程中有无变化？变化的原因是什么？尤其在中国古代的宗教生活中，并非一教至上的局面下，选择这一概念就显得更为重要了。

三、宫廷宗教建筑

中国有“家天下”之传统意识，所谓“普天之下，莫非王土；率土之滨，莫非王臣”[①]，这是在意识形态里的一种象征性的说法，落实到现实的生活中，尤其在清代的宫廷生活中，两者多有区别。在建筑上使用对象、使用建筑的目的、建设的经济来源都不尽相同。对应本文的研究对象即为宫廷宗教建筑，因为国家系统的宗教建筑已有较为深入的研究。同时，宫廷作为一个空间范围的概念对研究对象可以有比较明确的界定。宫廷宗教建筑因为其所处的位置和在国家政治生活中的地位，没有得到深入研究和分析，尤其是没有形成系统的概念。这正是本文想要达到的目的。

①《诗经·小雅北山》，武汉出版社，1997年，第129页。

第二节　研究意义

建筑史的研究从最初的法式研究、宏观描述到模数、环境理论、园林艺术、乡土人居等方面的深入研究，在深度、广度上都有发展。中国建筑史作为一门学科的历史并不长，以梁思成、刘敦桢为代表的老一辈学者是学科的奠基者，在极其艰难的条件下，从法式入手，结合实地调查研究，为学科发展打下了基础，其成就有深远的积极意义。中华人民共和国成立后，普遍运用马克思主义的唯物史观研究中国建筑史，重点放在两个方面：一是对古代建筑技术的研究、分析；二是探讨技术进步的动力，着眼点集中在生产力和生产关系上。20世纪80年代以后，建筑史研究呈现出新的特点，着重于专题的深入研究，并且借鉴了西方史学研究的方法，注意多学科交叉的研究，建筑史研究的广度增加了。本文即旨在此方向做深入的探讨，研究方法上主要集中在建筑文化的范畴内探讨建筑空间的构成和使用情况，把建筑放在一个广阔的文化背景下来考察，这与技术角度的建筑研究在方向上就有很大的不同。长期以来，学术界对某些专题研究的现状已经有不同的意见，在宗教建筑的研究方面多讨论其技术特点和艺术价值，而忽略了宗教文化或宗教活动对建筑的影响的研究，宗教的特点没有得到充分的揭示，这一缺陷有历史方面的原因。宗教问题的研究长期以来是一个敏感的领域，目前学术研究的氛围比之从前已是大大地宽松，完全具备了进行这方面研究的条件，所以我不揣冒昧，斗胆尝试，做这一领域研究的铺路石，这是本文的意义之一。

本文的意义之二在于，宗教方面的研究在社会学领域已取得很大的进展，而这些进展还不能充分反映到建筑研究上，导致建筑界对宗教文化的认识有滞后的现象，进而影响了对宗教建筑的充分理解。中国的宗教历史比较复杂，宗教形态也不同于基督教、伊斯兰教、犹太教等在世界文化史上占据重要地位的宗教。因此，本身关于宗教属性在学术界就有争论，宗教的定义也是众说纷纭，但如果因为这些困难就不对宗教建筑进行文化意义上的深入研究，不免失之偏颇。宗教学的研究在不断深化，有些概念已经澄清，有些定义可以界定在某一个明确的范围内探讨，这样把这些概念引申到建筑研究中来，一则可以推动建筑研究的发展，二则可以通过建筑方面的实例和成果来验证相关的人文学科的研究成果，可谓一举两得。

本文的意义之三在于，可以推动文物保护的理论和实践。由于本文的对象为在北京地区的皇家建筑，大多数建筑仍然存在，但每座建筑的保护现状不尽相同，有些建筑的现状不容乐观，未充分发挥其作为文物建筑的价值，造成这些现象的原因是多方面的，其中不乏对建筑本身价值缺乏充分认识的因素。通过本文的研究，可以在一个方面弥补这一缺憾，从而推动这些文物建筑的保护工作。从文物建筑保护的理论来看，最重要的原则就是具体问题具体分析，文物建筑保护的对象不仅是建筑，而是以建筑作为载体的历史文化。面对不同的文化背景要采取不同的保护策略，而这些策略的基础是对保护对象的充分认识，没有这一点，其他都是枉然。宗教建筑在宫廷生活中扮演着重要的角色，并且数量可观，这是中国宫廷建筑的一个特点，通过对宫廷宗教建筑的研究，可以反过来更深刻地理解宫廷生活，进而为清代历史的研究提供更为翔实的历史资料。同时，正因为宫廷宗教建筑的数量很多，这些建筑所代表的宗教内涵各不相同，构成了异常丰富的宫廷宗教文化，并且这些建筑之间也存在着一定的结构关系，形成了一个独特的建筑系统，探究这一系统，理清系统内各部分之间的关系，无疑具有重要的研究价值。当前的文物保护理论日益注重保护文物的历史信息，以此充分发挥文物建筑的社会效益，其中历史信息的展示和文化旅游是重要的线索。由于本文涉及大量宫廷生活的历史信息，对于还原宫廷生活，展示其文化价值具有积极的意义。研究成果可以直接应用到文物保护的实践中去。以紫禁城的御花园为例，多数人只知其为帝王后妃的休憩场所，不知其中的宗教建筑和为数众多的宗教活动，这些内容完全可以挖掘并展示出来，给人们一个更为清晰的历史场景，从而产生良好的社会效益。

第三节　国内外研究现状

目前尚未发现国外有类似的研究，因为中国古代宫廷中的宗教建筑作为类型来说，在建筑史中不占据主导地位，许多建筑甚至不太为人所知，这也是本文研究的一部分意义所在。但国外对西方宫廷建筑历史的研究也为本文的研究工作提供了方法上的参考，并为我们在大的文化视野思考一些问题提供了可能。限于时间和资料收集的难度，这方面的探讨只是有限度地展开，毕竟不是本文的主要方向。西蒙·瑟雷（Simon Thurley）博士的专著《英格兰都铎王朝的皇家宫殿》（*The Royal Palaces of Tudor England*）对宫殿中的宗教建筑空间的研究方法和思路，富有启示作用。

国内对本文涉及的具体的建筑研究也有不少，但视点同本文完全相同的并无先例，这方面的研究从现状看大致分为两类。一种是从宗教研究的角度来阐述这些建筑的历史，如故宫博物院的王家鹏先生长期致力于故宫博物院内藏传佛教建筑文物的研究，出了不少成果，其论文有：《雨华阁探源》《梵华楼和六品佛楼》《中正殿与清宫藏传佛教》等；另一种情况是从建筑艺术和技术的角度对研究对象中宗教类型的建筑有所涉及，如清华大学建筑学院的周维权先生长期进行中国古典园林史的研究，皇家园林中宗教建筑的比重相当大，如对神仙境界的追求甚至影响到了总体的规划布局，而佛香阁、白塔分别是颐和园与北海的控制性景观，在景观构成上有巨大的辐射作用。周维权先生对这些建筑在景观艺术上的成就多有论述，其成果集中地反映在了《中国古典园林史》一书中。但对如何形成这些现象的文化成因着墨不多，因此本文希望在这方面能做出进一步的解释。

另外还有从事历史研究的学者对此类建筑有所研究，如曾任圆明园管理处副主任的张恩荫先生在研究圆明园的历史变迁的过程中，十分关注其中包含宗教内容的建筑的研究，虽然并非主旨所在，但也做了详尽的文献考证工作，为未来的研究打下了扎实的基础。其著作《圆明园变迁史探微》包含大量的基础研究，是本文研究的重要的参考资料。而第一历史档案馆的李国荣先生，长期从事档案馆所藏清代历史档案的研究工作，从中发现了许多鲜为人知的历史事实，也为本文的研究提供了重要的线索。何重义先生和曾昭奋先生合著的《圆明园园林艺术》一书，不仅在园林的景观构成和具体手法上对圆明园的园林艺术进行了研究，而且在圆明园的历史方面整理了大量的原始资料，其成果无疑也是本文研究的重要基石。

当然，还有一些学者的专题论文也反映了本文内容的部分研究成果，如沈阳故宫博物院的白洪希女士、王明琦先生、阎崇年先生、故宫博物院的刘潞先生等对宫廷中萨满教的研究，对满族统治者进京前后的萨满教生活和建筑都做了较为详尽的介绍。其成果反映在《盛京清宁宫萨满祭祀考辨》《清代宫廷与萨满文化》《坤宁宫为清帝洞房原因论》等文中。

最后是本文外围的宗教历史和理论方面的研究，这些工作在所属专业的专家、学者的辛勤耕耘下卓有成效，权威的通史著作如任继愈先生主持的《中国道教史》、中国佛教协会编写的《中国佛教史》、李申先生撰写的《中国儒教史》等，都为本文的研究提供了宗教历史和理论方面的背景知识，对于确立本文的文化视点具有重要的意义。

综上所述，可知与本文相关的外围和局部个体的研究成果颇丰，但系统的研究尚未着力进行，这也是本文所努力尝试的意义所在。

第四节　研究方法和内容框架

研究工作的第一步是明确宫廷不同区域内的宗教建筑是否有情况，在有的前提下，再具体探讨有关的问题。从帝王的个人喜好、当时的社会背景、经济状况等多方面追溯建筑的成因。具体的工作步骤主要分为四步：一是资料收集工作；二是将宗教学理论、宗教史知识和具体宗教活动这些内容对应到宫廷宗教建筑这个研究课题上；三是资料整理工作，理出线索；四是综合分析，得出结论。

资料收集工作包含几个方面的内容：首先是文献方面，全面网络研究范围内的历史记载，包括正史和野史，即官方记载的典章制度和有关档案，同时注重各类笔记中的相关描述。其次，由于研究对象就在北京，在条件许可的情况下，实地踏勘，获取更多的第一手资料。再次，有关图档，其组成分为两个部分，一部分来自现代和当代研究者的测绘和调查，一部分来自样式类的图档。最后，广泛阅读已有的研究成果，参考前人的工作方法和结论，相互印证。

宗教理论和宗教活动对应到研究对象的过程。这一过程在笔者看来是本文顺利进行的重要环节，宗教建筑的研究必须在对宗教文化理解的基础上开展。这一过程将贯穿研究的始终，并且将超出本文的时间限制，但也必须勉为其难。对中国的宗教文化而言，目前理解上的困难包括了三个方面。其一，宗教的生存状况十分复杂。中国的宗教首先是多种宗教并存，相互之间的关系纷繁复杂。其次是几乎没有唯一神教，每一种宗教内部的情况也比较复杂。其二，由于历史的原因，我们现在是站在一个中断的传统背后，对宗教的理解只能通过文献典籍，或者部分地借鉴国外学者对港、澳、台等地区华人传统中残留的宗教习俗所做的研究，而这些地区在中国的历史上并非主流文化区域。其三，我们毕竟不是专门研究宗教文化的人文学者，所以只能是从宏观上把握，主要的工作不是发现而是借鉴，希望能将人文学者对中国传统宗教研究的成果移植到建筑历史的课题中来。具体的落实过程，就是首先参考各宗教的通史著作。其次是中国宗教文化的专题研究方面的著作，其中包括“礼”文化、园林文化中的宗教因素等。最后是已有的对宗教建筑的单体研究的著作、论文等。

资料整理工作。这一过程包括对资料的消化和理解，更重要的是通过一定的线索将资料串联起来。实际上，整理工作已是研究工作的初始阶段。整理过程中最困难的莫过于在众多的资料中理出线索，而线索正代表了研究者对研究对象的初步判断，反映了研究者的立场、角度和观点。本文根据已经进行的部分工作来总结，基本上是从两个方面整理资料。一是从对象在总平面布局中的空间关系来作为一个线索；二是从建筑使用的

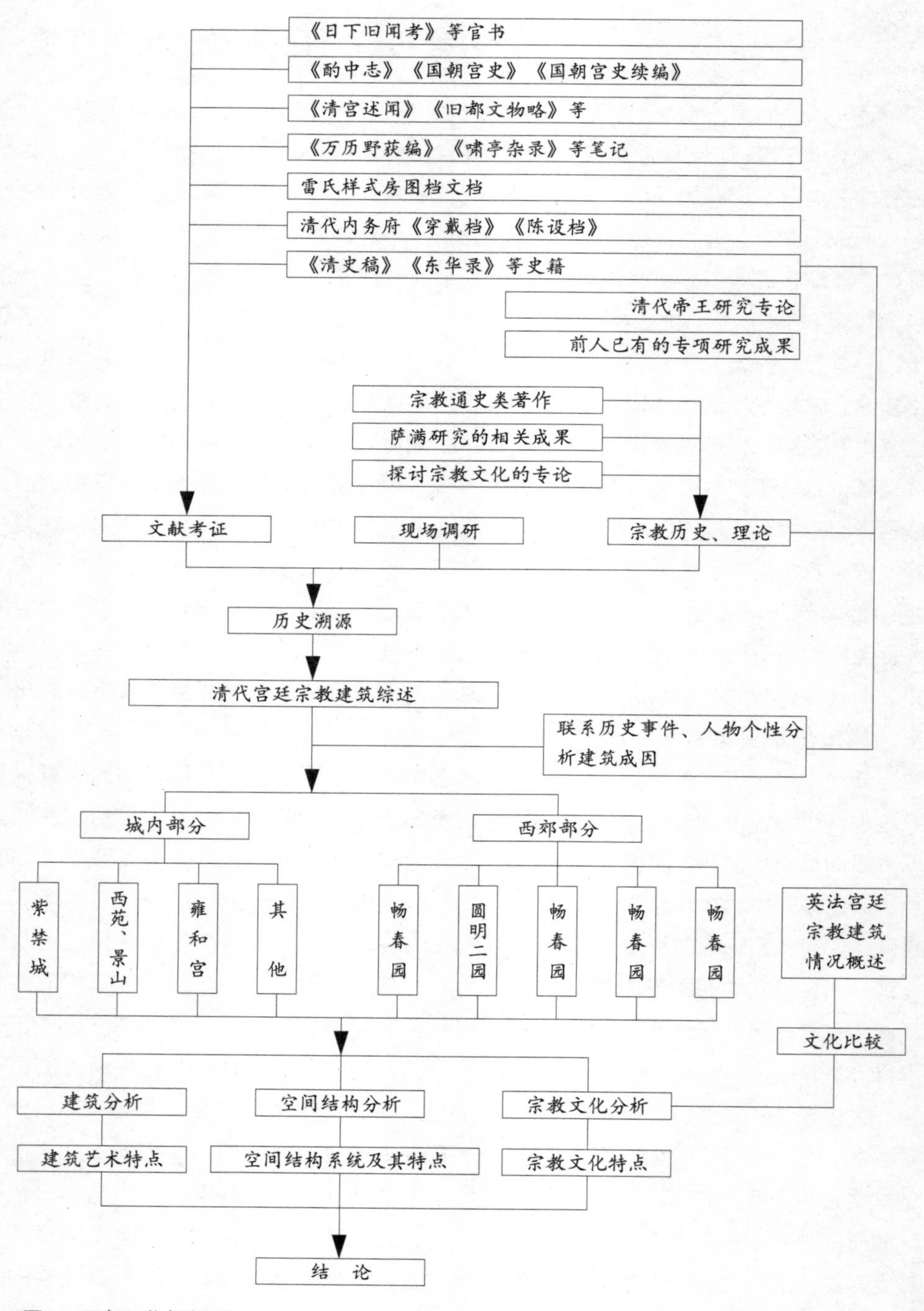
《日下旧闻考》等官书
《酌中志》《国朝宫史》《国朝宫史续编》
《清宫述闻》《旧都文物略》等
《万历野获编》《啸亭杂录》等笔记
雷氏样式房图档文档
清代内务府《穿戴档》《陈设档》
《清史稿》《东华录》等史籍
清代帝王研究专论
前人已有的专项研究成果
宗教通史类著作
萨满研究的相关成果
探讨宗教文化的专论
文献考证
现场调研
宗教历史、理论
历史溯源
清代宫廷宗教建筑综述
联系历史事件、人物个性分析建筑成因
城内部分
西郊部分
紫禁城
西苑、景山
雍和宫
其他
畅春园
圆明二园
畅春园
畅春园
畅春园
英法宫廷宗教建筑情况概述
文化比较
建筑分析
空间结构分析
宗教文化分析
建筑艺术特点
空间结构系统及其特点
宗教文化特点
结　论

图1　研究工作框架图

情况来作为线索，用直观的流线来表达。在这一过程当中，也包含了对图像资料的整理，图像资料中涉及比较大量的工作可能是绘图，尤其是将文献资料反馈到图面上来，其中包括一些复原性的绘图。

研究、分析工作将围绕下列几个方面展开。首先是关于对建筑的认识，包括有关建筑的历史信息——建成年代、历史演变等；建筑的使用者，建筑的祭祀或礼拜对象即建筑的用途；建筑的所有者属性（这里需要区分国家和皇家的概念），谁要建、为谁建和资金来源。上述这些方面的情况根据文献未必都能搞清楚，但多少会有涉及，从这些方面入手，可以对研究对象有一个较为宏观的认识，宏观认识来源于微观的个体研究。其次是有关对象的描述，这些描述主要是同建筑专业内容密切相关的信息，比如形制、尺度、装饰风格和艺术特点等。最后，将上述两方面的信息叠加，这样可以将两方面的内容联系在一起，两者之间的逻辑关系可能就自然显现出来。这一工作也包括文字和图像两部分内容。

研究框架包括三部分。首先是历史溯源，提供一个总体宗教发展的背景和宫廷宗教建筑的演变情况，主要着眼于宗教史研究成果的介绍，为正文的展开做一铺垫。其次是清代宫廷宗教建筑具体而微的个体介绍，着重回答与文化相关的几个问题，即为什么建、如何建、如何使用、历史演变等情况。这部分主要反映本课题研究基础工作的成果，包括一些具体的考证和推断。这一部分的展开在大的方面以空间位置为线索，从最核心的紫禁城逐渐向外扩散，直至西郊离宫御园中的宗教建筑。在一定的地理位置内部，一般以宗教属性作为细目展开，这样便于进一步在宗教文化方面进行讨论。再次就是在充分占有第二部分资料考证的基础上进行综合分析，重点在于循着建筑特有的线索解读文化现象，因此不乏建筑上具体特色的探讨，如空间关系、建筑尺度、艺术特点等，以建筑印证历史文化。同时将考察的范围略微放大到建筑的管理系统和不同的帝王个人的宗教态度等方面的研究上，以至于有一个全面的认识。这一部分是本文的核心内容。结论当在论述中自然产生。

第二章　历史溯源 >>

追本溯源并非本文的主旨，但简略的介绍可以提供一个宗教发展的背景，有助于我们理解清代的宗教氛围，进而把握清代宫廷宗教生活的实质。中国宗教在长期的发展、演变过程中形成了自己独有的特色，那就是儒、释、道三教共存，并有融合的趋势，形成了相对稳定的结构体系，共同占据了社会意识形态的统治地位。单纯地只是考察一个宗教门类的发展，是不能客观、全面地反映历史的真相，这在各种宗教的通史类著作中都已得到明证。

早期的宗教实践经过“绝地天通”之后，人神之间的交流权垄断在少数人手里。“古者民神不杂，……及少昊之衰也，九黎乱德，民神杂糅，不可方物，夫人作享，家为巫史，……颛顼受之，乃命南正重司天以属神，命火正黎司地以属民，使复旧常，无相侵渎，是谓绝地天通[①]”。可以看出是一次宗教改革，原始宗教转变为了国家宗教。后来的帝王在祭天、祭地、祭社稷和祭山川等活动中，其实就是扮演了大巫的角色。以礼为名目的祭祀活动及其思想在汉代的董仲舒手里，经过整理成为一套系统的体系，其中包括神学理论，占据了当时的统治地位，因此一般都把汉代作为“儒”真正形成的时间。其核心思想就是“敬天法祖”，落实到行动上就是郊天、祭祖等祭祀活动的香火不断。同时，这方面的建筑活动也一直没有停止。

道教的孕育是一个相当漫长的过程，其主要来源是古代宗教和民间巫术、神仙传说和方士方术、先秦老庄哲学和秦汉道家学说、儒学和阴阳五行思想以及古代养生之道。《礼记·祭法》说：“山林川谷丘陵，能出云，为风雨，见怪物，皆曰神，有天下者祭百神……此五代之所不变也”[②]。道教对民间信仰中神灵的吸收贯穿了整个道教发展的过程。神仙思想（追求长生是）是道教的主要表现和核心内容，体现了其关注今生的独特之处。就在这一点上，道教找到了与道家的结合点，丹鼎一派也是在这方面大做文章。而神仙思想在宫廷宗教文化中的影响贯穿了自秦汉至明清的整个封建历史时期。道教的兴起同社会背景有关，汉末社会动荡，儒学和宗法性宗教的社会功能性不能充分发挥，人心浮动，但人又必须有一定的精神支柱，佛与道可以说是正逢其时。魏晋南北朝是道教跻身上层宗教的开端，也是道教发展的第一个高潮。道教始终处于同佛教竞争的位置，三武一宗四次灭法同道教多有关系。道教在唐朝由于皇室奉老子为祖先而尊崇一时，北宋真宗至徽宗又曾利用道教以壮国威。明嘉靖崇道，道士进而干预政治，这几个时期为道教的大发展时期，但道教徒的人

①语出《国语·楚语下》卷十八，上海书店，1987年，第203页。

②语出《礼记·祭法》卷二十三，辽宁教育出版社，崔高维校点，1997年，第134页。

数从未超过几十万人，是中国五大宗教中人数最少的。道教的文化特色也正在于此，正式的教徒人数虽少，但其影响力却能持续地直达社会各阶层，因此鲁迅先生说“中国根柢全在道教”，此言不虚。道教虽然跻身上层宗教，但民间性一直是其特点，重实践轻理论，这一点在帝王的宗教态度中也可以得到印证。

佛教是外来宗教，源于印度。佛教的传入并没有确切的时间可以界定，现在大多以“汉明感梦”作为佛教传入的标志，但只是一种象征性的说法。最初传入的佛教并没有被人视为一种独立的宗教，而将其归入中国的众神系统，楚王刘英在府中立祠，佛与黄老并祀是一个例证。随着佛教典籍的翻译和中外交流的增强，佛教逐渐取得了独立的宗教地位，这也是汉末时期的事。魏晋南北朝时期“独尊儒术”的局面被打破，佛教得到了迅速的发展。帝王的赏识推波助澜地为佛教的发展提供了有利的条件，最为突出的当属四次舍身入寺的梁武帝。少数民族政权的统治者利用佛教寻求文化认同感，以中原的传统文化相平衡，并借以说明异族政权的合法性。一批高僧心领神会，竭力迎合，道安发出了“**不依国主，则法事难立**”[①] 的感慨，这些造就了一个佛教大发展时期的到来。佛教迅猛发展的必然后果是它同传统文化之间的矛盾加剧。佛教在寺院数量、规模、财富及特权等方面都成为众矢之的，且其教义有许多同传统伦理、价值、思维方式甚至出现与生活习俗相抵触的地方，因此不可避免地迎来了第一次灭法——北魏太武帝灭法，然后又有北周武宗灭法。当然，灭法是矛盾激化的产物，并不是佛教不能生存的理由，灭法之后，佛教都很快地得到复兴。但灭法促进了佛教同本土文化的融合，开始承认君臣纲纪、慧远曾作《沙门不敬王者论》，但其中也竭力宣扬佛教有“**助王化于治道**”的社会功能，北魏僧官法果则直言“**太祖明睿好道，即是当今如来，沙门宜应尽礼**”[②]。同时，孝道思想也通过中国佛教徒的翻译、注疏和牵强附会的引申被纳入佛教思想，使其更易于被国人所接受。隋唐、五代时期的佛教达到极盛。隋文帝生长于尼姑庵，故大崇佛教，唐代诸帝除武宗会昌灭法之外，多取三教并奖政策。禅宗、净土宗等彻底中国化的宗派在会昌灭法之后较快地得到恢复，成为中国佛教的主流。

在道教、佛教发展的历史中，帝王所起的作用引人注目。佛教本土化的成功改造也为佛教在宫廷中立足铺平了道路，其中孝道思想的引入和民族性问题都是本题将在后文展开的重点。

①[晋]释慧皎撰，《高僧传·道安》卷五，中华书局，汤用彤校注，1992年，第178页。

②牟钟鉴、张践著，《中国宗教通史》，社会科学文献出版社，2000年，第463页。

第一节　明代之前的宫廷宗教建筑

一、帝王与宗教的发展

宗教的发展需要一定的外部环境，从心理上分析，人只要有未知的领域，就很容易产生神秘思想，进而为宗教的发展打下基础。这也就是为什么在科学如此昌明的今天，宗教仍然是许多人的信仰，甚至一些科学家也抱有宗教观念①的原因。宗教的起源可以说明人类对未知的自然的畏惧和崇拜。

帝王与宗教的关系不外乎以下几条线索。其一是同国家政治的关系，在这一线索中作谶语、假天意谋取权利者有之，收人心、崇信仰治理天下者有之，甚而借教生威以御外敌者也有之；与上述情况对应的是一旦宗教在这些方面产生了反作用，那么限制宗教甚至灭教者同样有之。其二是帝王个人的需求，长生成仙、满足私欲无不同宗教有着千丝万缕的联系。

宗法性传统宗教为帝王所重视是极其自然和不言而喻的事实，因为帝王本身就扮演了大祭司的角色，并垄断了最高级别的祭祀权，宗教本身就是其统治的基础。同时，帝王虽然自称“天子”，有通神的能力，但实际上也有许多作为人所不可避免的烦恼和疑惑，甚至有比常人更为强烈的欲望。中国古代的帝王普遍追求长生不老，尽管他们垄断了对天地山川的祭祀权，但显然这样的宗教活动有其局限性，不能完全满足他们的需求。因此，他们也寄希望于流传民间的巫术方技，秦始皇与徐福、汉武帝与李少君、栾大、公孙卿等莫不如此，这一现象的存在也就为宗教的传播创造了条件。首先，得到了帝王的信任，无疑就取得了合法的地位；其次，也使进一步的传教、吸收信徒有了很好的例证。因此，道安曾说“不依国主，则法事难立”，可谓一针见血。而从《高僧传》等一些文献中也不难看出，传教活动首先是通过显示神迹来获得认可和信任的。

帝王同宗教的结合是以他们之间有所契合为现实基础的，但当宗教的发展达到相当程度以至与国争利的地步时，帝王也会毫不犹豫地采取措施断然灭法，中国佛教史上有著名的三武灭佛为明证。这两个方面形成的一对矛盾构成了中国封建帝王同宗教相互关系的主旋律，这在清代的宫廷宗教生活中也有反映，将在后文论及。同时也要看到，宗教活动在许多情形下也是一种奢侈品，比如外丹一道和寻访仙迹等，所费昂贵，非权贵和帝王所不能。

①诺贝尔奖得主杨振宁在2001年5月参加清华大学90周年校庆活动期间，于理学院前广场发表演讲《美与物理学》，其中提到物理学家面对宇宙奥秘时的心情是“一种庄严感，一种神圣感，一种初窥宇宙奥秘的畏惧感”。在《知识就是力量》杂志2001年第8期上第18–19页有缩写的署名文章。

二、早期宫廷中的宗教建筑

从上面的概述中可以知道，中国的三大宗教基本形成于汉末，因此汉以前的宗教都处于宗教理论不完备的状态。三代至秦都是宗法性宗教占据主导地位，宗庙、祭台等祭祀建筑早已有之；道教保留着其神仙传说和一些宗教实践，而佛教还没有传入。从文献记载看，秦汉之际的宫廷中有祠祀类的建筑，有观天象察人事的灵台，也有望仙楼、望仙台之类的体现神仙思想的建筑类型。

秦历二世而亡，宫廷的建设未能得到充分的发展，但秦代的兰池宫开创了宫苑中模仿海上神山的传统。汉代的情况就大不相同，有大规模的议礼活动，结束了春秋战国以来“礼崩乐坏”的局面，封建宗法制度开始成熟，祠祀建筑的类型也丰富起来，原庙之制的源头即在汉代。汉代别宫御苑的建设规模惊人，数量众多，其中受神仙思想影响的建筑引人注目，《郊祀志》中屡见记载。甘泉宫为秦故旧，汉初被废，它的修复和扩建即始于汉武帝听信了方士少翁的进言：“上即欲与神通，宫室被服非象神，神物不至。”[①]于是宫中“中为台室，画天地泰一诸鬼神，而置祭具以致天神。”[②]……（元封二年夏）“作甘泉通天台、长安飞廉馆。”[③]……“公孙卿曰：‘仙人可见，上往常遽，以故不见。今陛下可为馆如缑氏城，置脯枣，神人宜可致。且仙人好楼居。’于是上令长安则作飞廉、桂馆，甘泉则作益寿、延寿馆，使卿持节设具而候神人。乃作通天台，置祠具其下，将招来神仙之属。于是甘泉更置前殿，始广诸宫室。”[④]汉武帝的殷切之情诚可感人，而方士的言辞也的确巧妙，引得帝王亦步亦趋。“其后又作柏梁、铜柱、承天露仙人掌之属矣。”仙人承露自此开始成为皇家园林中的经典，后世多有模仿，“承露盘高二十丈，大七围，以铜为之，上有仙人掌承露，和玉屑饮之。”[⑤]乾隆帝曾出言讥讽为承露荷叶足矣，但这已是一千多年后的认识，而且北海、圆明园中也都有仙人承露之设，不过此时确如乾隆帝所言，装点的意味是主要的。

后来柏梁殿遭火灾被毁，根据公孙卿的厌胜之术，以大压之，“于是作建章宫，度为千门万户。前殿度高未央。其东则凤阙，高二十余丈。其西则商中，数十里虎圈。其北治大池，渐台高二十余丈，名曰泰液，池中有蓬莱、方丈、瀛洲、壶梁，象海中神山龟鱼之属。其南有

①《史记》卷二十八，《封禅书第六》，中华书局，北京，1982年第2版，第1388页。

②《汉书》卷二十五上，《郊祀志第五上》，中华书局，北京，1962年，第1219页。

③《汉书》卷六，《武帝纪第六》，中华书局，北京，1962年，第193页。

④《汉书》卷二十五下，《郊祀志第五下》，中华书局，北京，1962年，第1241-1242页。

⑤[明]顾炎武著，《历代宅京记》卷三，中华书局，1984年，第46-47页。

玉堂璧门大鸟之属。立神明台、井干楼，高五十丈，辇道相属焉。”[①]一池三山的模式已经成型，其他的建筑也都同同一主题配套，这点同后世的园林有所区别，关键在于当时园林的一个主要功能不是游观而是求仙，因此主题立意影响到设计经营，此时不难判断方士在建筑经营上有重要的作用，以建筑附会神仙传说，并且神仙建筑应体现出一些迥异于常规的形态，高是一个主要特征。

汉宣帝即位后继续了祠祀方面的活动，注重祥瑞，据记载白虎的皮、牙、爪者即立祠，“又以方士言，为随侯、剑宝、玉宝璧、周康宝鼎立四祠于未央宫中。……又立岁星、辰星、太白、荧惑、南斗祠于长安城旁。”[②]宫廷中的宗教建筑进一步丰富，宗教功能也细化、深入地反映了当时的一种普遍信仰。王莽篡位后也大兴神仙之事，“以方士苏乐言，起八风台于宫中。台成万金，作乐其上，顺风作液汤。又种五粱禾于殿中，各顺色置其方面，先鬻鹤髓、毒冒、犀玉二十余物渍种，计粟斛成一金”。[③]王莽后来沉溺于神仙故事之中，祭祀的内容也十分庞杂，祭祀场所达一千七百处，供品用三牲鸟兽三千余种，最后“以鸡当鹜雁，犬当麋鹿”[④]，显然是祭祀太滥，供品不敷应用了，宗教行为的严肃性受到影响，走向极端了，王莽后期多次自以为成仙，结合他的行为观察，确已有迷乱的迹象。

汉代还有众多的行宫，有的是后世尊崇先帝，有的是汉武帝遗留下来的专为祭祀祈祷成仙所用，“集灵宫、集仙宫、存仙殿、存神殿、望仙台、望仙观俱在华阴县界，皆武帝宫观名也。《华山记》及《三辅旧事》云：‘昔有《太元真人茅盈内记》：始皇三十一年九月庚子，盈曾祖父蒙，于华山乘云驾龙，白日升天’。……武帝即其地造宫殿，岁时祈祷焉。”[⑤]总之，汉代的神仙思想在历史中占据了一个显著的位置，留下了大量的印迹。汉末社会动乱至魏晋南北朝，经历了中国历史上大一统局面之后的历史最长的分裂时期，此时的帝王同宗教之间的关系密切，但宫廷宗教建筑的状况目前尚难核实。

隋历两代而亡，统治时间非常短，但开国之初正是大兴土木之时。新建大兴城和东都洛阳、开凿大运河等，都是十分庞大的工程。所谓百废待兴，宫苑的建设肯定是首要的，但宫苑之中的宗教建筑却非必需，很可能修之不及。隋文帝生长于尼庵，对佛教有

①《汉书》卷二十五下，《郊祀志第五下》，中华书局，北京，1962年，第1244-1245页。
②《汉书》卷二十五下，《郊祀志第五下》，中华书局，北京，1962年，第1249-1250页。
③《汉书》卷二十五下，《郊祀志第五下》，中华书局，北京，1962年，第127页。
④《汉书》卷二十五下，《郊祀志第五下》，中华书局，北京，1962年，第1270页。
⑤《三辅黄图校证》，陕西人民出版社，陈直校证，1980年。

特殊的感情，在全国广建寺庙、兴修佛塔，其于佛教的发展可谓功莫大焉，他的宗教活动屡见之于文字，但史籍之中却无宫中有宗教建筑的记载。完全可能因为他将主要精力放在了公共性的宗教建筑的建设上，而无暇顾及宫廷之中个人化的宗教生活。这本身也是一种宗教态度。唐代继承了隋的都城和其中的建筑，改称长安城，当然也有新的兴建，如大明宫的建设等，但一方面工程的摊子铺得要较隋小（实际上大明宫是唐代唯一创建的正式宫廷[1]），另一方面，唐王朝延续的时间较长，经济和时间上都具备了宫廷建筑的建设向更丰富的方向发展的条件，则内苑之中的宗教建筑才有可能得到兴建。

三、唐代的宫廷宗教建筑

唐朝的皇室奉老子为祖先，崇信道教，宫廷之中也不乏其例，主要的有太清宫（又名太上玄元皇帝宫）、三清殿、望仙台等道教建筑。文献之中早就发现了相关记载，更为可贵的是近年来进行的大明宫遗址的考古发掘，不仅证实了文献中的情况，而且提供了文献中所没有介绍的情况，使我们对于当时的宗教建筑有更为深入的了解。除了道教建筑之外，宫中也有佛教建筑，甚而直接冠以某寺之名，体现了唐王朝佛道并重的宗教政策在实际宫廷生活中的情况。

唐王朝崇奉道教，也有民族性的考虑，因为唐皇室实际上是胡人，并非汉族，通过奉老子为祖先这一行为模糊了这一问题，夷夏之防得以突破，道教作为汉族的本生宗教在文化上有很强的生命力，在政治上也多有所用。唐代宫殿在建筑的命名上也多取道教用字，玄元、太极、太清、三清、通天、九仙、望仙等不一而足，究其用途倒未必真是宗教建筑，清朝宫殿的命名则多取自儒家经典，不同的文化趣向和政治理想在这方面也可窥其一斑。

在唐代政治生活中扮演过重要角色的有太清宫，在长安大宁坊，位于长安城东北隅，离大内宫苑较近（老子故乡也有太清宫，洛阳太微宫在昭宗迁洛后曾改名太清宫，代替原太清宫的位置）。《新唐书》卷二十一载，龙首渠流于宫前，宫内有殿有廷，廷中置乐悬，殿上列有老子及时君、时相雕像。宰相兼任宫使，管理宫事，也住有道士。《旧唐书》记玄宗、代宗、德宗、宪宗、穆宗诸帝在祭祀郊庙之前，必先朝献太清宫。《资治通鉴》等书记载，国有大事亦必上告太清宫。就连黄巢即位，也先斋于太清宫[2]。太清宫之名起于天宝

① 郭湖生著，《唐大明宫建筑形制初探》，刘先觉主编、张十庆副主编，《建筑历史与理论研究文集》（1927—1997），中国建筑工业出版社，1997年。

②“巢斋太清宫，卜日舍含元殿，僭即位，号大齐。”引自《新唐书》，卷二百二十五下，《列传第一百五十下》，《逆臣传下·黄巢传》，第6458页。

二年，唐玄宗早年由于政治上的考虑崇奉道教，不断给老子加封号，提升玄元庙为宫，祭献老子的礼仪与祭献太庙同。道教具有了类似国家宗教的地位。“**玄宗御极多年，尚长生轻举之术。于大同殿立真仙之像，每中夜夙兴，焚香顶礼。**”[1]而《霓裳羽衣曲》等也是在玄宗的授意下创作，为太清宫祭献老子时演奏。此时道教艺术得到大发展。

启圣宫为玄宗故居，所谓潜邸是也，开元十一年，改为飞龙宫，后又更名为启圣宫，潜邸而改宫观这一做法在清代也能找到类似的例子，比如福佑寺、雍和宫等，不能确定最早的源头是否就在此地。《册府元龟》中记，曾于宫中琢玉造圣祖大道玄元皇帝及玄宗像，可以肯定此处确为皇家道教宫观。与启圣宫可以对照的是，也有改道观为行宫的例子，奉天宫原为嵩阳观，在嵩山之南，高宗永淳元年改为奉天宫，作为行宫，曾在此召见大臣，商讨国事。永淳二年，高宗崩，据遗诏复改为观。同样的，唐僖宗在中和年间改元中观为青羊宫，改宫后仍行道教活动。这些宫都是大内之外的别宫，内苑之中还有不少殿堂也是为举行宗教活动而兴建的。

太极宫是唐代正宫，见诸文字的有两处佛教建筑。一是佛堂，在太极宫东北隅；二是佛光寺，在两仪殿东北，神龙殿西南。《文献通考》提到，东都洛阳的宫中也有佛光寺。但这些建筑的始建年代无考证，唐长安太极宫应是因循隋代故旧，那么佛堂与佛光寺是否也是隋代就有呢？目前尚无法解答。这些建筑的规模和具体形制也是无从考证，但既见之于《长安宫城图》，那么应当是独立的建筑，甚至是规模可观的建筑。

大明宫是唐代初年兴建的，其紫宸殿东有望仙台，台东远处近东城折角处有昭德寺，太液池以北宗教建筑渐多，东有大角观，玄元皇帝庙（供奉老子）；西有三清殿，东北角有护国天王寺，其寺南有墙与宫廷相隔（日本僧人圆仁《入唐求法巡礼记》有所记述，他曾居于该寺）。望仙台是武宗时修建，最近于紫宸殿。武宗是相当虔诚的道教徒，渴望服药成仙，在位仅五年，但做了一件影响历史的大事就是“会昌灭法”，望仙台的营造似乎表明了他的宗教立场和对神仙的向往。沿用、保留固有的宗教建筑往往不能说明什么问题，但兴建建筑必定有其原因，尤其武宗时已是唐中后期了，建设活动肯定不是出于生活的需要或迫切的功能要求，而反映的是帝王个人的宗教思想和热诚。武宗在道士们的怂恿下灭法，却很快死于丹药，继位的唐宣宗马上宣布恢复佛教，但佛教的元气已伤。宫中还有咸泰殿，具体位置不详，有记载文宗时在此与太后及诸公主筵宴作乐，正月望夜观灯，也应是内宫

①《旧唐书·礼仪志四》，页681。《二十五史》，北京电子出版物出版中心，2000年，第681页。

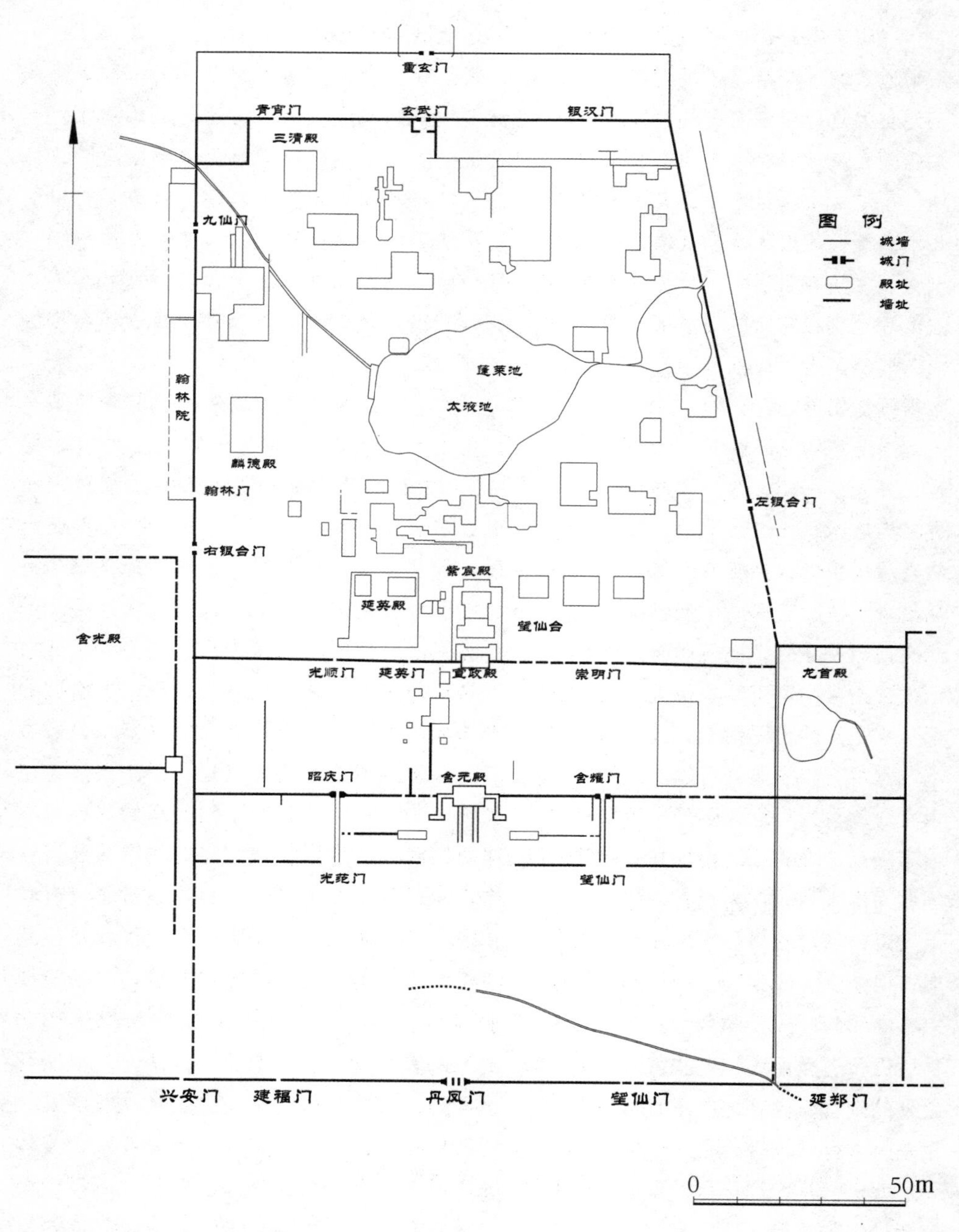

图2　唐大明宫遗址实测图（引自《唐代长安宫廷史话》）

之中的建筑。到唐懿宗时，由于懿宗好佛太过，在殿内筑坛，为内寺尼受戒。这种做法，几近儿戏，不过从中可知宫中别有尼庵，《旧唐书》记肃宗韦妃为太子妃时，肃宗为自保同其离婚，无奈削发为尼，于宫中佛庵度日[①]。

从现有资料看，大明宫中规模最大的宗教建筑是三清殿，位于大明宫城的西北隅。三清殿据文献记载有两处，一在大明宫，一在太极宫。《册府元龟》卷五十四记，宝历二年曾命道士于三清殿修道场，而唐自肃宗后诸帝都定居大明宫，道场往往近便，所以修道场的三清殿当在大明宫。考古发掘证实了这一点，挖出了一高台建筑的遗址，规模宏大，台高出当时的地面有14米之多，南北长73米，东西宽47米，有收分，顶部面积约3000平方米，具体建筑形制已不可考，但其为宫中唯一在平地上起如此规模高台的建筑。有云“仙人好楼居”，起高台筑殿堂是符合道教的审美要求的。高台东侧还有一组庭院式建筑的遗址，为三清殿的附属部分，面积亦在5000平方米以上，而如此规模也可想见唐代帝王对道教的崇奉程度。

三清殿台基为夯土，周围包砌砖壁，砖壁厚达1米多，且磨砖对缝，工艺考究。另外从出土的大量砖瓦、石栏构件和琉璃瓦等来看，当时的三清殿必定金碧辉煌、美轮美奂。宗教建筑的装饰是冠于各类建筑之首的，朝寝空间的建筑或壮丽重威或茅茨土阶，囿于儒家教条，庄重素朴，虽等级较高，但装饰却相当节制，只有在宗教建筑上可以无所顾忌地进行铺张，因为这些都不是为了帝王个人，而是为神，并且也通过铺张最为直观地表达了虔诚。此处出土的琉璃瓦最多，很可能三清殿就是宫中最为华丽的建筑。

四、宋元之际的概况

唐之后，中国再次进入了五代十国的分裂时期。这一时间不算太久，分裂之后，宋太祖完成统一，但国势积弱，至南宋偏安，辽、金占据北方。宋辽金时期，宗教的发展逐渐呈现颓势，但仍然有自己的特点，帝王同宗教的关系依然密切。

宋朝宫室不以壮美见称，同国力有关，宫廷之中有无宗教建筑，难以稽考。辽的宫廷之中是否有宗教建筑，目前也不清楚。金灭辽后，在其宫廷之中已有史书所记载的宗教建筑。《金史》记述了宫廷中拜日、拜天的情形：“天会四年正月，始朝日于乾元殿……天眷二年，定朔望朝日仪。”帝南向拜。大定十五年，有司上言：宜遵古制东向拜。十八年，帝“拜日于仁政殿，始行东向

① “妃兄坚为李林甫构死，太子惧，请与妃绝，毁服幽禁中。”引自《新唐书》卷七十七，《列传第二·后妃下·张皇后传》，中华书局，北京，1975年，第3498页。

之礼。"[1]又拜天礼如下："**金因辽旧俗，以重五、中元、重九日行拜天礼。重五于鞠场，中元于内殿，重九于都城外。其制刳木为盘，如舟状，赤为质，画云鹤文，为架高五六尺，置盘其上，荐食物其中，聚宗族拜之。若至尊则于常武殿筑台为拜天所。**"[2]金代统治者是满族的前身，是同一种族，从这段文字可知，这种方式同后来满族萨满祭天基本相同，属于萨满世界，并且也是通过拜天来维系整个宗族。不过这些建筑并非专门为拜天而建，显然其时典制化的程度不高。金代统治者对佛教也是十分崇信，屡有记载"**御宣华门观迎佛**"[3]之语，想必宫中应有供佛之所。

元结束了南北对峙的局面，首次在中国大地上建立了由少数民族统治的统一的帝国，宗教方面则有帝师制度，成为一大特色，可谓前无古人、后无来者。元代帝王崇佛，入关之前已然成风，元世祖忽必烈"**万机之暇，自持数珠，课诵、施食**"[4]，以此判断宫廷之中的宗教建筑当有无疑，《元史·释老传》也有内廷做佛事的耗费记载[5]。宫中建有五福太乙畤[6]、祭紫微星的

①《金史》卷二十九，《志第十·礼二·朝日·夕月仪条》，中华书局，北京，1975年，第722页。

②[清]于敏中等编纂，《日下旧闻考》第一册，卷二十九，北京古籍出版社，1985年，第416页。此前尚有拜天射柳之说，狩猎之习仍存于礼中，而拜天之常武殿即为宫中习射之所。《金图经》一书言，"金本无宗庙，不修祭祀。自平辽后，所用执政大臣多汉人，往往说天子之孝在尊祖，尊祖在建宗庙，金主方开悟。遂筑室于内之东南隅，庙貌虽具，制极简略。迨亮徙燕，乃筑巨阙于南城之南，千步廊之东，曰太庙。标名曰衍庆之宫。"可知金人汉化在掌握政权之后，而大内之中曾有过祭祖建筑。满族在未入关之前也无宗庙。

③《金史》卷五，《本纪第五·海陵纪》卷十一，海陵、章宗都有此举。本纪中载正隆元年、承安四年等此条，宣华门为一重宫门。中华书局，北京，1975年，分别第106页，第173页。

④语出《佛祖统记》卷四十八，转引自牟钟鉴、张践著，《中国宗教通史》，社会科学文献出版社，2000年，第701页。

⑤"延祐四年，宣徽使会每岁内廷佛事所供，其费以斤数者，用面四十三万九千五百、油七万九千、酥二万一千八百七十、蜜二万七千三百。……僧徒贪利无已，营结近侍，欺昧奏请，布施莽斋，所需非一，岁费千万……"《元史》卷二百二，《列传八十九·释老传·八思巴传附必兰纳识里传》，中华书局，北京，1976年，第4523页。

⑥"五福太乙有坛畤，以道流主之"。《元史》卷七十二，《志第二十三·祭祀志一·序》，中华书局，北京，1976年，第1780页。

云仙台[①]等宗教建筑，位于后宫的徽音亭中有玛哈噶拉佛像[②]。后宫之中僧尼来做佛事，大殿之中设佛像，都有明文[③]。寝殿之中也是“**中位佛像，旁设御榻**”，又香殿内藏“西番波若经”[④]，可知生活空间中有宗教内容非只一处，但宫中含宗法性宗教内容的建筑似乎未见记载，可能这方面确实没有引起元代帝王的足够重视[⑤]。

元代御苑之中的宗教活动更见频繁，宗教建筑也有不少。方壶殿后有吕公洞[⑥]，万寿山前立法轮竿[⑦]，不一而足。禅师入觐，于后宫大殿说法，不同的建筑中都举办过佛事活动，帝师为帝后受戒等[⑧]，正史之中有如此之多的宗教活动记载，在历朝之中也是罕见。万寿山更有规模宏大的佛事，用人至千数，游行线路不限于一地，时人称之“游皇城”。元顺帝荒于游宴，以宫女扮天魔舞，“**以宦者察罕岱布哈管领，遇宫中赞佛，则按舞奏乐。宫官受秘密戒者得入，余不得预**”。而天魔舞与佛事游行并举，盛况自是空前，有诗为证：

西天法曲曼声长，璎珞垂衣称艳妆。

大宴殿中歌舞上，华严海会庆君王。

①至元三十一年五月，“太白犯舆鬼。壬子，始开醮祠于寿宁宫。祭太阳、太岁、火、土等星于司天台。……庚申，祭紫微星于云仙台。”《元史》卷十八，《本纪第十八·成宗纪一》，中华书局，北京，1976年，第383页。

②至治三年十二月，“塑马哈吃剌佛像于延春阁之徽清亭。”《元史》卷二十九，《本纪第二十九·泰定帝纪一》，中华书局，北京，1976年，第642页。

③《元史》卷一百七十八，《列传第六十五·王结传》，第4145页：元统元年，王结召拜翰林学士，“中宫命僧尼于慈福殿作佛事，已而殿灾，结言僧尼亵渎，当坐罪。”延祐七年十二月，“庚戌，铸铜为佛像，置玉德殿。”《元史》卷二十七，《本纪第二十七·英宗纪一》，中华书局，北京，1976年，第608页。

④[清]于敏中等编纂，《日下旧闻考》卷三十二，北京古籍出版社，1985年，第451页。《南村辍耕录》卷二十一：“嘉禧殿又曰西暖殿，在寝殿西，制度如寿昌。中位佛像，傍设御榻”。第453页，“宝集寺金书西番波若经成，置大内香殿”。殿在宫垣西北隅。

⑤元代统治者也有兴学之举，但对孔子未加尊崇，官学中行礼未立孔子牌位。

⑥“方壶殿右为吕公洞，洞上数十步为金露殿”语出《大都宫殿考》，转引自[清]于敏中等编纂，《日下旧闻考》卷三十二，北京古籍出版社，1985年，第472页。

⑦二十一年二月，“立法轮竿于大内万寿山，高百尺”。《元史》卷十三，《本纪第十三·世祖纪十》，中华书局，北京，1976年，第265页。

⑧[清]于敏中等编纂，《日下旧闻考》卷三十二，北京古籍出版社，1985年，第477–482页。

西方舞女最娉婷，玉手昙花满把青。

舞唱天魔供奉曲，君王常在月宫听。

炉香夹道涌祥风，梵辇游城女乐从，

望拜彩楼呼万岁，柘黄袍在半天中。[①]

元代崇佛的另一大特色是帝后影堂设于佛寺之中，可知元代统治者始终没有彻底汉化，宗法性宗教对他们的影响远未达到使他们全心敬奉的地步，这也是元朝迅速败亡的原因之一[②]。全真教同元太祖成吉思汗的关系非同寻常，但至元辩论失败，其势大挫，至元之后已不见宠。

从某些方面看，元朝统治者同清朝统治者有许多相像之处，他们都是少数民族政权，原本信奉原始巫教——萨满教，在北方地区纵横驰骋之时，接触到了藏传佛教（喇嘛教），然后深受其影响，并多有崇奉。只是元朝帝王对宗教的热诚过高，危及了统治，这也成为清朝统治者的前车之鉴、后世之师，清朝统治者制定了较为稳健的宗教政策，有所抑，有所扬。而萨满教同中国传统的宗法性宗教之间也有颇多类似之处，其源相近，由彼及此，非为难也。萨满教缺少的是宗教理论，因此无论从统治的角度还是从文化的角度出发，接受中原文化都是很自然的选择，利用儒家经学现成的理论体系来维护宗法性家族制度或以血缘维系的氏族制度都是可以行之有效的。

第二节　明代的宫廷宗教建筑情况

一、明代皇城内的宗教建筑情况

明代的情况可以确知的要比前代充分得多。一则年代未为久远；二则史料尚未湮没；三则清代的皇家建筑有许多是因袭明代的旧物，有一定的延续性，可追索的线索多。因此对明代宫廷之中的宗教建筑情况的考察，对研究清代宫廷宗教建筑具有非常直接的意义。

有些建筑在史料中露出了蛛丝马迹，但具体情况无所考证者，本书暂不予讨论，尤其是连方位也不能确定的建筑，如弘治五年六月，光禄寺造

① “张昱辇下曲”，《张光弼诗集》，转引自[清]于敏中等编纂，《日下旧闻考》卷三十二，北京古籍出版社，1985年，第478–479页。

②《元史》卷七十五，《志第二十六·祭祀志四·神御殿条》，第1875页载：“世祖帝后大圣寿万安寺，裕宗帝后亦在焉；顺宗帝后大普庆寺，仁宗帝后亦在焉；成宗帝后大天寿万宁寺；武宗及二后大崇恩福源寺，为东西二殿；明宗帝后大天源延圣寺；英圣帝后大永福寺；也可皇后大护国仁王寺。”中华书局，北京，1976年。

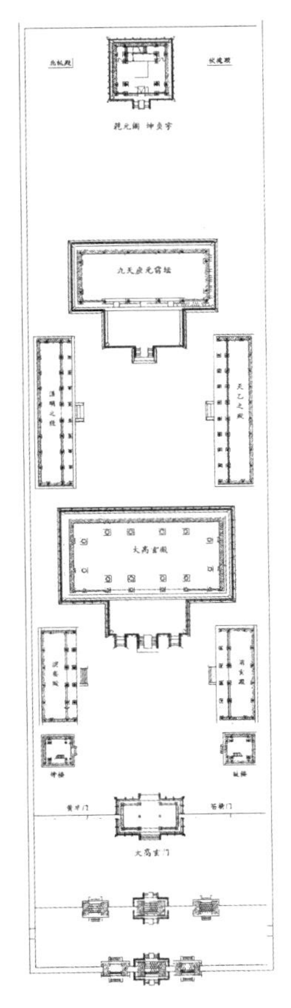

图3　大高玄殿平面

皇坛祭器，皇坛是宪宗斋醮之所[①]，此皇坛就无法判定其位置。明代崇道，历代都有所兴修，也有所变更，以一人之学力恐难一一辨清了，就目前所掌握的概述如下。

（一）宫苑之外的宗教建筑

明代的皇城禁卫森严，非清时可比，皇城可以看作是宫城的放大，某些功能辐射到了禁宫之外，或者说有些活动，如宗教玄修，只有在禁宫之外才张扬。皇城之中有许多功能性很强的建筑和场所，用来辅助宫廷生活达到一个较为舒适的水平，或弥补禁城之中宫廷生活的不足。

明嘉靖帝之崇奉道教，在皇城之内宗教建筑的情况上可以得到充分的印证。大高玄殿是其中一处较为重要的建筑，作为“习学道经内官之所居”[②]，门前有二石碑“曰宫眷人等至此下马”[③]，以示尊崇。大高玄殿为一路狭长的院落，规模并不大，见缝插针，有说其中牌楼上的题字为严嵩所书，此殿始建于嘉靖二十一年[④]，以时人讥讽“青词宰相”相度[⑤]，严嵩题字，大有可能。明代帝王崇奉道教由来已久，自明太祖朱元璋始，成祖继之，到世宗时，可谓登峰造极，毁佛寺，同时也大兴土木，其中大部分是为了道教活动所用。此处也经常召见大臣，明夏言有《雪夜召诣高玄殿》诗[⑥]：

迎和门外据雕鞍，玉蝀桥西度石阑。

①《明史》载彭程任御史，上奏见光禄寺造皇坛器，以为皇坛已废，徒费民脂，结果招罪。《明史》卷一百八十，《列传第六十八·彭程传》，中华书局，北京，1974年，第4793页。

②[明]刘若愚著，《酌中志》，北京古籍出版社，1994年，第138页。

③[明]刘若愚著，《酌中志》，北京古籍出版社，1994年，第142页。

④“二十一年夏四月庚申，大高玄殿成。”《明史》卷十七，《本纪第十七·世宗纪一》，此殿当是宫婢之乱后马上着手建设。中华书局，北京，1974年，第231页。

⑤明世宗常命大臣献青词，夏言后期表示出了一定的抵触情绪，因而失势，严嵩善青词，以此得宠，权倾一时。后徐阶揣摩此道，暗习扶乩，串通太监，遂取而代之。此又宗教与政治之关系一例也。

⑥汤用彬、彭一卣、陈声聪编著，《旧都文物略》，书目文献出版社，1986年，第51页。

琪树琼林春色静，瑶台银阙夜光寒。
炉香飘渺高玄殿，宫烛辉煌太乙坛。
白首岂期天上景，朱衣仍得雪中看。

可以肯定深夜召见并非为了国事，道教的斋醮仪式都在半夜进行，仪式内容之一是拜表即上青词，明世宗的青词都是命大臣写的，此时召见必定就是奉召来写青词了。从这些情况来看，也不难理解为什么此类建筑要建在禁城和内苑之外了，因为外臣往来比较方便。

大高玄殿的建筑颇有特色，殿前有二亭，与角楼相仿，称“九梁十八柱”。内有象一宫，供奉象一帝君“范金为之，高尺许，乃世庙玄修之御容也”①，此处也是明世宗率修的斋宫之一②，以帝王之身而成教中偶像之事，由来已久，清亦有之，国外的宫廷礼拜堂中也有类似的情况出现。帝王此时具有了双重身份，统辖着身在其中的人们，不仅是世俗的权威，也是彼岸世界中的神圣一员。明时的情况只有《酌中志》中约略提及③，有殿阁名称，详情不可考了，《旧都文物略》描述了清朝遗留下的建筑情况：入正门之后“左右各有钟鼓楼一，中为正殿，殿七间，东西配殿各五间，过大高玄殿为雷坛殿，五间，两旁配殿各五间。过雷坛殿，有殿三间，制上圆下方，二层，上题‘乾元阁’，下题‘坤贞宇’。此全殿为明时建造，清乾嘉间重加修饰，供奉玉皇，为祈雨之所。”基本格局同明时相同，只是名称改变了，殿内的内容也有所变化。

另一处重要的宗教场所就是大光明殿，《旧都文物略》称此即为明万寿宫，而在《北京历史地图集》中，大光明殿与万寿宫毗连并存。嘉靖时，万寿宫毁于火，而大光明殿的活动屡见之于文字，肯定不是同一处。明王世贞有《西苑宫词》，从中可以一窥当时的情景：

色色罗衫称体裁，
铺宫新例一齐开。
菱花小样黄金盒，
昨夜真人进药来。

两角鸦青双箸红，
灵犀一点未曾通。
自缘身作延年药，

①[明] 刘若愚著，《酌中志》，北京古籍出版社，1994年，第139页。

②汤用彬、彭一卣、陈声聪编著，《旧都文物略》，书目文献出版社，1986年，第51页。

③“北上西门之西，大高玄殿也。其前门曰始清道境。左右有牌坊二：曰先天明境，太极仙林；曰孔绥皇祚，宏佑天民。又有二阁，左曰阳明阁，右曰阴灵轩。内曰福静门，曰康生门，曰高元门，苍精门，黄华门。殿之东北曰无上阁，其下曰龙章凤篆，曰始阳斋，曰象一宫”。语焉不详，但有门名，而无殿名，二阁可能就是钟鼓楼，牌坊一直保留着，其上题字也没有改变。——引文引自《酌中志》，第139页。

憔悴春风雨露中。[①]

帝王迷恋道教，长生此其一，纵欲此其二，从上述宫词中可以感受到这点。这也是道教名声不好的一个原因，有明一代为劝谏皇帝远离此道而丢掉性命的大臣，不计其数，仅嘉靖一朝，就有数十人。至清代，此处作为拜斗殿，高士奇、汤金钊曾赐居于殿侧。使得我们可以通过他们的文字一窥其中堂奥，“在西安门内万寿宫遗址之西，地极敞豁。门曰登丰。前为圆殿，高数十尺，制如圜丘，题曰大光明殿。中为太极殿。后有香阁九间，题曰天玄阁。高深宏丽，半倍于圆殿。皆覆黄瓦，甃以青琉璃，下列文石花础作龙尾道，丹楹金饰，龙绕其上。四面琐窗藻井，以金绘之。白石陛三重，中设七宝云龙神牌位，以祀上帝。相传明世宗与陶真人讲内丹于此。”[②]建筑的装饰相当富丽，就内容而言也是将宗法性宗教的祭天同道教礼仪混合，颇能反映当时的宗教观念，儒道混合不仅仅是在嘉靖朝，只是嘉靖朝的崇道有些出格。明代皇城之中的这些道教建筑在具体的使用上各有不同的侧重，不惟是宗教功能，因为明世宗不再在宫中居住，这些宗教建筑承担了一定的朝会功能，“自西苑肇兴，寻营永寿宫于其地。未几而元极、高元等宝殿继起。以元极为拜天之所，当正朝之奉天殿。以大高元为内朝之所，当正朝之文华殿。又建清馥殿为行香之所，每建金箓大醮坛，则上必躬至焉。凡入直撰元诸仪臣，皆附丽其旁。即阁

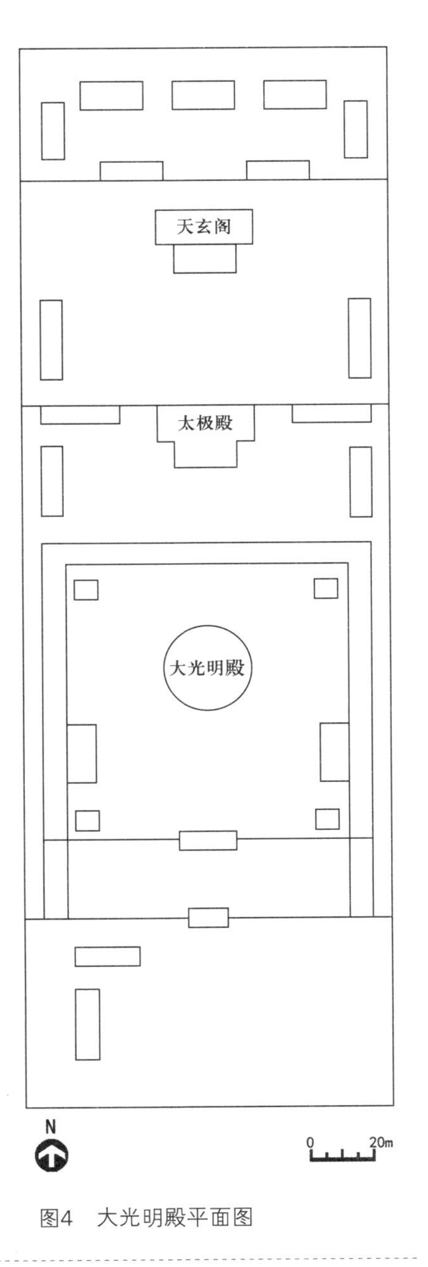

图4 大光明殿平面图

①汤用彬、彭一卣、陈声聪编著，《旧都文物略》，书目文献出版社，1986年，第101页。词中少女即为世宗从民间征集，以其经血提炼丹药，红铅之类就是用此为原料，药的效力无非还是壮阳。

②[清]高士奇著，《金鳌退食笔记》，北京古籍出版社，1980年，第147页。

臣亦昼夜供事，不复至文渊阁。盖君臣上下，朝真醮斗几三十年”[1]。明世宗作为道教皇帝可谓名副其实，也是历史上所罕见的一位皇帝。这些东西一改朝换代马上就废止了，以明代普遍崇道的传统看，这些都是荒唐至极的事。

大光明殿之南有兔圜山，“相传世宗礼斗于此”[2]。此处总体上是一处园林，叠石为山，还有一些奇巧的喷泉、岩洞、曲水等景致，“明时重九或幸万岁山，或幸兔儿山清虚殿登高”，[3]兔儿山得名可能与此有关，于高处礼斗符合道教的教义。宗教同园林结合的例子比比皆是，园林之兴在帝王而言，游观是一方面，表达孝心也是冠冕堂皇的理由，借太后之名同样屡有兴筑，清馥殿即为其一。“度金鳌玉蛛桥，西转北，明世宗所建，常奉兴献太后来游”。严嵩有诗句“共传今圣孝，当日奉慈游”，说的也是此事。此处是属于宫苑性质，园林景致有亭台楼阁、仙宫洞壑，颇为可观[4]。

玉芝宫是皇城中一处特殊的皇家家庙，“即睿宗献皇帝庙也。”[5]睿宗献皇帝就是明世宗的生父，明世宗为抬高其生父的地位可谓煞费苦心，不顾大臣的反对，甚至廷杖致死了数位大臣，终于为生父争得了皇考的地位。本来此宫名为献皇帝庙，在成功地将生父升袝太庙之后，差不多处于闲置的状态，后传出有祥瑞，改名玉芝宫，好是热闹了一阵[6]。这是一处独立的专门祭祀其生父的建筑。在整个争名分的过程中还有其他的建设活动，如紫禁城中的崇先殿等。在那个时代，祭祖建筑在政治生活中的地位和作用是极其重要的。

（二）西苑、景山之内的宗教建筑

西苑、景山在明代也是重要的宫廷生活场所，其使用的频率要高于清代的使用频率。明代帝王的生活多局限在皇城之内，没有像清代帝王那样在北京西郊建设了成片的园林群组，因此西苑就成了他们游观的主要场所。景山位于中轴线上，风水和空间总体构成上的意义

①[明]沈德符 撰，《万历野获编》上，卷二，中华书局，1997年，第41页。

②[清]高士奇 著，《金鳌退食笔记》，北京古籍出版社，1980年，第147页。

③[清]高士奇 著，《金鳌退食笔记》，北京古籍出版社，1980年，第148页。

④[清]高士奇 著，《金鳌退食笔记》，北京古籍出版社，1980年，第143页。

⑤[明]刘若愚 著，《酌中志》，北京古籍出版社，1994年，第138页。

⑥玉芝宫之得名也颇为荒诞，明世宗好祥瑞，太监们投其所好，嘉靖四十四年六月，称献皇帝旧庙前殿的柱子上长出了一棵白色灵芝，世宗自然大喜，将灵芝奉献至太庙，群臣附和，纷纷上表祝贺，遂改其名，并定祀典。显然这是一场太监们人为造作的闹剧，明世宗之昏庸亦可见一斑。穆宗即位之后罢废了其中的某些仪式。详情参见[明]沈德符 撰，《万历野获编》上，卷二，中华书局，1997年，第47页。

要大于其作为园林的游赏价值。西苑、景山虽为清代沿用，但其中的建筑变动也较大，尤其是北海一区，现存明代的建筑几乎没有了。造成了我们现在想要深入了解其中明代宗教建筑的情况困难。只能根据文献记载，知其大概了。

1.景山

景山山北有寿皇殿，现在的寿皇殿是乾隆十五年时修建的，比明代的寿皇殿规模要小得多，即雍正时所建寿皇殿也只有三开间，又顺治时曾在寿皇殿为董后起建道场，十分热闹，则顺治时的寿皇殿当为明代旧物，不知与雍正时的寿皇殿有何不同。清代的寿皇殿是属于家庙形式的建筑，类似于奉先殿。明代时其功能如何，不能确知，《酌中志》只提及寿皇殿同御马监左右毗连，从其命名来看也像是用来供奉祖先神位的场所，但其位置又表明其等级不高，而且文献中也并未提及供奉神位的情况，始建年代也不清楚。景山为宫廷苑囿中禁卫最为森严的地方，别无宗教建筑了，因为登山可俯视宫中情形，又在中轴线上，风水所系，格外重要。

2.西苑

西苑属于大内宫苑，明代没有在西郊发展园林，此处就是皇家重要的避暑地，也是使用较为频繁的游观场所。明世宗由于宫婢之乱，不敢再住在宫中，之后就一直住在西苑，耽于道教修炼，不问朝事。明嘉靖年间，西苑出现了众多的道教建筑，或含有道教用途的建筑。同时由于政治中心的偏移，在西苑中也兴建了一些宗法内容的建筑，西苑的活动在嘉靖年间出现了一时之盛，这是非常特殊的一个时期。

明代礼制在嘉靖年间得到一次大的整理，起因是明世宗为了生父升祔太庙，显然以此发端之后，明世宗对此饶有兴致，不断有所发明，“嘉靖十年，上于西苑隙地，立帝社帝稷之坛。用仲春仲秋次戊日，上躬行祈报礼。盖以上戊为祖制社稷祭期，故抑为次戊。内设豳风亭、无逸殿，其后添设户部尚书或侍郎专督西苑农务，又立恒裕仓，收其所获以备内殿，及世庙荐新先蚕等祀。盖又天子私社稷也，此亘古史册所未有”[①]。无逸殿同时也有劝农之意，同先蚕坛一起，所谓农桑并举，正是农业社会最重要的耕织二门。无逸殿中也设有先皇神位[②]。上述这些建筑加上北海北岸的雩祷之用的雩殿和供奉祖宗列圣神御的太素殿[③]，构

①[明] 沈德符撰，《万历野获编》上，卷二，中华书局，1997年，第41页。

②[清]高士奇著，《金鳌退食笔记》，北京古籍出版社，1980年，第124页。明世宗谕尚书李时等曰：“西苑宫室，是朕文祖所御，近修葺告成，欲于殿中设皇祖之位告祭之。”

③“嘉靖癸卯夏四月，新作雩殿成，其地汇以金海，带以琼山，规构宏伟，地位肃严。前为雩祷之殿，后为太素殿，以奉祖宗列圣神御。斋馆列峙，临海为亭……”语出《钤山堂集》，转引自《日下旧闻考》第一册，卷三十六，第571页。

成了西苑之中的一个儒教建筑的小系统，其内容已颇为完备，足不出园而诸礼遍行。问题是明世宗只顾到了自己方便，而没有搞清楚封建礼法所具有的国家意义，所谓私礼不可久也，大礼所应有的严肃性和庄重感不能被破坏。很快，帝社帝稷之坛就被罢废了[①]，这一创新没有成功。明宪宗在宫中所创的玉皇之祠而用郊天之礼，也是很快被废（详见下节），宗法性宗教发展到明代已有了极为牢固的根基和规则，并不是轻易能改变的，即使帝王也难免失败。

亲蚕之礼始于明代嘉靖年间，亲蚕殿、蚕坛、土谷坛都在仁寿宫一区，位于中海西岸紫光阁北。礼议于嘉靖九年，坛殿建成于嘉靖十年三月[②]。蚕坛的议礼过程中，曾建坛于安定门外，同先农坛相对应，后考虑后宫出行不便，改在西苑内，这点同清朝建立先蚕礼的过程惊人的相似，颇可玩味。蚕坛之中“有斋宫、具服殿、蚕室、茧馆，皆如古制”。而行礼的人员构成不仅有皇家女眷，还有朝廷命妇，王侯大臣之妻，其礼载于祀典。有趣的是亲蚕礼也是只实行了很短的时间即废，“而农务则终世宗之世焉”[③]。由此可看在一个男权至上的社会中，由女子担当主角的大型祭礼在实施的过程中会有很多困难，并得不到足够的重视，其夭折也在情理之中。

芭蕉园就是明世宗设醮的地方，门口立下马碑，与大高玄殿前一样。在明代实录告成要在此焚草，七夕时也有活动，七月十五做法事、放河灯，有不少活动。[④]苑中规模较大的一处道教建筑为雷霆洪应殿，“雷霆洪应之殿有坛城、轰雷轩、啸风室、嘘雪室、灵雨室、耀电室、清一斋、宝渊门、灵安堂、精灵堂、驭仙次、辅国室、演妙堂、八圣居，具嘉靖二十二年三月悬额”[⑤]。这个时间正是嘉靖刚开始定居西苑（宫婢之变是嘉靖二十一年），可能原也有建筑，额名改挂，从命名看应是祭雷电之神。

①“帝社稷坛在西苑，坛址高六寸，方广二丈五尺，甃细砖，实以净土。坛北树二坊，曰社街。”《明史》卷四十七，《志第二十三·礼志一》，第1229页。“隆庆元年，礼部言：‘帝社稷之名，自古所无，嫌于烦数，宜罢。’从之。”《明史》卷四十九，《志第二十五·礼志三》，中华书局，北京，1974年，第1268页。

②详情见[清]高士奇著，《金鳌退食笔记》，北京古籍出版社，1980年，第149页。并《明典礼志》，摘于《日下旧闻考》卷三十六，第562-563页。

③[明]沈德符撰，《万历野获编》上，卷二，中华书局，1997年，第41页。

④参见[清]高士奇著，《金鳌退食笔记》，北京古籍出版社，1980年，第127页。

⑤语出《明宫殿额名》，转引自[清]于敏中等编纂，《日下旧闻考》第一册，卷三十六，北京古籍出版社，1985年，第570页。

京城水系对皇家来说无疑具有重大意义，尤其是西苑水体占据了园林的主要面积，是景观中控制性的要素。对水的重视反映到建筑上，就是兴建祠宇，通过祭祀仪式和建筑这种直观的、形而下的手段来表达。“嘉靖十五年，建金海神祠于大内西苑涌泉亭，以祀宣灵宏济之神、水府之神、司舟之神。二十二年，改名宏济神祠。”①“宏济”之名也寄托了美好的祈愿。大西天经厂也始建于明代，具体年代暂无考，清乾隆年间扩建，留存至今。

3.其他

重华宫是一个功能特殊的建筑群，“前曰重华门，曰广定门、咸熙门、肃雍门、康和门，犹乾清宫之制。后有两井，东西有两长街。西长街则有曰兴善门、丽景门、长春门、清华门、宁福宫、延福宫、嘉福宫、明德宫、永春宫、永宁宫、延禧宫、延春宫，凡妃嫔、皇子女之丧，皆于此停灵，……东长街则有广顺门、中和门、景华门、宣明门、洪庆门、洪庆殿，供番佛之所也。”②由此可知，重华宫有三路建筑，中路规制较高，仿乾清宫的样子。东西两路，西为停灵之用，东为供佛之所，供佛和停灵显然是两个相互配合的功能，供佛是为了使死者的灵魂得到超度，这也是宗教的一个重要的社会功能——安抚死者及其眷属。重华宫可以看作是明代皇家的殡葬建筑，妃嫔、皇子女最终是用墓葬葬于西山等处坟林，但操办丧仪的过程需要专门的场所。专门的场所出现，说明庞大宫廷的生活制度化的程度较高。重华宫的使用对象是属于宫廷中第二等级的人物，最高等级的人物，如皇帝、皇后、太后等，他们的灵柩往往就在生前居住的地方停放，另有更高规制的丧仪。同时还有等级更低的宫眷，他们的殡葬制度又别有一套，据《宛署杂记》载：“宫人有故，非有名称者，不赐墓”，暂停于安乐堂，然后移送北安门外停尸房，“易以朱棺，礼送之静乐堂火葬塔井中”。火葬塔的形制是：“砖甃二井，屋以塔，南通方尺门，谨闭之，井前结石为洞，四方通风”。塔而有此等用途，有此等形式，可能也是一个孤例了，显然此塔并非宗教建筑，但确实具有一定的宗教意味，利用佛塔这一形式也是有所用意的：“非有名称者，不得赐墓，示有等也；非合铜符，不得出椁，重宫禁也。夫既礼送之出矣，而必付之烬掩，防奸欺也。以蔽帷蔽盖之义，施掩骼埋胔之仁，必建塔而焚之。若曰，佛之徒以王宫殊色，因缘示寂，非女子乎？瘗雁建塔，乃旌彼德，旃檀荼毗，何恤以神道设教，而不与

①载于《明会典》，引自[清]于敏中等编纂，《日下旧闻考》第一册，卷三十六，北京古籍出版社，1985年，第570页。

②[明]刘若愚著，《酌中志》，北京古籍出版社，1994年，第137页。

民间菓榸同也？”[①]宗教的社会功能，此为其一也。清代皇城之中也有类似的殡葬建筑，名为吉安所，并没有沿用明朝故旧，其址为司礼监廨，但具体情况已然不清了，其中可能或者说应该也有宗教内容的建筑或建筑形式，此为一个猜想，暂存一说。

二、明代宫城之内的宗教建筑

明代宫城之内的宗教建筑有相当一部分是被清朝的满族统治者所保留沿用的，对于这部分建筑在本节就不加详述而放在清代宫廷宗教建筑的介绍中做重点论述。皇城与宫城相比，其中的宗教建筑在明代有一个有趣的现象，即皇城之内几乎没有佛教建筑，基本上都是道教建筑，而宫城之中却不乏佛教建筑。这一现象可能要归结于明世宗入继大统之后，开始毁佛寺、逐僧人，虔奉道教这一点上。那么为何宫城之中的佛教建筑可以幸免呢？这可以解释为一种有限度的宗教信仰自由，就像重华宫供佛同停灵相配一样，宫中的女眷需要佛教，尤其是太后、太妃等年老之人。同时尽管道教在有的学者看来属于阴柔的宗教，同儒相对，但是道教从其所习的内容看却是男性本位的宗教，尤其房中术之类，女眷不会热衷此道，即帝王本身可能也不会希望女眷迷恋此道，何况太后、太妃等年老之女性呢。[②]

（一）宗法性宗教祭祀建筑

明一代对道教的尊崇在历史上给世人留下了深刻的印象，但具体考察的话，不难发现不同的皇帝具有不同的宗教态度，采取了不同的宗教政策，本文限于主题对明代帝王的宗教态度不做展开论述，但建筑演变的过程似乎也在明白地告诉我们，即明初的帝王仍然是以宗法性宗教为重，道教建筑在宫廷生活中频频出现的事在明中后期为多，尤其是在嘉靖年间。

奉先殿是明代宫廷中最早的宗教建筑，太祖在南京建造皇宫的时候就建设了奉先殿[③]，**“以太庙时享，未足以展孝思，复建奉先殿于宫门内之东”**[④]。自此，皇宫内建祭祀皇帝先祖的家庙这种形式就一直保留了下来，明成祖

①本段多处引文均出自[明]沈榜编著的《宛署杂记》，北京古籍出版社，1983年，第85页。

②道教之中也有女丹这一类的功法，由女道士所创，从其修炼内容看还是要走向纯阳，并且这也只为少数人所知晓，远不如男性所习功法所具有的普遍的影响力。

③洪武三年十二月“甲子，建奉先殿”。《明史》卷二，《本纪第二・太祖纪二》，第25页。又奉先殿的设立其建议来自陶凯，见《明史》卷一百三十六，《列传第二十四・陶凯传》，中华书局，北京，1974年，第3934页。

④关于奉先殿在《日下旧闻考》中引用《春明梦余录》的一段文字，称“永乐三十五年始作”。许以林一文已作辨析，永乐没有三十五年，奉先殿成于永乐朝应该是可以肯定的，其建设应该同宫城主体同时进行。《明史・礼乐志》有载明太祖有关言论，此处引自[清]于敏中等编纂，《日下旧闻考》第一册，北京古籍出版社，1985年，第501页。

朱棣迁都北京，皇宫建制悉仿南京，同样建有奉先殿，其位置也在东路。奉先殿在宫中具有相对独立的地位，既不与外朝相连，也不与内宫相通，紧邻景运门，仍是宫城之中较为重要的位置。据许以林《奉先殿》一文考证，明时奉先门外无建筑，现在的样子是清朝时改的。南京的奉先殿为“**正殿五间，南向，深二丈五尺，前轩五间，深半之**”[①]，显然朱棣在营造宫室的时候并未拘泥于南京故宫的奉先殿形制，其规制一如太庙，要比先前的等级提高不少，这座家庙在礼法系统中的象征意义也随之上升，得到了强化。

明代在奉先殿的附近出现了几座具有家庙功能的祭祖建筑，西侧有奉慈殿，是明孝宗在弘治年间所建，供奉其生母的神主[②]；还有弘孝殿、神霄殿，分别奉安孝烈皇后、孝恪皇太后的神位。弘孝殿原为景云殿，明穆宗隆德元年三月改名。孝烈皇后为明世宗之妻，孝恪皇太后为明穆宗生母[③]，这种频繁的建庙活动源头在明世宗。明世宗即位后，嘉靖二年，“**革奉慈殿后为观德殿**”，五年，“**以观德殿窄隘，欲别建于奉先殿左**”。“**嘉靖六年三月，移建观德殿于奉先殿之左，改称崇先殿，奉安恭穆献皇帝神主。**”[④]其具体形制已不可考。明代几位皇帝由于没有子嗣，造成了继位的皇帝其生身父母的地位按照礼法制度不能入享太庙，这对于皇帝来说无异于骨鲠在喉，因此千方百计通过各种途径要为自己的生身父母争取名分，同时也是抬高自己的血统，家庙的建设可谓是一个相宜的变通举措。从中也可以感受到宗法性宗教在当时环境中的重要作用，其直接同政治生活相关联，也从一个侧面反映了宗法性宗教的礼法系统其不近人情的一面，相当残酷。这些建筑的存在对封建礼法来说也是一个讽刺，帝王通过自己的蛮横突破了礼法的规定，因此改朝之后很快就以将神主迁祔奉先殿这一变通的办法而罢废其中的祭礼[⑤]，建筑往往也就闲置了。明代的末代皇帝崇祯帝也在奉先殿一带有所兴建，供

①转引自许以林 著，《奉先殿》《故宫博物院院刊》1989年第1期，紫禁城出版社

②“孝苏纪皇后薨，礼不得祔庙，乃于奉先殿右特建奉慈殿别祀之。嘉靖十五年，并祭于奉先殿，罢奉慈享荐。”语出《春明梦余录》，转引自[清]于敏中等编纂，《日下旧闻考》第一册，卷三十三，北京古籍出版社，1985年，第502页。

③参见[清]于敏中等 编纂，《日下旧闻考》第一册，北京古籍出版社，1985年，第528页。

④前句见《明史》卷五十二，《志第二十八·礼志六》，第1337页，中华书局，北京，1974年。后句见《明世宗实录》，转引自[清]于敏中等编纂，《日下旧闻考》第一册，卷三十三，北京古籍出版社，1985年，第503页。

⑤万历三年俱“迁祔奉先殿，二殿（弘孝、神霄）俱罢”。见《明史》卷五十二，《志第二十八·礼志六·奉慈殿条》，中华书局，北京，1974年，第1336页。

奉其生母孝纯刘太后及七后的神主[1]。

值得一提的是，嘉靖帝为了将其生父祔太庙展开的这场议礼斗争，使其对明代的礼制进行了全面的审核，由于欲尊崇其生母蒋太后，对东朝宫院的建筑也重新定制，其时原太后所居仁寿宫毁于火灾，也为其创立新制铺平了道路。为配合这些举动，嘉靖帝同时经营了天地日月诸坛和太庙，这些都是在一个指导思想的影响下完成的。嘉靖一朝形成的建筑格局对后世产生了重要的影响，是明代宫廷建设的一个重要时期。

同皇城中出现了一些儒道合用、与宗法性宗教有所“创新”的建筑一样，在正宫之中也有这样的例子。明宪宗曾“**于宫北建祠奉祀玉皇，曲郊祀所用祭服祭品乐舞之具，依式制造，并新编乐章，命内臣习之，欲于道家所言降神之日举行祀礼**”。成化十二年八月，有大臣上书进言，认为“**天者至尊**”，如此“**未为合制**”等，并建议“**凡内廷一应斋醮悉宜停止**”。好在明宪宗没有那么专横，居然“**命拆其祠**”[2]。具体在宫北何地无从稽考，可能还是在御花园中。宪宗在明代也是一位崇道的皇帝，前者已有皇坛之建，但比之明世宗几乎可称之为“从善如流”了，不一意孤行，善莫大矣。明世宗就坚决利用道教建筑行宗法性宗教之礼，“**嘉靖十七年，大享上帝于元极宝殿，奉睿宗配。十八年二月，祈穀于元极宝殿**”[3]。对这位道教皇帝来说，可能也不存在这种儒道之间的界限，但这种界限存在于与他对立的官僚系统之中，这个系统中的成员不惜以生命为代价来维护宗法性宗教的制度的合理性和纯洁性，这对于考察三教关系来说是不可忽视的一个方面。

前朝的文华殿为东宫讲学所在，照例有圣人牌位，清代沿袭了这些牌位。原先的文华殿中是孔子塑像，这是继承了元代的传统，后许诰以其所著《道统书》上之，改为木主[4]。文华殿的后东室还作为皇帝斋居之所。而“**孟夏祀灶，孟冬祀井**”[5]都属于五祀的范畴。文华殿后在嘉靖十七年建了圣济殿，即清代文渊阁的位置，祭祀先医[6]。

①见许以林《奉先殿》《故宫博物院院刊》第1期，紫禁城出版社，1989年。

②见《明宪宗实录》，转引自[清]于敏中等编纂，《日下旧闻考》第一册，卷三十五，北京古籍出版社，1985年，第547页。

③[清]于敏中等编纂，《日下旧闻考》第一册，北京古籍出版社，1985年，第530页。

④[清]于敏中等编纂，《日下旧闻考》第一册，北京古籍出版社，1985年，第535页。

⑤载《光禄寺志》，同上书，第537页。

⑥《明史》卷五十，《志第二十六·礼志四·三皇条》，第1295页，嘉靖年间建三皇庙于太医院，“复建圣济殿于内，祀先医，以太医官主之。”又《明史》卷七十四，《志第五十·职官之三·太医院条》，载“嘉靖十五年改御药房为圣济殿”。中华书局，北京，1974年，第1813页。

圣济殿的朝向为北向，“**殿之东北，向后者曰圣济殿，供三皇历代名医，御服药饵之处**”[①]。此处圣济殿殿名之“济”字，当是济世救民之意，其为何北向，尚待考证，不知何解。

（二）道教建筑

明代的崇道是其比较突出的一个特点，但宫廷之中兴建道教建筑却并非一开始就有。明太祖朱元璋起自贫寒，在征战过程中与僧道均有接触，而任用道士刘伯温更是富有传奇色彩。太祖本人也精通道教斋醮科仪，但他的政策却是尊儒抑道，从治国方面考虑还是儒教为先。在南京故宫中并没有道教建筑的痕迹，可作为一个例证。

明成祖基本上继承了太祖的做法，但成祖为使夺取政权合法化，不得不依赖道教，在宗法性宗教的路子里他是毫无出路的。明代崇祀真武，根子就在于他。时为燕王的朱棣，居于北方，以玄武配，道理就在于此。元代蒙古统治者也奉真武为守护神，因为他们由北方而统一全国。朱棣以封燕地发迹，继而取建文而代之，兵事之中即“**被发跣足，建皂纛玄旗**”，天下大定之后，武当大兴[②]，京城之中建真武庙，紫禁城中则有钦安殿——“**供玄天上帝之所也**”[③]，玄天上帝者即真武。北京宫城仿南京故宫，但南京宫殿之中并无钦安殿，中轴线上也别无宗教建筑。由此可知，钦安殿的建设完全出于明成祖对真武的崇拜和信奉。其时的宫后苑的规模可能也不如后来。嘉靖时为钦安殿增加

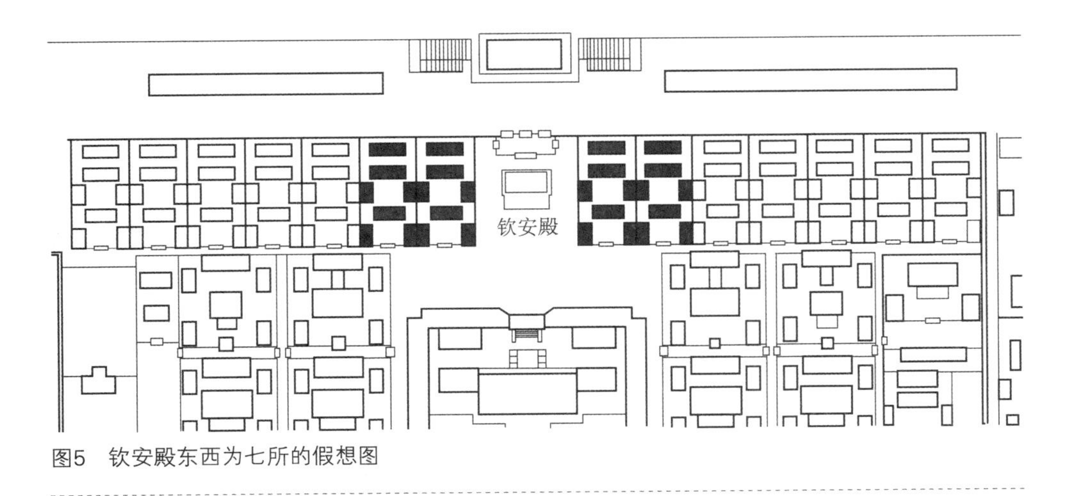

图5　钦安殿东西为七所的假想图

①[明]刘若愚 著，《酌中志》，北京古籍出版社，1994年，第151页。

②传说真武为净乐王太子，修炼武当山，功成飞升，奉上帝命，镇守北方。朱棣之事可参见《明史》卷五十，《志第二十六·礼志四·诸神祠条》，中华书局，北京，1974年，第1308页。

③[明]刘若愚 著，《酌中志》，北京古籍出版社，1990，第147页。

了缭垣和天一门，天一生水，水在五行中也是配北方，更绝的是殿后正中一块栏板为双龙戏水纹，这块栏板是北中之北，以水纹装饰，整座建筑是充分围绕着“北”这个概念来做文章。崇祯帝问政于危难之时，对道教有所抑制，曾撤出宫中许多神像，唯钦安殿内没有受到影响。其地位由此可见。《篷窗日录》载：“**北京奉天殿两壁斗拱间绘真武神像。**”①可见这真武崇拜不是空穴来风，影响所及也不仅仅是立祠崇祀那么简单了。

钦安殿的建筑形式颇有特点，为重檐盝顶，这是非常奇怪的一点，盝顶是等级极低的屋顶形式，作为一个位于中轴线的建筑来说不相匹配，又用重檐，似欲提高其等级。联系到杨文概曾提出的乾东西为七所的说法，窃以为如果两侧为七所的话，钦安殿周围的空间尺度同现状有较大不同，采用这一屋顶形式的目的应当是使建筑在整个空间组合中不至过于突出，减小其形象尺度②。钦安殿坐落在汉白玉石单层须弥座上，南向，面阔5间，进深3间，由于尺度不大，所以明间减金柱，以求得较大的室内空间，黄琉璃瓦顶。殿前出月台，四周围以穿花龙纹汉白玉石栏杆，龙凤望柱头。

御花园现有格局可能成于明嘉靖年间，钦安殿东西两侧南有千秋亭、万春亭，北有澄瑞亭、浮碧亭，西南方有四神祠，整个御花园的建筑格局方正，除有植物繁茂、叠石玲珑外，没有一般园林建筑布局所特有的自由变化和天然之趣，此中固有其位于中轴线的尽端，要延续整体布局的气势与法度，窃以为还有道教举行斋醮仪式的需要，这种方正的布局非常利于建道场。明世宗重玄教，嘉靖二年就开始建斋醮，改建御花园时考虑斋醮仪式的需要也是非常自然的事。当然目前这只是一种推测，没有充分的证据。从别的宗教建筑的特点看，建筑布局或形制附会教义的不乏其例，是很有可能的一种情况。钦安殿举办道场、建斋设醮的频率相当高，如此则御花园的重要功能并非游观休憩，而是一套道教科仪。

隆德殿是又一处道教建筑，位于景福门内，“**其两幡杆插云向南而建者，隆德殿也。旧名玄极宝殿，隆庆元年夏更曰隆德殿，供安玄教三清上帝诸尊神。万历四十四年十一月初二日毁，天启七年三月初二日**

①转引自[清]于敏中等编纂《日下旧闻考》卷三十四，北京古籍出版社，1985年，第516页。

②如果钦安殿东西有七所的话，整个这一区域的变化较大，本人目前尚无法提出可信的布局形式，但做了一个尝试，如果是保留现在五所的位置不变，向内增加两所，则钦安殿两侧几无空间余地，连交通都紧张。考虑到五所东西两尽头还有不明用途的余裕，则自顶头的位置向内建七所，空间尺度在钦安殿这一局部尚称合理，但配套的环境有极大变化，本人没有把握想象其格局，仅能提出一个草图，表达这个构想，以供方家参考。详情参见附图。

重修。崇祯五年九月，内将诸像移送朝天等宫安藏。六年四月十五日，更名中正殿。东配殿曰春仁，西配殿曰秋义。东顺山曰有容轩，西顺山曰无逸斋”①。毁而复修，可见此建筑有其必需的理由，不能马上复修肯定是经济方面的原因，宗教建筑的兴建背后能考察出不少经济状况。除了上述堂而皇之的宗教建筑之外，宫中还有一处炼丹场所，建在一个角落里，“养心殿之西南，曰祥宁宫。宫前向北者，曰无梁殿，系世庙烹炼丹药处。其制不用一木，皆砖石砌成者。月华门之西南岿然者，隆道阁也。原名皇极阁，后更道心阁，至隆庆四年春更此名”②。炼丹需用火，因此完全用砖石为之，是非常合理而周到的设计，也是形式追随功能的一个例子，宫中出现炼丹场所，这是唯一的一处，选址临近膳房，是否考虑到都需用火，放在一起比较方便呢？起码燃料的堆放、储存并于一处是较为方便的。这应当也是明世宗时始建的，紫禁城作为正宫，有些行为是不宜于在其中举行的，炼丹即为其一，只有那种沉溺于此道、罔然不顾其他的帝王才会如此行事，也只有明世宗了。并且这也应当是在宫闱之变以前兴建的，其后他久居西内，不事朝事，也用不着此处了。③

前朝之侧，还有一处佑国殿，“出会极门之东礓嚓下，曰佑国殿，供安玄帝圣像”④，此殿的位置极其显要，与内阁并列，显示了道教在明代具有相当于国家宗教的地位，据杨文概文中认为此已是明代后期的状况⑤，不知所据为何。该建筑也是供奉真武，名以佑国，颇合明时情形。

明代一直以关公为政权的保护神，洪武、永乐时期分别在南京、北京建关公庙。明万历二十二年道士张通元请进爵为帝，四十二年敕封关公为“三界伏魔大帝神威远镇天尊关圣帝君”⑥。关公为武圣，明代尊崇关公同明代多内外忧患、频繁用兵有关。因

①[明]刘若愚著，《明宫史》，北京古籍出版社，1980年，第16页。

②[明]刘若愚著，《明宫史》，北京古籍出版社，1980年，第15页。

③从养心殿周围建筑的命名情况看，在明代也像是一处道教修炼的场所，参见本文清代养心殿部分的论述，因此本文判断养心殿也当是同时期建设。故宫博物院官方网站在介绍养心殿时称其始建于明嘉靖年间，同本人观点正相吻合，但并未说明来源，仅此说明。其网址为www.dpm.org.cn。撰稿人为周苏琴。

④[明]刘若愚著，《酌中志》卷十七，北京古籍出版社，1994年，第150页。

⑤参见杨文概著，《北京故宫乾清宫东西五所原为七所辨证》，单士元、于倬云主编，《中国紫禁城学会论文集》第一辑，紫禁城出版社，1997年，第137页。

⑥参见任继愈主编，《中国道教史》，上海人民出版社，1997年，第609页。

此宫城内“至如宝善门、思善门、乾清门、仁德门、平台之西室及皇城各门皆供有关圣像也。”

（三）佛教建筑

明代宫城[①]之内的佛教用途的建筑主要有英华殿和慈宁宫大佛堂等处。英华殿位于隆德殿西北，“即降禧殿，供安西番佛像。殿前有菩提树二株，婆娑可爱，结子堪作念珠。又有古松翠柏，幽静如山林。”相传此二株菩提为万历帝生母慈圣李太后所植，殿内“有九莲菩萨御容，明神宗生母慈圣李太后也。”其始建年代不详，从所供西番佛像来看，也可能是武宗正德年间所建，因为武宗曾引番僧入宫，习房中术。从原名降禧看，似乎此处原来同道教有关系的可能性要大于同佛教有关系，改名英华是在隆庆元年的事，明穆宗对道教多有裁抑，迥异于明世宗，此番改名是否意味着此地原来曾是道教活动场所呢？而习番僧房中术本身倒不一定就以佛教之名行之，这只能暂且存疑了，以俟更多的证据。明代遇万寿、元旦等节于此处做佛事，有相当热闹的表演，原由番经厂的内官为之，天启辛酉后奉旨改由宫人为之。英华殿的建筑及其中的活动一直保留到了清代。

慈宁宫建于嘉靖朝。明代洪武、永乐两朝无太后，所以没有创立这方面的典制，自宣德朝开始太后居于仁寿宫。仁寿宫本是皇帝别宫，“统于乾清宫”，其位置相当于现在的慈宁宫本宫区。嘉靖年间，仁寿宫遭焚毁，适逢明世宗欲使其生母蒋太后和孝宗的太后分而居之，决定在外东路、外西路各建一宫，即慈庆宫和慈宁宫。从其谕旨“拟将清宁宫存储居之地后即半，作太皇太后宫一区；仁寿宫故址并除释殿之地，作皇太后宫一区”来看，此处原来也是有佛教建筑的。因此，慈宁宫后建大佛堂就是必然之举了，佛堂已成了太后生活的必需。尤其慈宁宫是明世宗生母所居，尽管世宗毁寺逐僧，但在此处为表孝心，照样建佛堂，这也反映了当时的一种宗教文化。以慈宁宫判断，则慈庆宫也应该有佛堂之类的宗教建筑，但目前无线索可循。

慈宁宫花园从清代的情况看，其中也包含了相当多的宗教内容，但在明代的情况如何呢？不得而知。慈宁宫花园同慈宁宫应是同时建成，是为慈宁宫配套服务的。同样，慈庆宫也有慈庆花园。慈庆宫及其花园到清代已不复存在，慈宁宫花园至今尚存，但明清两代多有变化，明代的确切情形已不可知了，其中所供佛像等物究竟始于何时，只能暂且存疑了。

4.其他

宗教在当时的社会生活中是渗入各个方面的，中国的宗教特点是多神信仰，并且有重实践、轻理论的倾向，保留着许多比较原始或民

①[明]刘若愚著，《酌中志》，北京古籍出版社，1994年，第150页。

俗化的内容，其宗教属性是很难界定的，本文专设“其他”一节来针对这些方面的建筑。这些宗教实践中最为典型的就是行业神的崇拜，宫城之中起码有两处，一处是马神庙，一处是圣济殿。马神庙在东华门之北，同御马监毗连。文华殿东还有一处神祠，“**殿之东，曰神祠，内有一井，每年祭司井之神于此。**”宫城之中，类似行业神祭祀的场所就是这些，都是同宫廷生活比较密切相关的，皇城之中散布于各个管理部门的行业神就更多了。

第三节　本章小结

本章概略地回溯了中国宗教的起源以及明代以前各代宫廷中宗教建筑的情况，史料繁多，不及细述。前文基本上为清代的宫廷宗教建筑的研究做了历史的铺垫，这可以视为一种不间断的传统，尽管每朝每代的侧重不同，但作为一个建筑类型始终在宫廷生活中占据了重要的地位。并且宏观分析的话，思想上也有连贯的线索。其一是神仙思想，帝王渴望成仙、长生，历经千余年仍不改其愿；其二是通过宗教“兴国广嗣”，宗教的护佑功能不可忽视；其三是孝道思想，宗法祭祀是一方面，侍奉太后又是一方面；其四是民族性问题，因为中国历史中多次出现了异族统治的王朝，宋元明清的更替可能更为典型，宗教既可以成为凸显民族性的手段，也可以成为弥合民族矛盾的工具，唐皇室利用道教掩盖出身，明代帝王则利用道教来彰显汉族文化，考虑到元代的喇嘛教一时之盛，这也是一种自然的选择。

各派宗教思想发展至明代已相当成熟，明清在内容上几无差别。但思想的活力大大下降，宗教日益笼罩在政治的阴影下，丧失了独立发展的空间。由于明代同清代的时间最为接近，其宫廷宗教建筑就成为考察清代宫廷宗教建筑的重要参照系。其一是明代遗留下了不少宫廷宗教建筑，涉及的宗教内容范围广泛，这些建筑在清代或有因袭，或有罢废，或有更替，选择的结果颇可说明问题；其二，明代道教的兴盛同清皇室尊崇黄教形成鲜明对比，其中的文化立场和民族情结显然值得研究；其三，明嘉靖致力的议礼和一系列宗法性宗教建筑的建设，反映了宗法制度的局限性，这种局限在清代仍然存在，但应对的手段不同，其间的分别颇可玩味。

第三章　清代北京城内宫廷宗教建筑概况 >>

第一节　紫禁城内的宗教建筑

紫禁城是明清两代的正宫，明代的帝王自明成祖朱棣始至明思宗朱由校，都主要生活在紫禁城中。清朝自顺治入关，始终以紫禁城作为正宫，由于李自成曾放火烧宫，紫禁城内的建筑在清代虽然大的格局延续了明代的情况，但还是有不少变化。这些变化正是研究明清之际嬗变的绝好素材。尽管从清朝统治者实际的使用情况来看，离宫御园内的居住天数要多于在紫禁城中的天数，但在重要的时日，如新正等，还是居于正宫的。这也说明了紫禁城在清代更具有一种仪式上的象征意义，这种象征意义部分是保留了明朝的传统，部分则是出于清代帝王政治和文化政策方面的考虑，这些都是本文所要重点论述的内容。

紫禁城的总体平面到清乾隆年间已是相当充实，比明代增加了不少建筑，建筑密度加大，格局趋于饱满，是明清两代历时数百年的持续建设使紫禁城的建筑和规划成就达到了一个比较完善的境地。其建筑内容同明代相比，有一个特点就是佛教内容的建筑和局部空间大大增加，道教的内容少了，宗法性宗教建筑基本维持原有格局，略有补充。这些变化同明清两代帝王对中国宗教的态度和由此形成的社会整体的宗教文化格局是吻合的。一个有意思的现象是，紫禁城内的佛道类建筑，都没有毁于李自成之手，钦安殿位于中路的显要位置也得以保全，这是一种偶然的巧合呢，还是一种历史的必然？奉先殿这样的家庙自然可以焚毁泄愤，并具有一种象征意义；佛道建筑没有遭到破坏抑或是出于刻意的保护，这也许只有在研究了李自成等农民起义领袖的宗教思想之后才能确定，可以肯定的是他们必然受制于当时社会普遍的宗教文化，完全脱离当时的社会背景而具有一种超然的态度是不现实的，并且这种保全也不会是出于对文化艺术的珍视，这从被毁的大量建筑中可以得到证明。这一现象也许值得做深入的研究，本文只能点到为止了。

一、宗法性宗教的祭祀建筑

宗法性宗教的根源是祖先崇拜、自然崇拜和农业祭祀，经过历代的发展到了清代可以认为是达到了极致，清代帝王对郊天、祭祖等祭祀活动的重视和亲力亲为超过了之前的历代帝王。宗法性宗教始终占据了中国宗教的统治地位，是维系中国传统文化延续的关键性的精神支柱。“中世纪宗法等级社会各种关系都可以看作是家族关系的延伸和扩大。祖先崇拜正是家族社会的宗教，也是它的哲学，是它的最高信仰，在很长时期内极大地影响着中国社会的民俗和精神生活。”[①]

①牟钟鉴、张践著，《中国宗教通史》上，社会科学文献出版社，2000年，第57页。

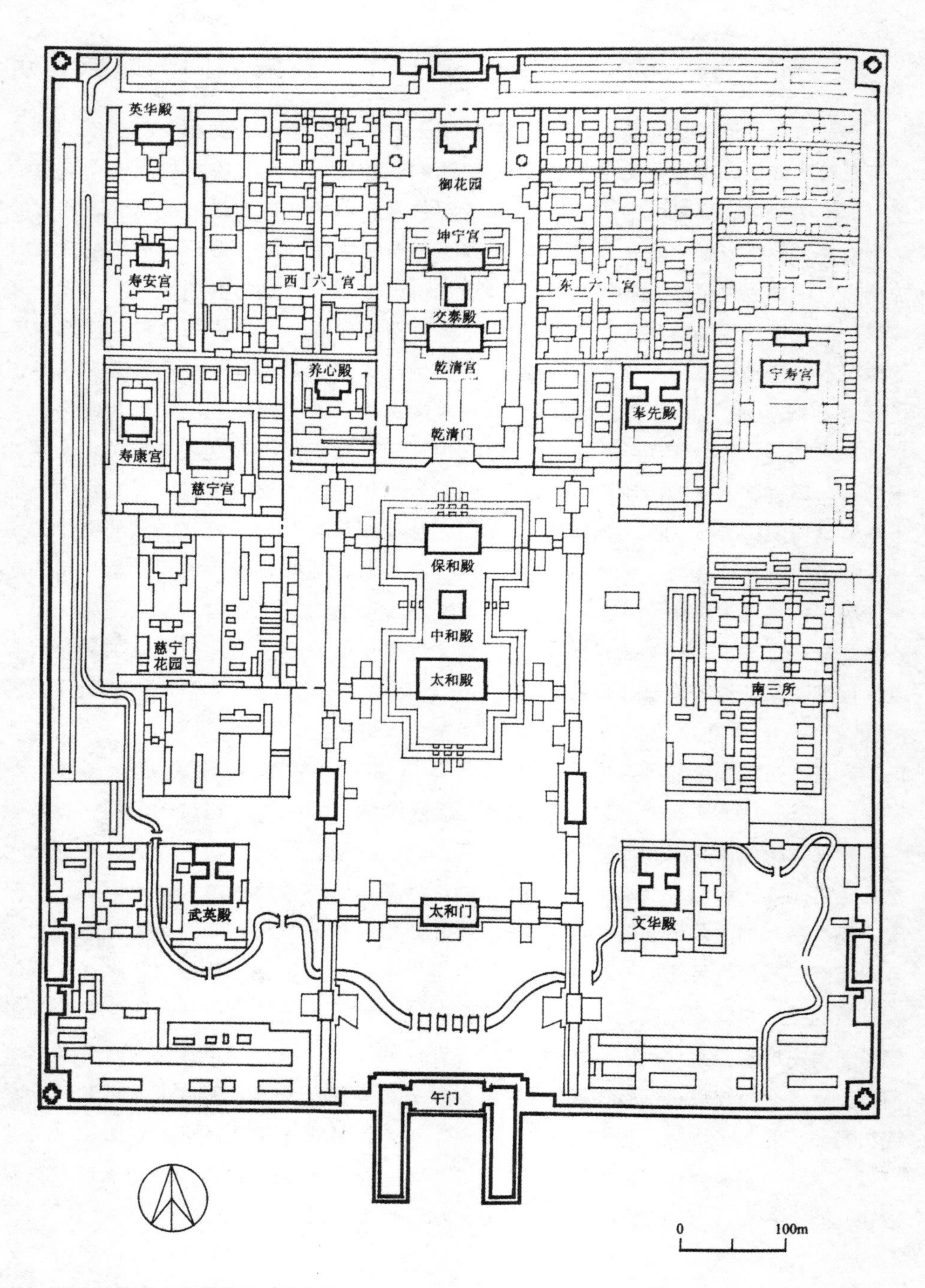

图6　清代紫禁城中宗教建筑分布示意图

宗法性宗教的本体论就是“**万物本乎天，人本乎祖**”[①]，在此儒道相通的一点是时间在先，即逻辑在先，但各自的表述方式不同，在儒则具体表现为慎终追远，“**生事之以礼，死葬之以礼，祭之以礼。**”[②]“**修宗庙，敬祀事，教民追孝也**”[③]。而一论事就直追三皇五帝，就是一种很自然的事了，成为中国文化的一大特色。

宗法性宗教“**在远祖崇拜的基础上发展出了圣贤崇拜，在近祖崇拜的基础上发展出了成熟的宗法制度。**”[④]在漫长的历史演进过程中，不断地丰富了这一整套制度，周公提出“以德配天”，在此基础上演化出一套天人感应的学说，落实到实践当中就是“敬天法祖”。敬天属于一种国家性的行为，而法祖则包含有两个层面。一层是国家范畴的，另一个层面就是宗族家族范畴的。宫廷之中的这一类型的建筑，更多反映的是后一个家族层面的情况，但由于宗法性宗教同国家政治生活的密切关联，在国家和皇家之间做截然的划分也是不科学的。本文在具体论述时会加以说明。

1.奉先殿

奉先殿的重要性体现在如下几个方面。首先是位置显要；其次是建筑规制高；再次是在宫廷生活中的地位高。其历史在介绍明代宫廷宗教建筑的情况时已有交代，清朝顺治年间所建的奉先殿沿用了明代奉先殿的基址，明代的奉先殿可能毁于李自成撤退之前的焚烧。《国朝宫史》载：“**景运门之东相对为诚肃门。入门南向为奉先殿。世祖章皇帝以太庙时享，孝思未伸，命稽往制建立奉先殿，顺治十四年告成。前殿七楹，后殿如之。凡朔、望、荐新、岁时展礼及册封诸大典礼先期告祭，俱内务府掌仪司领其事。**”[⑤]顺治之后，康熙十八年再次重建，康熙和乾隆两朝还对其进行过修缮。现在的格局应是康熙年间建设的成果。

清代的奉先殿建筑形式同明代的相同，平面为工字形，前后殿都是面阔九间，前殿进深四间[⑥]，后殿进深两间。前后殿之间有连廊相通，前殿屋顶为重檐庑殿黄琉璃瓦顶，后殿为单檐歇山黄琉璃瓦顶，是宫城内除了中路建筑以外等级最高的建筑。奉先殿的外檐彩画为旋子大点金，等级同于太庙、社稷坛等建筑。其前殿室内完全是浑金装饰，比

①《礼记·郊特牲》，辽宁教育出版社，1997年，第75页。

②《论语·为政》，外语教学与研究出版社，1998年，第14页。

③《礼记·坊记》，辽宁教育出版社，1997年，第160页。

④牟钟鉴、张践著，《中国宗教通史》上，社会科学文献出版社，2000年，第76页。

⑤[清]鄂尔泰、张廷玉等编纂，《国朝宫史》，北京古籍出版社，1987年，第257页。

⑥开间进深四间乃是为不逾等级，九五之数为最高等级。

图7　奉先殿外景

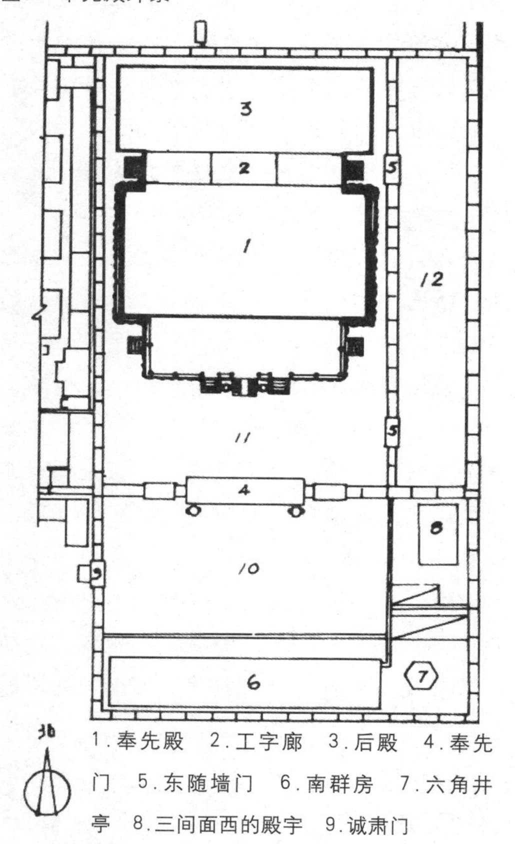

1.奉先殿　2.工字廊　3.后殿　4.奉先门　5.东随墙门　6.南群房　7.六角井亭　8.三间面西的殿宇　9.诚肃门

图8　奉先殿总平面图

之太庙尚有过之，太庙是中间三间用浑金装饰，这很可能是康熙朝重建奉先殿的原因。顺治年间，战事未定，国力维艰，宫廷内建筑的兴建都是出于必需，即乾清宫也是顺治十年才开始兴修，又因天灾而停工，顺治十二年复工，十三年完工，可见当时财力之拮据。这一事实说明两个方面的问题，一是顺治帝对宗法性宗教的重视，在如此困难的经济背景下仍要较早地修建家庙；二是当时的建筑可能不如现在保存下来的这么奢华。康熙十八年时，天下大定（虽有吴三桂之乱，但无碍于大局），距顺治兴修如此短的时间即重建，是一定有其必需的理由的，其时经济虽还未达到很有余裕的程度，但康熙也是一位相当重视“敬天法祖”的帝王，奉先殿这样的建筑正可以使其以非常直观的做法来表达他这方面的思想。纵观康熙一生，建设活动不多，且所建多朴素，但在祭祖这种类型的建筑上却不可强调朴素，否则是为不敬。康熙十八年有地震，重视天人感应的康熙帝当时议罢一些工程，但将奉先殿和皇太子宫的工程除外，可见对此有很迫切的需要①。

奉先殿作为皇帝的家庙同太庙相比是有许多不同之处的，从中可

①详情参见章乃炜、王蔼人编著，《清宫述闻》初续编合编本，紫禁城出版社，1990年，第736页。

以体会到皇家建筑同国家建筑之间的区别。首先从宫史中可以看出，凡祭祀领其事的是内务府掌仪司，而太庙祭祀则是太常寺主事。太庙祭祀例在每岁四孟，而奉先殿则每月朔望及万寿、元旦、冬至和国有大庆都有祭，在前殿行礼，“遇列圣列后圣诞、忌辰及元宵、清明、中元、霜降、岁除等日，于后殿行礼”，使用频率高许多，这也是兴建奉先殿的一个原因。奉先殿内祭祀不设牲俎，不行饮福受胙礼，王公不陪祭，所奏之乐也不同于太庙。同时，其与祭人员“司祝、司香以内务府官员充，司帛、司爵以侍卫充，各以其职为位”①。其经费来源也不同，太庙的供献由国库承担，也有摊派到大兴、宛平等附近县署准备的，但奉先殿内的供献都由内务府采买，由内库负担。从上面所述不难看出国家同皇家的区别，正因如此，其中也不乏生活气息的事，“列圣秋狝木兰，凡亲射之鹿、獐，必驿传至京，荐新于奉先殿”；“丰泽园后演行耕籍礼，所种旱稻一亩。旱稻成熟时，碾得细米供献奉先殿等处”②。这些活动都是皇家所特有的，确有视死如生之感。

2.传心殿及乾清宫东庑祀孔处

传心殿位于文华殿东侧，五开间，东西有二角门，其南有北向的五开间治牲所。院东有大庖井，明朝时此处即为祀井神之祠。严格地说，传心殿并非属于皇家的祭祀建筑，而是具有国家建筑的性质，但大庖井祭司井之神属于皇家宫廷生活的范畴，并且就其位置而言处于宫城之中，虽在外朝，但因为这对于本文所要探讨的皇家宗教文化的整体系统有较为直接的意义，所以还是纳入了本文，这是本文选择对象时边界稍稍模糊的地方，特予说明。

《养吉斋丛录》载“康熙二十五年设孔子位于传心殿，于经筵前一日祭告”③，传心殿的建筑始建于康熙二十四年，可见此殿就是为祭祀这一目的而建，同文华殿毗连，是非常自然的事情。“正中礼皇师伏羲、神农、轩辕，帝师尧、舜，王师禹、汤、文、武，南向。东周公，西孔子。祭器视历代帝王庙，……月朔望遣太常卿供酒果、上香④。”从末一句可以看出它的使用是归属国家行政系统的。在明代，这些牌位供奉于文华殿中，祭礼也在文华殿内举行，祭祀内容基本相同。康熙独辟一院，专门奉祀，显然说明了对这一祭祀内容的高度重视。此处祭礼为《大清会典》所载，从使用情况看，康熙至咸丰诸帝俱到此亲诣祇告，同治之后不复行，光绪

①[清]鄂尔泰、张廷玉等编纂，《国朝宫史》，北京古籍出版社，1987年，第95-99页。

②语出《啸亭续录》，转引自《清宫述闻》，第830页。

③引自章乃炜、王蔼人编著，《清宫述闻》初续编合编本，紫禁城出版社，1990年，第278页。

④引自章乃炜、王蔼人编著，《清宫述闻》初续编合编本，紫禁城出版社，1990年，第278页。

时“**此殿常为大臣休憩暨外使候觐之所**”[①]。至少从现象上看，这反映了国运不兴，礼之不存。此现象背后更多的可能是因为从同治开始都是幼帝即位，帝王不能亲政，诸多制掣，太后当权，于礼又多有不便，尤其是这种并非国家大礼的礼，太后恐怕也不容易注意到此处，时间长了，连建筑的用途也不那么严肃了。

紫禁城中还有一处祀孔的场所，在乾清宫东庑的南房，此处已属于内廷范围，只占“**御药房南一室，奉至圣先师及先贤先儒神位**”[②]，此处神位的设置，应当始于康熙朝（或雍正朝），使用对象是皇帝和内廷诸臣。此处的功能一直保留未变，《国朝宫史续编》载“**皇子届六龄入学，诣上书房东次西向室所奉至圣先师神位行礼**”[③]，如同学府必定同孔庙毗连一样，宫中之皇家学堂就同圣人堂相邻，儒学同宗法性宗教的结合在此得到清楚的表述。清代孔庙每年阴历二月(仲春）及阴历八月（仲秋)上旬丁日祭孔，叫丁祭，也称祭丁，是全国性的节日。下面是一首乾隆的御制诗，可知宫中也是笃行此礼，“**御制秋仲丁祭日诣尚书房至圣前行礼诗丙寅：**

万古生民首，千秋祭典光。

摄仪专国学，展礼诣书堂。

言念承宗社，何曾致治康。

徘徊讲筵侧，惟觉愧宫墙。”[④]

3.斋宫

斋宫其地在明时为奉慈殿（详见上一章），奉慈殿在崇祯时已毁，此处清初是否别有建筑不得而知，其东为毓庆宫，建于康熙十八年，很可能斋宫其地一直荒置，清初的工程建设相当节制。《国朝宫史》载：“**由日精门长街而南，其东为仁祥门，再东相对为阳曜门。正中为斋宫，雍正九年建。凡南北郊及祈榖、常雩大祀，皇帝致斋于此。前殿五楹，中设宝座，御笔匾曰：‘敬天’**”。遇皇帝宿斋宫，恭设斋戒牌、铜人于斋宫丹陛左侧。斋戒日，皇帝与陪祀大臣佩戴斋戒牌，各宫悬斋戒木牌于帘额。斋戒期间，不作乐，不饮酒，忌辛辣。

斋宫本身并不具有宗教内容，也不完全属于皇家范畴，但它能反映清代帝王的宗教态度，并从属于宫廷生活，故而此处略为溢题将其纳入本文讨论的范围。明代和清前期，祭天祀地前的斋戒均在祭坛附属的斋宫中进行，这也是大型祭坛建有斋宫的原因。雍正帝即位后，宫廷内部的斗争仍十分激烈，雍正帝为确保平安，于

①引自章乃炜、王蔼人编著，《清宫述闻》初续编合编本，紫禁城出版社，1990年，第279页。

②[清]于敏中等编纂，《日下旧闻考》卷十四，北京古籍出版社，1985年，第186页。

③[清]庆桂等编纂，《国朝宫史续编》，北京古籍出版社，1994年，第356页。

④[清]鄂尔泰、张廷玉等编纂，《国朝宫史》，北京古籍出版社，1987年，第211页。

清雍正九年（1731年）在紫禁城内兴建斋宫，将祭天地这种大型祭祀的斋戒仪式改在宫中进行①，同时也说明了雍正帝对宗法性宗教祭祀的虔诚态度，并没有因对安全的顾虑而不亲自致祭。

斋宫系前朝后寝两进的长方形院落。前殿斋宫，面阔5间，黄琉璃瓦歇山顶，前出抱厦3间，明间、两次间开隔扇门，两梢间为槛窗。室内浑金龙纹天花，正中为八角形浑金蟠龙藻井。东暖阁为书屋，西暖阁为佛堂，这一格局同养心殿类似。东西各有配殿3间。正殿左右转角廊与配殿前廊相连，形成三合院带转角的格局。后寝宫初名"孚颙殿"，后改为"诚肃殿"，面阔7间，黄琉璃瓦歇山顶。殿东西耳房各2间。东西各设游廊11间，与前殿相接。

斋宫属于临时性的生活场所，是为了表示对祭祀的虔敬而设，其在总体布局上的位置恰同养心殿对称，也是一个非常有利的位置，斋戒期间，皇帝还是要处理一些政务，并非闭门不出，因此这一选址是十分合理的。从其布局看，也是将养心殿的生活习惯带了过来，尤其是西暖阁布置佛堂，可见宗教生活对于雍正帝而言是须臾不可或缺的，这是一个很有趣的现象，对理解雍正帝的三教调和思想有很大的帮助。

4.上帝坛

紫禁城中短暂地出现过一座宗法性宗教建筑，就是上帝坛。顾名思义，容易使人联想到天主教，但从顺治十四年二月下礼部的谕旨中可以知道上帝坛的建设目的类似于奉先殿，"人君事天如子事父，宜酌典礼，用抒悃诚。今太庙外别建奉先殿，不时祭祀。而郊祀上帝仅岁一举行，于朕昭事之心尚未有尽。兹欲于禁城中卜地营建上帝殿宇，岁序令节，时展明烟，俱奉太祖、太宗配享，庶敬天事先。"②当月礼部回奏于奉先殿东卜地营建上帝殿宇，马上就开始了建设，工程在同年即告完成。由于这一祭祀形式为顺治首创，礼部必须拟定相关的礼仪，按照顺治帝的意思只有太祖太宗配享，祭礼的规模很小。

上帝坛的建筑形式相当特别，院落的主轴线为东西向，坛门三间，入门，前为三开间的上帝殿，后为昭事殿，上帝殿南偏为燎炉。其名为上帝坛，却并非是露天的祭场，而是模仿祈年殿的形式建了圆形重檐攒尖顶的主殿昭事殿，奉安上帝神位。朱庆征先生

①此段据故宫博物院官方网站所发布的资料，本文在论述城隍庙的建设动机时，也提出了类似的观点。雍正帝可能是有清一代野史传闻最多的一位皇帝，空穴来风，非出无因，宫廷权力斗争的激烈必然会导致一些非常措施的实行。故宫博物院官方网站的网址是：www.dpm.org.cn。其具体原因将在后文第六章展开讨论。

②《清史稿·礼二》卷八十三，第2234页，《二十五史》，北京电子出版物出版中心，2000年。

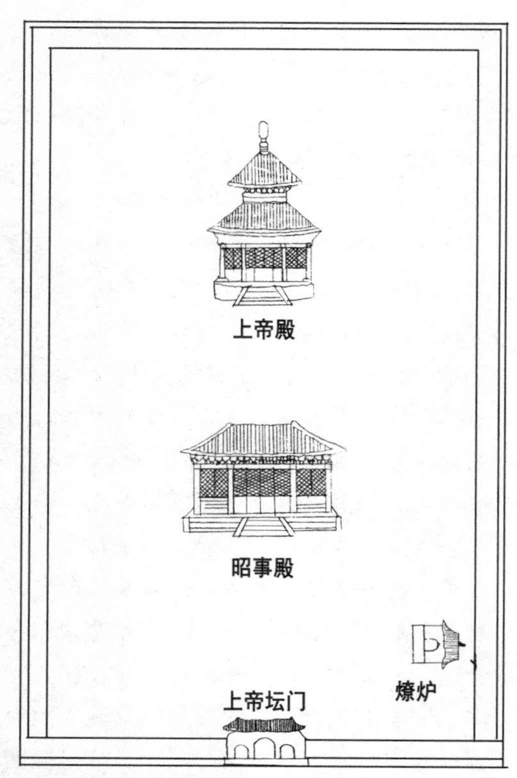

图9　上帝坛设想图（引自朱庆征文）

在《顺治朝上帝殿——昭事殿始末谈》一文中认为这种东西向布局的方式可能是受天主教的影响，因为顺治帝同传教士汤若望过从甚密，交谊深厚，本人认为仅此难以立论。欧洲的教堂祭坛在东面，是因为耶稣的殉难地在欧洲的东方，同其教义有关，同时并没有任何资料显示顺治帝有信仰天主教的倾向。以汤若望对顺治帝的影响之大仍不能使其信奉天主，可见在这方面的确不是他的兴趣所在。而以宗法性宗教中最高等级的祭天建筑来附会天主教教义是很难想象的，本人认为这一形制的根源尚在别处，或囿于地形地势、或别有附会，有待挖掘，匆忙定论，失之草率。

这座特殊的建筑真正使用的时间只有不足四年，在康熙即位的第五天被罢祭，很快这块用地也改作他用，随之湮没在历史之中。从新君即位，马上罢祭这点看，这座建筑的存在无疑早就引起了某些人的不满，康熙时为幼帝，真正操持朝政的是四大辅臣，代表的是满族贵族。从功能上看，上帝坛同满族祭天的堂子有雷同之处，甚至在建筑样式上也是如此，顺治曾经发出过罢诣堂子的旨意，这可能是引起满族贵族强烈反弹的主要原因①。这座建筑可以视为少年天子的性格写照，对考察清代帝王的宗教思想和个人不同的旨趣来说，不失为一个绝好的例证。

二、佛教建筑

清代尊崇佛教，主要是藏传佛教格鲁派即俗称的黄教，紫禁城中出现了多处佛教用途的建筑，如英华殿、慈宁宫大佛堂之属，是因袭明代故旧，雨华阁——中正殿一路，包括慈宁宫花园的吉云楼、宝相楼等则是清代乾隆年间创建，本文对独立成院的建筑先做介绍，对一些从属于非宗教

①详情参见朱庆征著《顺治朝上帝坛》，《故宫博物院院刊》1999年第4期，紫禁城出版社，第80—81页。

性院落，但具有宗教用途的建筑单独设小节介绍。

（一）雨华阁—中正殿

“慈宁宫之东北即启祥门外夹道也。其北南向者为凝华门（乾隆三十四年后改名为春华门——本文作者注）。门内为雨华阁。阁三层，覆以金瓦，俱供奉西天梵像。……阁后为昭福门。门内为宝华殿。殿后为香云亭。其北为中正殿。匾曰：‘然无尽灯’，联曰：‘妙谛六如超众有，善根三藐福群生。’皆御笔也。”[①] 雨华阁、中正殿一路无疑是紫禁城中最为显眼的佛教建筑，因为阁高三层，周围都是单层建筑，在前朝三大殿的台座上往西北方向远眺就能看到这座造型奇特的楼阁建筑，钦安殿虽在中轴线上，但体量不大，并隐匿在绿树叠石之中。雨华阁前有东西两座配楼，阁后只西面有梵宗楼。阁后又有一院，门为宝华门，殿为宝华殿。宝华殿后是香云亭、中正殿，此二建筑都在1923年的大火中同建福宫一起被焚毁（中正殿后即为建福宫花园）。从建筑布局看，这一路建筑略具寺庙格局，也是宫中唯一的一处。中正殿在清代的宗教生活中具有极其重要的地位，清廷设中正殿办事处，总理宗教事务，就这一功能而言也是超出了皇家生活的范围，但这一路建筑总的来说还是服务于皇家宫廷生活的，这从其位置和建筑尺度中都可以看出来。

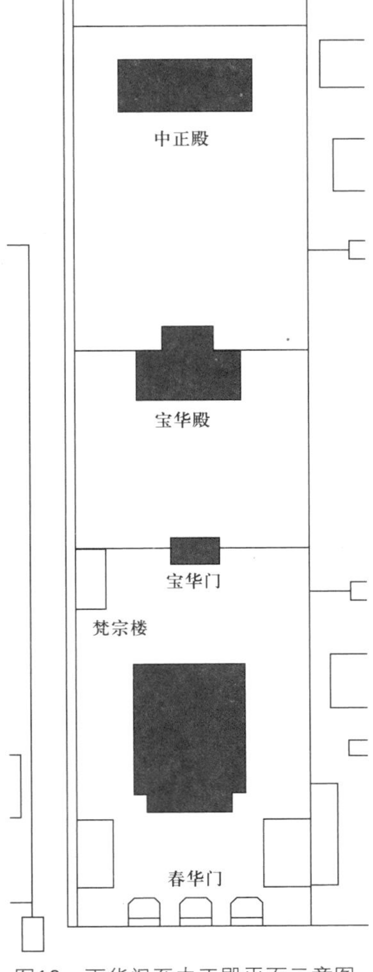

图10　雨华阁至中正殿平面示意图

在明代的宫廷宗教建筑的章节里已经知道有中正殿一路建筑，当时的用途是服务于道教活动，但关于雨华阁的前身是什么建筑，有几种不同的说法。《清宫述闻》称“雨华阁，清就明隆德殿旧址改建”[②]。问题就在这隆德殿在明代时是什么建筑，刘若愚在《酌中志》中记述的是“其两幡杆插云向南而建者，隆德殿也。旧名玄极宝殿，隆庆元年夏更曰隆德殿，供安玄教三清上帝诸尊神。万历四十四年十一月初二日毁，天启七年三月初三

①[清]鄂尔泰、张廷玉等编纂，《国朝宫史》，北京古籍出版社，1987年，第261-262页。

②章乃炜、王蔼人编著，《清宫述闻》初续编合编本，紫禁城出版社，1990年，第944页。

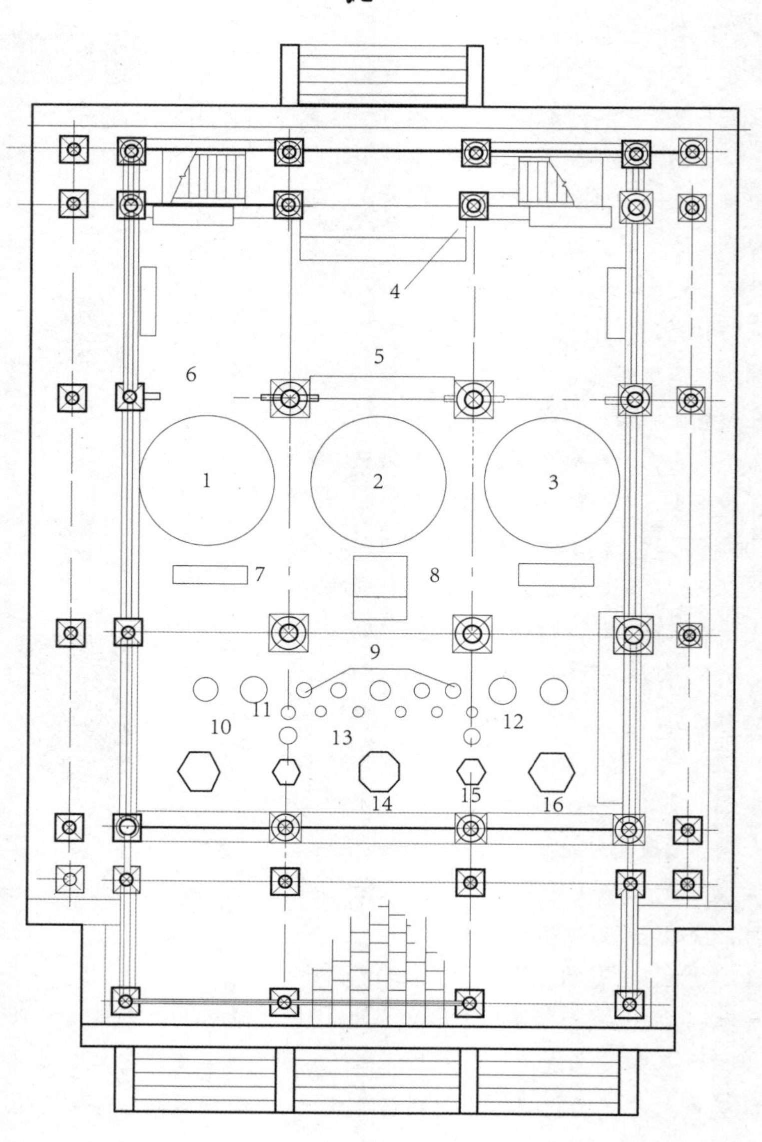

1.大威德坛城　2.密集坛城　3.胜乐坛城　4.事部佛像龛　5.西方极乐世界阿弥陀佛安养道场　6.雕龙欢门罩　7.供案　8.佛龛　9.五供　10.珐琅塔　11.木珊瑚树　12.珐琅象鼻鼎炉　13.珐琅荣花树　14.七级木塔　15.磁塔　16.五级木塔

图11　雨华阁首层平面图（引自王家鹏《雨华阁探源》文）

日重修。崇祯五年九月，内将诸像移送朝天等宫安藏。六年四月十五日，更名中正殿。”[①]如此则隆德殿就是中正殿了，同后来的情况不甚相符。说得较为清楚的倒是金梁先生的《雍和宫志》：“中正殿在明朝是宫内崇信道教的道观，它的原名叫‘玄极宝殿’，明世宗朱厚熜在这里供奉道教的‘三清神’。在玄极门前面是宝华殿，乃是朱厚熜和众道士研究道教的导引吐纳之所。宝华殿的前面是宝华门，宝华门的前面是雨华阁，雨华阁的前面是凝春门。雨华阁也是供奉道教三清诸神的地方，而朱厚熜打坐也在这里。这三层殿是一座大道庙，雨华阁是前殿，宝华殿是中殿，玄极宝殿是后殿，在明朝俗名叫‘玄宫三大殿’，这三大殿是明成祖朱棣的永乐二十一年（1423年）建筑的。”[②]言之凿凿，却未注明出处，不敢贸然信之，照此说法，雨华阁之名也是清仍明旧了，为何其他文献毫无线索可寻呢？窃以为比较可能的情况是，中正殿和隆德殿并非同一建筑，而在命名整个这一路建筑的时候，往往取其中最为重要的建筑来命名，或以中正殿名之，或以隆德殿名之，并非一座建

图12　雨华阁外景（引自《北京紫禁城》）

筑的两个名字，而是不同时期以不同建筑的名字来指代整个院落的建筑，这样理解的话，那么《清宫述闻》的说法就是正确的了。据王家鹏先生在《雨华阁探源》一文中的考证，雨华阁是清乾隆十五年时据明代旧有的建筑改建而成的。[③]其改建的原因是仰慕仁钦桑波创建的托林寺，乾隆帝说“在朕的京城中也要建一座那样的佛殿”[④]。雨华阁就在章嘉国师的指导下改建成了，外观三层，内有四层，按照藏传佛教密宗修行的四续部布置，依次为事

①[明]刘若愚著，《酌中志》，北京古籍出版社，1994年，第146页。

②转引自《雨华阁探源》《故宫博物院院刊》1990年第1期，第51页。

③参见《雨华阁探源》一文，《故宫博物院院刊》1990年第1期，第52页。

④土观·洛桑却吉尼玛著，《章嘉国师若必多吉传》，民族出版社，1988年，第221页。

图13　雨华阁室内云龙透雕落地罩（引自《紫禁城内檐装修图典》）

部、行部、瑜伽部和无上瑜伽部（文献中也称无上、瑜伽、智行、德行四层），建成之后，这里即有比较频繁的宗教活动和仪式举行，由道教场所变成了藏传佛教的活动场所。其室内陈设也颇具特色，**“上层供欢喜佛五尊，中层供康熙功德佛神位，下层供西天番佛”**①。明嘉靖帝同清乾隆帝在同一建筑上的这种对比也是颇为耐人寻味的，使得雨华阁的改建具有了一种特殊的象征意义。

雨华阁前的配殿同样供奉佛像，并且有**“藏经及残余龙藏经等”**②。阁后的配楼梵宗楼也是一座很特殊的建筑，尺度很小，三开间上下两层，背靠红墙，三面围廊。**“梵宗楼楼下间，供奉文殊菩萨。每月朔望，安供松子、白果、榛子、龙眼、荔枝各一碗”**③。文殊菩萨在藏传佛教中是智慧的象征，清代帝王往往以文殊菩萨自居，因此文殊菩萨在清代的宫廷宗教文化中占据了重要的地位④。梵宗楼对称的位置上没有建筑，这座建筑应当是同雨华阁改建同时完成的建筑，是为雨华阁的建设配套的。这一配套建筑显然不是出于一般使用的功能要求，由整个工程的指导者章嘉呼图克图想到，这种独特的布置方式可能同密宗的教义有关，囿于个人的学力，目前尚无法做出详尽的解释。

宝华门后是宝华殿，并无配殿，一个相对开敞的空间，适宜举行一些仪式性的活动，在年关时节，少则一百名、多则三百名喇嘛到此唪经。从宝华殿的室内空间看，很难容纳

①陈宗藩编著，《燕都丛考》，北京古籍出版社，1994年，第74页。

②陈宗藩编著，《燕都丛考》，北京古籍出版社，1994年，第74页。

③《钦定总管内务府现行则例·中正殿》卷，转引自章乃炜、王蔼人编撰，《清宫述闻》初续编合编本，紫禁城出版社，1990年，第946页。

④关于这一来历在清乾隆帝“乾隆十一年御制娑罗树恭依皇祖元韵”诗注中有所解释：“乌斯藏进表皆称曼殊师利大皇帝。曼殊是佛妙观察智，更切音与满洲二字相近，故云。”先有进表，宗教为依国主可谓挖空心思，因谐音而自承，帝王也乐得接受，认可之后遂成习惯。曼殊即文殊，音译选字不同而已。乾隆还有化身文殊的画像。诗注引自于敏中等编纂，《日下旧闻考》第三册，卷八十六，北京古籍出版社，1985年，第1447页。

如此众多的喇嘛，应当是在殿前的院子里。宝华殿的建筑体量甚小，开间比例扁长，有明代建筑的特点，柱高甚至低于宫内居住建筑的柱高，明间室内悬挂的匾额是咸丰帝手书的“敬佛”，匾大而屋矮，显得有些突兀，如果金梁先生所述内容确实的话，在明代这里是皇帝练习导引吐纳之术、打坐的地方，倒是适宜的，室外的气氛同样适于修炼。清代宝华殿内主要就是供奉佛像。

宝华殿后就是中正殿一院，建筑已荡然无存，殿内供奉欢喜佛多尊，但中正殿的活动在文献中有不少记述。中正殿设中正殿事务大臣，特旨简派，总管京城内藏传佛教寺院的事务。“**每日中正殿后殿唪无量寿佛经，唪水经。**”[①]这样每日都有喇嘛唪经的建筑在宫内这是唯一一处，从这点看，此处更接近于寺庙的形式。中正殿设有造办处，专司成造佛像及唪经所需用的物料，在宫廷宗教生活中，中正殿无疑具有相当重要的地位，也承担了许多实际的功能。中正殿到年关的时候，还有举行跳布扎的仪式，这是藏传佛教特有的宗教仪式，雍和宫中每年也都要跳布扎。跳布扎时皇帝往往要亲临观礼，殿前为皇帝设小金殿（黄毡圆帐房），跳布扎即在院内。腊八日在中正殿殿前也有佛事活动，次日雍和宫熬腊八粥送往宫中，皇帝与众人分享，宗教同民俗结合，共同增添了节日的气氛。

图14　雨华阁首层室内坛城（引自《北京紫禁城》）

（二）英华殿

距雨华阁—中正殿这路建筑不远又有一处佛教建筑英华殿。英华殿为五开间的歇山建筑，当中三间出月台，左右带耳房，至今仍然保留了明代的建筑结构。英华殿的院落相当简单，这种简单的格局倒也可视之为一种宫中宗教建筑的特点，在其他宫廷宗教建筑的院落中也能看到相似的简单。清代英华殿继承了明代的建筑和用途，几乎没有什么

①《钦定总管内务府现行则例·中正殿》卷，转引自章乃炜、王蔼人编撰，《清宫述闻》初续编合编本，紫禁城出版社，1990年，第948页。

变化，明时英华殿就供奉佛像，为宫中女眷的礼佛场所。清代“宫中自太后及皇后以次，俱以英华殿为礼佛之所”[①]。由此可以判断英华殿是紫禁城中公共性比较强的一处宗教建筑。

三、道教建筑

清代紫禁城中道教建筑的数量同佛教建筑相比要少得多，同明代的情况很不一样。其中最重要的道教建筑仍然是位于中轴线的钦安殿。玄穹宝殿是另一处独立的道教建筑，御花园中还有供奉道教神灵的园林建筑，也有一定的数量，并体现了不同的层次。

（一）钦安殿及御花园

御花园在坤宁宫后，也位于中轴线上，作为宫中的游憩之地，面积并不大，虽花木繁茂，叠石玲珑，但布局规整，显然也是寄予相当象征意义于其中的。从帝王的实际生活轨迹看，在明朝有西苑、南苑，清代继承了前朝的游观场所，更开拓了西郊园林，并将大多数时间的生活中心移往西郊。因此，御花园只是整个紫禁城布局中点缀的一笔，表现了宫廷生活的一个方面，其象征意义远大于实际使用的功能。仔细考察，整个御花园具有强烈的宗教氛围，在上文论及明代宫廷宗教建筑时已有涉及。此处详述钦安殿及御花园在清代的情况。

御花园的中心建筑是钦安殿。“正中为天一门，前列金麟二。门北南向为钦安殿，祀元天上帝。御笔匾曰：‘统握元枢’。顶安渗金宝瓶。”[②]钦安殿的建筑是因袭明旧，在清代没有什么改变。前文说过，明代在中轴线上建钦安殿的用意是彰显真武，真武属北方神，这一寓意对清朝统治者来说同样是适宜的。清代保留了钦安殿，如同保留了明代宫殿其他建筑一样，体现了一种文化上的尊重，以便于更好地进行统治。但在具体使用上，两朝还是有所不同，清代帝王没有在此频繁地建斋设醮，只是在年关令节有道场。平时只有宫殿监到此拈香致礼。但钦安殿道场仍有其较高的地位，雍正时，曾下谕不准在此为皇后建祝寿道场[③]。可见中轴线上的建筑所具有的地位和象征意义在那个时代是纳入宗法体系的，典制、体统的约束作用是相当强的。

“阁前相对为四神祠。阁西为位育斋。斋西为毓翠亭。斋前有池，

①《清宫词》注，转引自章乃炜、王蔼人编著，《清宫述闻》初续编合编本，紫禁城出版社，1990年，第940页。

②引自[清]鄂尔泰、张廷玉等编纂，《国朝宫史》，北京古籍出版社，1987年，第216页。

③章乃炜、王蔼人编著，《清宫述闻》初续编合编本，紫禁城出版社，1990年，第685页。“朕为圣祖皇考、皇太后圣母启建道场，亦是朕之孝思。今尔等为皇后在朕宫闱建立道场，殊非典制。且尔等为皇后建立道场，不拘在何处均可。如在钦安殿，则于体统有碍。”（引自清雍正十年五月谕旨）

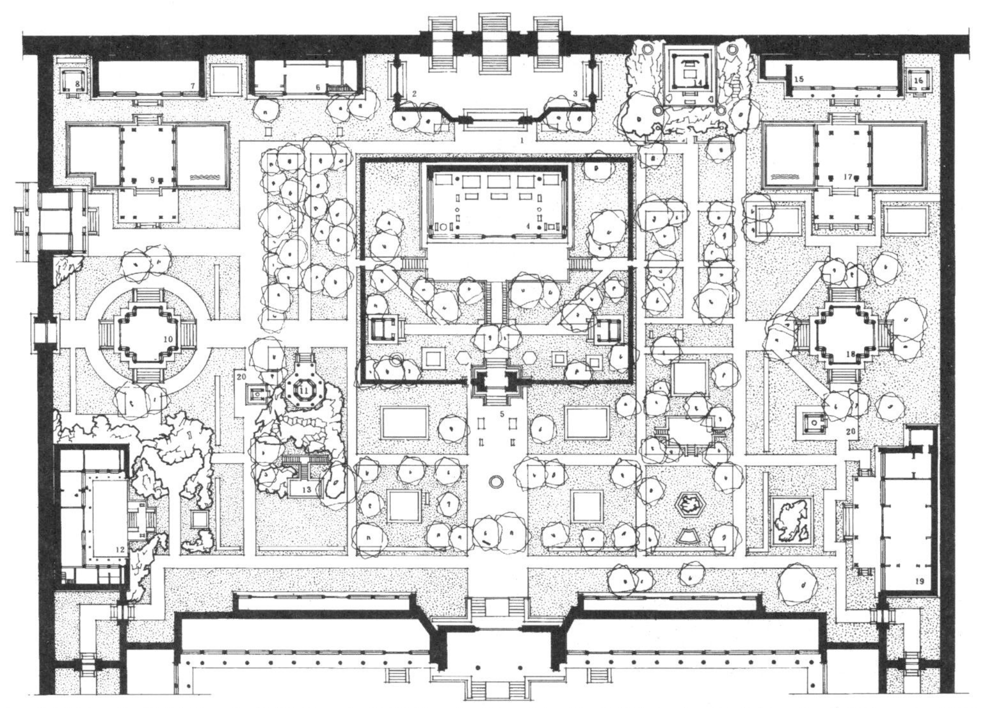

1.承光门　2.集福门　3.延和门　4.钦安殿　5.天一门　6.延晖阁　7.位育斋　8.玉翠亭　9.澄瑞亭　10.千秋亭　11.四神祠　12.养性斋　13.鹿囿　14.御景亭　15.摛藻堂　16.凝香亭　17.浮碧亭　18.万春亭　19.绛雪轩　20.井亭

图15　御花园总平面图（引自《清代内廷宫苑》）

池上为澄瑞亭，即亭为斗坛[①]。”这一区的建筑基本上都是继承了明代的遗物，但也有改造，澄瑞亭中斗坛可能为雍正年间所建。浮碧亭、澄瑞亭建于明万历十一年(1583年)[②]。两亭造型基本一致，平面方形，攒尖顶，覆绿琉璃瓦，黄琉璃瓦剪边，束腰圆琉璃宝顶，一斗二升交蔴叶斗拱。雍正九年在亭南侧各加一敞轩，卷棚顶。东西两侧木坐凳栏杆外加装石栏板。两亭的差别主要在彩画，浮碧亭天花板绘五彩百花；澄瑞亭因设斗坛的关系，装饰较为考究，天花板绘蟠龙，中有木雕双龙戏珠藻井，四面装护墙板，安门窗。两亭均坐落在平桥上，桥横跨在长方形水池上，泊岸有石兽吐水，池内莲花绽放。澄瑞亭改为斗坛之后，其后的

①引自[清]鄂尔泰、张廷玉等编纂，《国朝宫史》，北京古籍出版社，1987年，第218页。

②参见周苏琴著，《北京故宫御花园浮碧亭澄瑞亭沿革考》，单士元、于倬云主编，《中国紫禁城学会论文集》第一辑，紫禁城出版社，1997年，第140-142页。

图16　钦安殿外景（引自《中国美术全集》之《宫殿》卷）

图17　钦安殿室内（引自《紫禁城》）

位育斋也改为佛堂，雍正帝甚至为做法事的法官在御花园中盖了住所，“雍正九年正月二十七日，内务府总管海望奉上谕：朕看后花园千秋亭若设斗坛不甚相宜，用后层方亭设斗坛好，前面千秋亭或做星坛或做法事，后面位育斋中间仍供佛，两次间给法官办事暂坐。在玉翠亭之东有空地，量其地式将小些的房添盖几间，给法官住。如何添盖，如何设坛收拾之处，尔画样呈览。钦此。”[①]御花园中建筑的改建完全是围绕宗教目的而展开的，前文在论述明代宫殿中的宗教建筑时对此已有涉及，但这则皇帝的谕旨显然更为生动地告诉我们御花园所具有的宗教氛围。

万春亭、千秋亭分别位于御花园内浮碧亭、澄瑞亭以南，明嘉靖十五年(1536年)建。是一对造型、构造均相同的建筑，藻井、彩画有细微的差别，宝顶的形式也有差异。亭平面多折，是由一座方亭四面出抱厦形成的。重檐攒尖顶，上层为圆形平面，上圆下方的屋顶附会“天圆地方”的说法。亭内天花板绘双凤，藻井内置贴金雕盘龙，口衔宝珠，显示这两座亭并非寻常的点景之作。万春亭内供关帝像，联曰：“九州隆享祀，三教尽皈依”，匾额是“威震华夏”，词句颇能道出关帝在中国文化中的地位，很贴切，其主旨应也是护国佑民。千秋亭内供佛像。园林中包含宗教内容的建筑其装饰或形制还是有别于一般建筑，装修的等级明显

①《各作成做活计清档》，转引自李国荣著，《帝王与炼丹》，中国民族大学出版社，1994年，第443-444页。

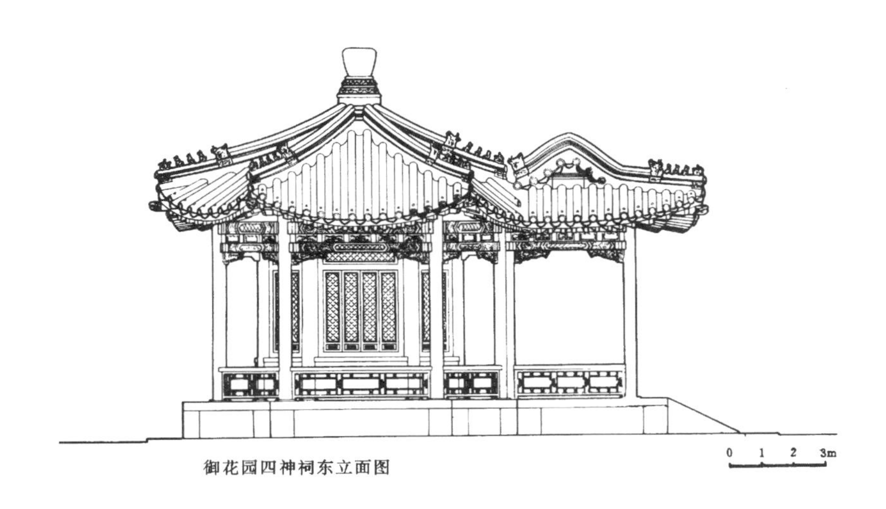

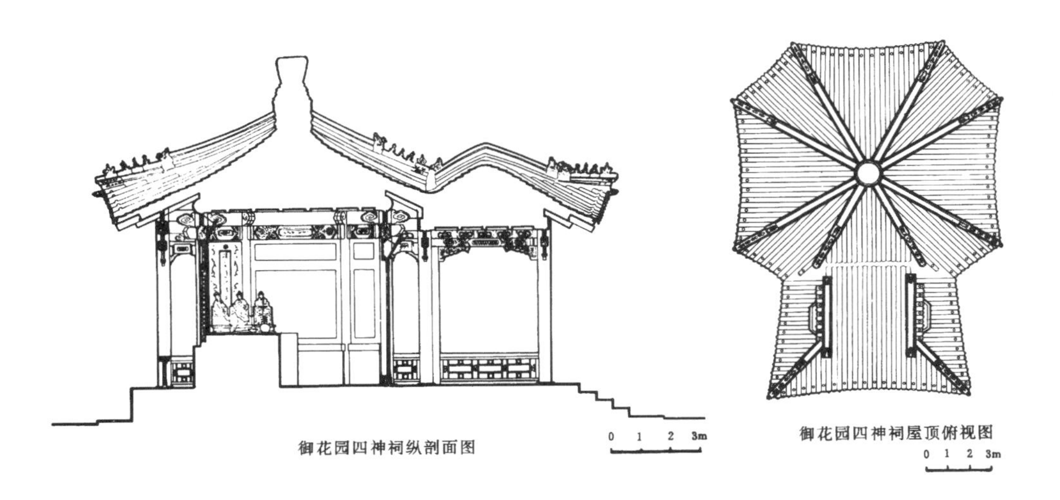

图18　御花园四神祠立、剖面图及屋顶俯视图（引自《清代内廷宫苑》）

要高，并且建筑形式追求精巧，从御花园的这几座建筑中可以充分地体会到这一点。

（二）玄穹宝殿

“六宫之东，有小长街。街南向东直出者为苍震门，街东为内库房。其北向西者为钦昊门。门中向南为天穹门。门内为天穹宝殿，祀昊天上帝。”[①]《清宫述闻》称玄穹宝殿为清顺治时改建，因避讳改称天穹宝殿，但并未注明出处。此处在明代时为内库房，称官正司六尚局，在刘若愚的《酌中志》中没有出现玄穹宝殿，以明代重视道教的传统，没有记述就应该是没有这一建筑。从避讳改名这点看，始建应该在康熙之前，那么顺治时改建这一说法当属可信，究竟是顺治何年不详，这对考察清代帝王的宗教思想是个缺憾，因为顺治初年尚未亲政，多尔衮摄政，因此究竟是顺治亲政之前或之后建设的此建筑，就影响到是否能通过此建筑来判断顺治对道教的态度。这是清代在紫禁城中所建的唯一一处道教建筑，因此也是一条重要的线索。

从一些侧面的材料看，笔者判断玄穹宝殿很有可能建于顺治十四年，与南苑的元灵宫同时。其理由如下：第一，顺治帝由于曾经剃发意欲出家而使人们对他的佛教信仰留下了深刻的印象，可能忽略了他对道教的崇奉，钦安殿在清代宫廷中仍能保持其较高的地位，不能不考虑顺治帝时间在先的作用和影响。第二，作为一个热爱汉族文化的人，在当时的环境中不可能不同道教发生关系。

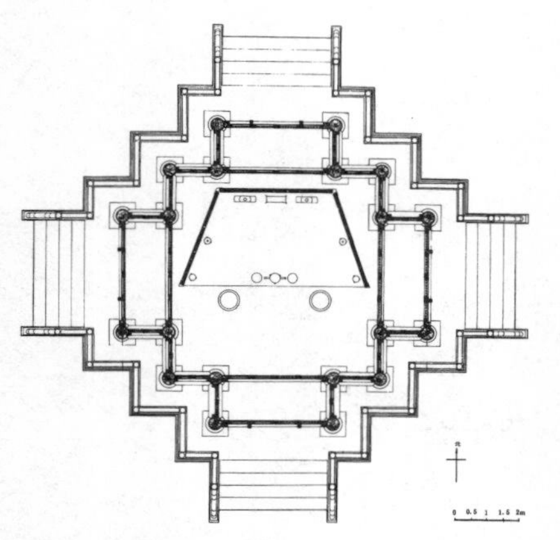

图19　万春亭平面图（引自《清代内廷宫苑》）

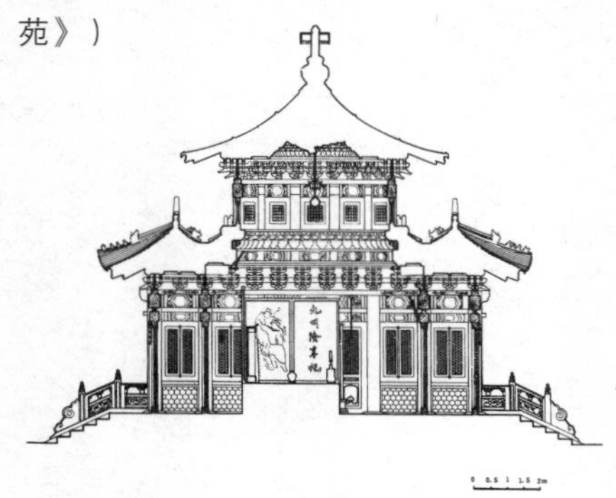

图20　万春亭立面图（引自《清代内廷宫苑》）

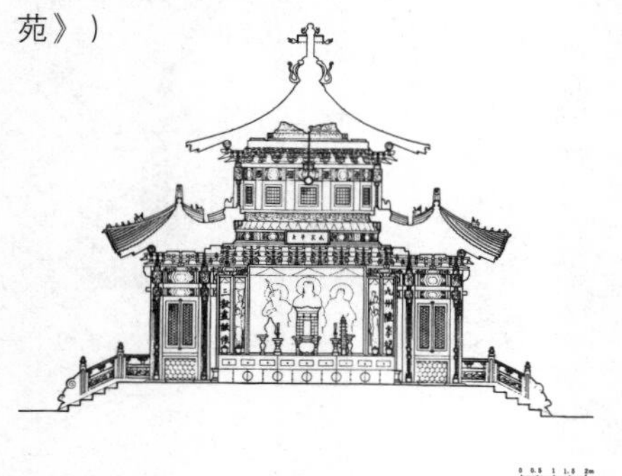

图21　万春亭剖面图（引自《清代内廷宫苑》）

①[清]鄂尔泰、张廷玉等编纂，《国朝宫史》，北京古籍出版社，1987年，第220页。

第三，顺治时期所用的太监多为明代遗留，明代崇奉道教的传统必然会被这些太监所延续，而顺治帝一度深受太监的影响[1]，在对道教的态度方面自然也要受到太监们的影响。第四，顺治帝即位时为幼儿，顺治八年亲政时亦不过十四岁，在亲政之前不可能在宗教建筑方面有所兴废，而以多尔衮摄政王的身份，也不便在宫城之中兴建宗教建筑。第五，从笔者统计的宗教建筑建设年表看（参见附录），顺治十二年之后才开始有所动作，而此时正是他刚刚成年，开始对宗教有所感受。第六，顺治十四年在南苑建设了元灵宫[2]，可知顺治帝对道教非但不排斥，相反还给予较高的建筑形式，十二楹的开间数让人联想到天坛的祈年殿，重檐圆殿又同大光明殿相同，这种形式的含义应是比较隆重的，却没有留下任何冠冕堂皇的建设动机，这点耐人寻味，说明这完全是出自个人信仰，并且从中可以看出顺治帝的建设是有所本的，而取材的样本说明了他对道教建筑的钟爱。第七，顺治十四年是建设比较频繁的一年，这一点同当时的政治、军事形势有关，全国的大部分地区已为中央政府所控制，危局已过，帝王往往在几个空间区域重复建设类似题材的建筑，表示自己的偏好，综上所述七点，笔者判断玄穹宝殿建于顺治十四年。

此处在清代的使用还是比较频繁的，每逢年节都要在此设道场，有三种名目，为天腊道场、天诞道场和万寿平安道场，其中天腊道场由外家道士承办，其余的道场则由太监充当道士。此殿与钦安殿、大高玄殿一同贮存道经。道教建筑的一大功能，其实也是道教的一大功能，就是祈求风调雨顺，这是中国几千年的文化传统使然，道教神通之广大为别教所不能。这可能也是为什么清代帝王中崇信道教者不多，但宫内仍然需要道教建筑的原因。《翁文恭日记》中曾载清同治帝到此处拈香祈雪[3]。从宫中管理的方面反映看，此殿的等级不高，“天穹宝殿不设首领太监，属景阳宫首领兼辖。太监八，专司香

①顺治仿照明代宫廷设立了十三衙门，被史家认为是受明朝遗留太监的煽惑所致。

②“元灵宫在小红门内西偏，顺治十四年建，乾隆二十八年重修。山门三楹，南向，额曰宅真宝境。内为朝元门，中构元极殿十有二楹，圆殿重檐，置门二十有四。奉玉皇上帝。恭悬御书额曰帝载元功，联曰：碧瓦护风云，别开洞府；丹霄悬日月，近丽神皋。殿后为元佑门，内为凝始殿，重檐，殿宇五楹。奉三清四皇像。御书额曰上清宝界，联曰：颢气絪緼，一元资发育；神功覆帱，万汇荷生成。东曰翊真殿，奉九天真女梓潼像。西曰祇元殿，奉三官像。殿前穹碑二，恭勒御制诗。再后随墙宫门后围房十六楹，中三楹为静室。”引自[清]于敏中等编纂，《日下旧闻考》第三册，卷七十四，北京古籍出版社，1985年，第1152页。

③章乃炜、王蔼人编著，《清宫述闻》初续编合编本，紫禁城出版社，1990年，第718页。

烛、洒扫、坐更等事。”[1]殿中供有玉帝、吕祖、太乙、天尊等画像。

（三）城隍庙

城隍庙位于紫禁城的西北角，紧靠城墙，自成一小院，正殿五间出三间月台，歇山顶用灰瓦，等级不高。城隍庙始建于雍正四年，城隍建祠最盛的明代在紫禁城内并无城隍庙。城隍之祀颇有渊源，具体起源已不可考，三国时吴国已有城隍庙，宋以来城隍之祠遍及天下，其神被视为城镇之保护神，城隍之祀在明代最盛。洪武元年下诏封应天府城隍为帝，开封、临濠、太平府、和、滁二州者以王，其余府州县则公侯伯相与。新官上任必先谒神，并定庙制，高广与官署厅堂同。每年仲秋祭城隍，“凡圣诞节及五月十一日神诞，皆遣太常寺堂上官行礼。国有大灾则告庙。在王国者王亲祭之，在各府州县者守令主之”[2]。从上述文字可以看出，城隍有神界地方官的意思，并且从这种意思出发，很难会想到在紫禁城中设城隍庙，因为神界的机构都是人界的影射，人界之中并不会有紫禁城城官的设置。所以明代城中没有城隍庙是正常的，而雍正设城隍庙则给人以莫名所以的感觉。至于为什么要设城隍庙，没有可以见诸文字的材料。只能从雍正帝个人方面寻找原因。崇信道教是其一，可能残酷的权力斗争所带来的不安全感是其二。雍正帝改其弟允禩名为阿其那、允禟名为塞思黑者，正是在这一年，同年八九月间两人相继亡故，不知两者之间是否确有联系。他们兄弟几人在康熙在位时都有结交僧道，迷信法术，康熙四十七年“十一月，以大阿哥直郡王胤禔令蒙古喇嘛巴汉格隆咒诅废皇太子用术镇压，革去王爵”[3]。当时为争夺权力可谓无所不用其极，雍正帝在对兄弟进行处置的时候可能也有所顾忌，因为他的确相信法术的效力，加之有往来密切的道士僧人等出谋划策，城隍庙可能就是在这样的背景下建立起来。

城隍庙内供有像，该处太监只管洒扫，举办道场由大光明殿的道士来唪经，“岁以万寿节并季秋遣内务府总管各一人致祭”[4]，并非受到重视的场所，其道场在道光二十五年后也停止了。

四、坤宁宫和萨满教

坤宁宫属后三大殿之一，是重要的中路建筑。在明朝时为皇后所居，清朝时进行了改建，“（交泰）殿之

①[清]庆桂等编纂，《国朝宫史续编》，北京古籍出版社，1994年，第685-690页。此条下按语，旧额有八品首领二，旧额为乾隆年间，续编所载为嘉庆初年的情况。太监额数、等级的变化，往往从侧面反映了不同帝王对同一建筑或宗教的态度。

②《明史》卷四十九《志第二十五·礼志三·城隍条》，中华书局，北京，1974年，第1286页。

③[清]蒋良琪撰，《东华录》，中华书局，1980年，第335页。

④章乃炜、王蔼人编，《清宫述闻》初续编合编本，紫禁城出版社，1990年，第942页。

图22　坤宁宫室内神灶（引自《紫禁城》）

图23　清宁宫内简陋的灶台
（引自《中国美术全集》之《宫殿》）

后为坤宁宫，俱顺治十二年建"①。其东暖阁是雍正的御笔匾"位正坤元"，西暖阁是乾隆的御笔匾"德洽六宫"，从这些内容看，至少在名分上，此地仍应是皇后正寝。实际在清代，后寝这部分的使用同前明有很大的变化，从雍正开始，皇帝也并非居于乾清宫了。根据满族人的传统，祀神之仪是放在正寝进行的，在沈阳故宫就是如此，那里的正寝是清宁宫。《清史稿》载，坤宁宫"**昉自盛京。既建堂子祀天，复设神位清宁宫正寝**"②。满族统治者那时还没有充分理解汉族文化中帝后分居乾清宫、坤宁宫以配天地的意义③，因此，将明代的皇后寝宫模仿清宁宫改建成萨满祭祀场所，是比较自然的事情④。顺治朝建设的重要内容就是使建筑要符合使用的要求，坤宁宫的正门不在建筑的正中，而是偏于东次间。这样就形成了一个较大而完整的室内空间，利于萨满祭神仪式的举行，这一改动完全是从功能出发，并对建筑的形式产生了影响，可以看作是一个具有象征意义的举动。交泰殿后至今还有立杆石，是为春秋两季立杆（索伦杆）大祭准备的。坤宁宫坐北面南，面阔连廊9间，进深3间，黄琉璃瓦重檐庑殿顶。明代是皇后的寝宫。清顺治十二年改建后，为萨满教祭神的主要场所。改原明间开门为东次间开门，原槅扇门改为双扇板门，其余各间的棂花槅扇窗均改为直棂吊搭式窗。室内东侧两间隔出为暖阁，作为居住的寝室，门的西侧四间设南、北、西

①[清]鄂尔泰、张廷玉等编纂，《国朝宫史》，北京古籍出版社，1987年，第224页。

②《清史稿》卷八十五，《志六十・礼志四・坤宁宫条》，中华书局，北京，1977年，第2559页。

③顺治大婚之后同皇后同居于位育宫（保合殿），参见周苏琴著《清代顺治、康熙两帝最初的寝宫》《故宫博物院院刊》1995年第3期，紫禁城出版社，第45页。

④确切地说，坤宁宫同清宁宫并不太一样，若以正寝而论，乾清宫同清宁宫的地位才相当，以坤宁宫作萨满祭祀场所，可以说是一种折中的方案。一方面汲取了汉族文化中重视帝王朝寝空间应具有的象征性的传统，另一方面糅合了满族本民族固有的生活习惯和宗教信仰。

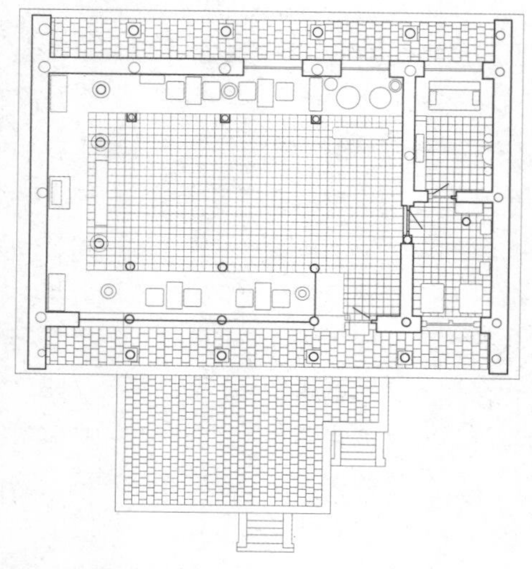

图24　清宁宫平面布置图

（引自《盛京清宁宫萨满祭祀考辨》）

图25　清宁宫神堂西炕（引自《中国美术全集》之《建筑（一）》）

三面炕，作为祭神的场所。与门相对后檐设锅灶，作杀牲煮肉之用。由于是皇家所用，灶间设棂花扇门，浑金毗卢罩，装饰考究华丽。

满族统治者以短短几十年的时间就由部落首领而成为一个庞大帝国的统治者，这一变化是非常大而迅速的，因此也影响到了作为其民族信仰的萨满教，在建筑上也有所反映。萨满本来是一种民间的信仰，其仪式也是通过口传心授得以流传，随着满族统治者成立后金政权直至定鼎中原，萨满也随之进入宫廷，从而完成了宫廷化、庙堂化和典制化。对比沈阳故宫中清宁宫和坤宁宫的情形可以看出这一过程。

沈阳故宫博物院的白洪希女士在《盛京清宁宫萨满祭祀考辨》①一文中详细论述了清宁宫萨满祭祀的演变过程。清宁宫面阔五间，进深三间，前后有方形廊柱，单檐琉璃瓦硬山顶。“东次间开门，东稍间辟为暖阁，暖阁内隔成两间，北设‘龙床’为帝后寝居，南设炕以飨客及处理政务。西外四间相通为堂屋，内有方形檐柱六根围砌于环形炕沿。堂屋内空间宽敞，南北对开吊搭式直棂窗。门口设俎案，北灶台内置大铁锅两口。屋顶满绘方格彩画龙凤天花”②。清宁宫始建于天聪四年（1630年），其祭祀始于天聪五年，在此之前只有堂

①载于《故宫博物院院刊》1997年第2期，紫禁城出版社，第31–36页。

②白洪希著，《盛京清宁宫萨满祭祀考辨》，《故宫博物院院刊》1997年第2期，紫禁城出版社，第31–36页。

子祭祀[①]。堂子祭祀可视为萨满祭祀的庙堂化，清宁宫祭祀则是宫廷化的发端。清宁宫的现状并不是初建时的原貌，在康熙、乾隆两朝经历了多次修缮，并根据后来制定的典制加以完善。据《盛京清宁宫萨满祭祀考辨》一文，原来的神位只是放于一块木板上，木板搭在西面墙上的钉子上，板下有“神灶”，相当简单或者可以说是简陋。室内并有南北两道木隔断，位于北灶台和北炕、南面俎案和南炕之间，南面的俎案最初也是灶台。灶台变成俎案，庋板变成神龛，显然是受汉族祭祀文化的影响，逐渐典制化。清宁宫当时的状况同满族当时整体文化水平是一致的，并且当时他们还只是地方割据政权，更多关注的只是本民族的问题。

坤宁宫的格局的确同清宁宫很相像，只是建筑空间更大。满族统治者刚到北京，并未马上着手改造坤宁宫，而是先建了堂子。坤宁宫改造之后同清宁宫不同的是，基本上失去了帝后正寝的功能，虽然辟出了东暖阁，但只在皇帝大婚的时候作为洞房居住有限的几天。满族统治者进京之后，继承了明代故宫，在使用上经过近十年的磨合，一方面迅速地习惯汉族的生活习惯、汲取汉族文化；另一方面也有了不同以往的自己的新的选择，坤宁宫的改造即为一例。很难想象，在有了更多选择之后，帝后还会住在宰牲、祭神混合的地方，因此坤宁宫作为皇后正寝只能是象征性的，而萨满祭祀放在此处，更多的也是出于一种象征性的考虑，不忘祖制，维系民族传统。同时没有选择乾清宫也是有所考虑的，可以看出此时他们已充分认识到了地方割据政权同全国性政权之间的区别。

从信仰的角度看，“只要对北方萨满教稍加考察，立即会感到，用现代宗教来衡量萨满教，它其实不过是近似宗教的一种独特的信仰活动和现象，或者可以叫作自然民族的自然信仰。它表现出许多与人为的宗教信仰不同的特征：

第一，萨满信仰从来没有形成自身的固定的信仰组织。这种信仰从母系氏族部落到父系氏族，继而向大家族发展，一直是以氏族血缘关系为纽带的，几乎都是全民族自发传承的。它从来没有分化成任何信仰机构，它的全民自发性也不需要任何这样的组织形式。

第二，萨满信仰是多神的泛灵的信仰，尽管在晚些时候也信仰天神，但终究还是以大自然崇拜为主体。甚至在实际生活中众

①阎崇年在《清代宫廷与萨满祭祀》一文中说道，堂子见于清代官书记载的是《清太祖高皇帝实录》癸未年（万历十一年）。后金在兴京、东京、盛京均设堂子礼天。崇德元年（1636年）定制祭天享牲改生荐为熟荐，改分生胙肉为分熟胙肉。《故宫博物院院刊》1993年第2期，紫禁城出版社，第55-64页。

神、诸灵都处于相对平等均衡的位置。它没有像一神教那样只有绝对至高无上的崇拜对象。它以万物万灵的观念，膜拜所有人们认为的大小神灵，求助的对象是众神，而不是一神或众神之父。

第三，萨满信仰是自发传承观念，从来没有支配这种信仰的绝对权威。萨满教并没有创教祖师和教主，它源于远古的原始思维，是人类祖先集体自发创造的一种文化。

第四，萨满信仰始终也没能建立其自身完整的伦理的和哲学的体系。它以其自发性形成的生动活泼的多样、多重特点，呈现出十分芜杂和异常具体的零散状态。一切自然状态的信仰和一切充满神秘色彩的巫术，一切出自癫狂之口的即兴神歌和祷词，都是没有经典系统的信仰依据。

第五，萨满信仰没有形成自身固定的聚集活动场所。它不需要教堂和寺院，它与日常的生产生活相互依存，随时随地都可以进行信仰活动。因为认为神灵无处不在、无时不在，所以萨满信仰的大小活动都必须实施。

在这些信仰特征中，起着主导作用的是萨满。他们把所有类似宗教职能的特点都融于己身，既是天神的代言人，又是精灵的替身；既代表人们许下心愿，又为人们排忧解难。他们中的大多数就是人们中的一员，并不完全脱离生产。他们在萨满世界中是人又是神，是他们在放任癫狂的情绪下，用萨满巫术支配着这个世界的方方面面。”[①]上述这些特征同中国传统的宗法性宗教相比，有许多相似之处，只是宗法性宗教经历了长期的发展，在神学理论方面大大完善，尤其在同儒家的经学结合之后，无论在理论上还是在实践层面的仪式上，都具有更为系统、完备的特点。正是这些因素，使满族统治者很容易汲取汉族宗法性宗教的文化，一方面吸收、利用这种文化，另一方面也在逐步改造传统蒙昧状态下的萨满教。这一过程可能过于迅速，以致顺治帝曾两次下旨罢祭堂子，“顺治十三年十二月，礼部奏：‘元旦请上诣堂子。得旨：既行拜神礼，何必又诣堂子。以后著永行停止。尔部亦不必奏请。’顺治十五年正月，礼部以将征云南，奏出兵仪注。得旨：‘既因祭太庙斋戒，不必筵宴。其诣堂子，著永行停止’”[②]又《清史稿》载：“十五年春正月……壬寅，停祭堂子”[③]，少年天子的性格跃然，道理未必不通，但没有考虑到满族贵族的民族感情，所以康熙一即位就恢复了参拜

①乌丙安著，《神秘的萨满世界》，上海三联书店，1989年，第6-7页。

②引自朱庆征著，《顺治朝上帝坛——昭事殿始末谈》，《故宫博物院院刊》1999年第4期，紫禁城出版社，第80页。其中引文出自《清世祖实录》卷一〇五，卷一一四。

③《清史稿》卷五，《本纪五·世祖本纪二》，中华书局，北京，1977年，第151页。

堂子。至乾隆十二年成满文《满洲祭神祭天典礼》六卷，又乾隆四十二年将其译成汉语成《钦定满洲祭神祭天典礼》，编入《四库全书》，完成了萨满教典制化的过程。原先“满洲姓氏各殊，礼皆随俗。即使皇宫大内，分出诸王，祭祀之仪，‘累世相传，家各异辞’。至于四散之部，边壤之民，同礼异仪，更不待言”[①]。此时已是大清建号一百多年了，文化的融合、吸收需要时间。

坤宁宫的平面划分是东端两间辟为东暖阁，也就是皇帝大婚时的洞房，西面四间都是萨满祭祀所用，南、北、西三面围炕，入口位于东次间，形成如东北民居的口袋房，西末间为贮存祭神用品的地方（即如现状，现状是据故宫博物院朱家溍先生的研究而布置陈列，重在表现朝祭时的情形[②]）。西炕西墙为供奉萨满神及祖先神灵之地，是为朝祭之神，北炕供夕祭神位。所供神有朝祭神：释迦牟尼佛、观世音菩萨、关圣帝君；夕祭神：穆哩罕神、画像神、蒙古神。其祭祀分为几类：每年正月二日，由堂子迎神还坤宁宫，司俎奉安神位后，择吉展祭；春秋两季有立杆大祭；月有月祭、朔祭；日有朝祭、夕祭；还有四月八日的浴佛节，以及不定时的祈福祭。祭祀的频率相当高，赞祀女官即为萨满。坤宁宫所表现出的萨满祭祀已是相当仪式化了，同其原始状态已有了很大不同，这种宫廷化、典制化的倾向是学习汉文化的结果。坤宁宫东暖阁成为皇帝洞房，大婚合卺礼也在东暖阁举行，据故宫博物院刘潞先生的研究，其也同萨满文化有很密切的关系，“作为人生旅途中几乎可与生死并列的婚姻大事，由萨满引导，祭拜诸神，是必不可少的一个内容。正是由于满民族婚礼与信仰密不可分的联系，直接导致了清帝大婚洞房与祭神地成为毗邻。”[③]其论证过程兹不赘述。至此，从坤宁宫这一建筑的使用上可以充分理解满族统治者进关前后的文化历程之继承和改造、学习与保留。清乾隆帝的《坤宁宫铭》便道出了这种文化心理：“御制坤宁宫铭 万物致养，是曰厚坤。安贞广大，配天为元。昔在盛京，清宁正寝。建极熙鸿，贞符义审。思媚嗣徽，松茂竹苞。神罔时恫，执豕执匏。广博无疆，黄中正位。以继以绳，惟曰：欲至于万世。”[④]正是这种文化心理，所以在改

①引自阎崇年著，《清代宫廷与萨满文化》，《故宫博物院院刊》1993年第2期，紫禁城出版社，第60页。

②详情参见朱家溍著，《坤宁宫原状陈列的布置》一文。载于朱家溍著，《故宫退食录》，北京出版社，1999年，第407-414页。

③刘潞著，《坤宁宫为清帝洞房原因论》，《故宫博物院院刊》1996年第3期，紫禁城出版社，1996年，第77页。

④[清]鄂尔泰、张廷玉等编纂，《国朝宫史》，北京古籍出版社，1994年，第215页。

建为其做太上皇准备的宁寿宫时，宁寿宫也照坤宁宫的样子布置了萨满祭祀的场所。

坤宁宫吃肉是较为人知的一项活动，汉族古时的祭礼结束后也有分食祭肉的程序，因为祭神用的肉由于仪式的进行而沾上了灵气，分食祭肉则使更多的人能接受神灵的护佑。至今在西藏，喇嘛开过光的食物也是为信徒们所向往的。《春明梦录·客座偶谈》载：**“满人祭神，必具请帖，名曰请食神”**。可与宫中情形做一对比，在民间则汉人也可与也，并称满族主人对祭神渊源也不甚了了，只是作为习俗代代相传。其时已是清末，萨满的传统在高度汉化的满人中也渐渐式微了[①]。坤宁宫的祀神仪式并不局限于萨满教原有的内容，从下面这首御制诗中可以看到汉族的民俗化的祀神仪式也为满族统治者所继承。五祀是中国传统的祀神仪式，**“五祀者何谓也？谓门、户、井、灶、中霤也；所以祭何？人之所处出入所饮食，故为神而祭之”**[②]，有相当久远的历史，逐渐同年关等节令结合，成为民俗的一部分。从汉代开始并以五祀配五行与四季，在那时只有大夫以上方可祭之，有很强的等级性。坤宁宫由其自身所具有的宗教活动而成为宫中一处特别的公共建筑，同明代的皇后中宫已是大异其趣了。

“御制小除夕坤宁宫作诗壬申

喜气쯜宫寮，迎除先颂椒。

从来称五祀，不觉到今宵。

爆引云车上，天林降节朝。

诚祈讵私祷，六幕愿均调。”[③]

五、带有宗教空间的建筑

（一）慈宁宫及其花园

慈宁宫及其花园为明代故旧，成于嘉靖年间。慈宁宫花园是为慈宁宫配套建设的，但明代其中是否有宗教内容，目前不得而知。清代的情况是其中几乎每栋建筑内都有宗教题材的装饰并供有佛像。从其为太后服务的功能要求来说，这也是很自然的。慈宁宫的格局在清代几乎没有改变，

①[清]何刚德著，《春明梦录·客座偶谈》下册，上海古籍书店影印，1983年，第8页。

②语出《白虎通》，转引自牟钟鉴、张践著，《中国宗教通史》上，社会科学文献出版社，2000年，第252页。

③[清]鄂尔泰、张廷玉等编纂，《国朝宫史》，北京古籍出版社，1994年，第215页。另据[清]徐珂编著，《清稗类钞》第一册，中华书局，1984年，第7页载：“宫中五祀。每岁正月，祭司户之神于宫门外道左，南向；四月，祭司灶之神于大内大庖前中道，南向；六月祭中霤之神于文楼前，西向；七月，祭司门之神于午门前西角楼，东向；十月，祭司井之神于大内大庖井前，南向。中霤、门二祀，太常寺掌之；户灶井三祀，内务府掌之。而每岁十二月二十三日，皇帝又自于宫中祀灶以为常。”诗中所记正同此相符，为岁前皇帝自于坤宁宫祀灶。两条正可互证。此诗为乾隆十七年所作。

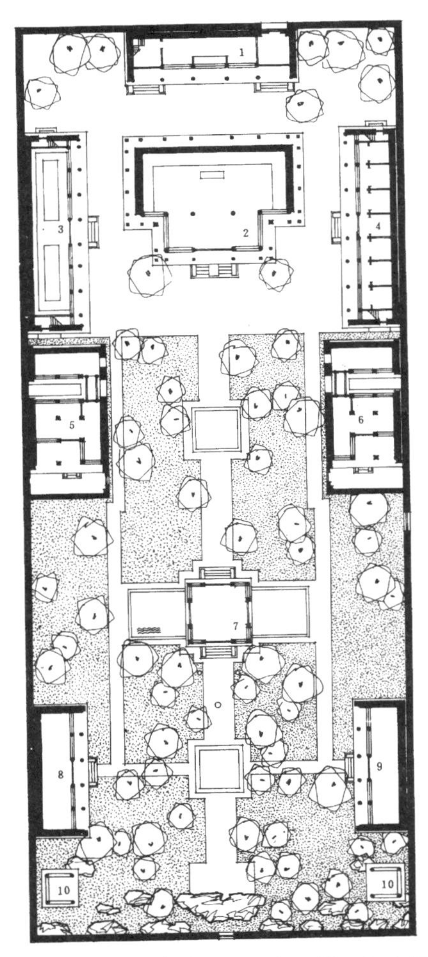

1.慈荫楼　2.咸若馆　3.吉云楼　4.宝相楼　5.延寿堂　6.含清斋　7.临溪亭　8.西配房　9.东配房　1.井亭

图26　慈宁宫花园总平面图

（引自《清代内廷宫苑》）

后殿是大佛堂，其中有不少极具文物价值的藏品。《国朝宫史》载："隆宗门之西为慈宁宫，顺治十年建。东为永康左门，西为永康右门。正中南向为慈宁门，前列金狮二。……后殿供奉佛像，圣祖仁皇帝匾曰：'万寿无疆'，……前殿东庑南有佛堂。"① 顺治十三年修成后，康熙二十八年再修，乾隆三十三年将慈宁宫正殿改建为重檐大殿，规制愈崇，乾隆三十四年竣工②。乾隆朝对太后的供养是突出的一个特点。

这个佛堂相当于一座寺庙的大殿尺度了，一则体现了太后所受的尊崇，二则体现了宗教生活在宫廷中，尤其是对于太后的生活来说所具有的重要意义。除太后之外，别无女眷在宗教生活方面能享有如此待遇，占有如此规模的空间，可以如此便利地参神拜佛。大佛堂不仅空间大，所用人员也不在少数，"首领五，副首领二，俱无品级。首领内充喇嘛者三。太监三十二，内充喇嘛者十五；学喇嘛经者四。"③这还是在嘉庆年间经过裁撤后的数字，是宫中宗教场所中用太监人数最多的地方，其充喇嘛的人数也是最多，简直就是一个小型寺庙了，其宗教氛围自不待言。室内的布置也颇精致，有仙楼状佛龛等④，有别于民间宗教建筑内的格局。

从使用上看，慈宁宫的正殿是太后接受朝

①[清]鄂尔泰、张廷玉等编纂，《国朝宫史》，北京古籍出版社，1987年，第258页。

②参见章乃炜、王蔼人编著，《清宫述闻》初续编合编本，紫禁城出版社，1990年，第912页。

③[清]庆桂等编纂，《国朝宫史续编》卷七十四，北京古籍出版社，1994年，第694页。

④参见乾隆三十四年三和、英廉等上奏修理慈宁宫的折子，引自章乃炜、王蔼人编著，《清宫述闻》初续编合编本，紫禁城出版社，1990年，第912-913页。

见的场所，大佛堂则是纯粹的宗教空间，太后真正的起居是在其西侧的寿康宫，寿康宫中也有拜佛空间[①]。清代太后参佛自孝庄文皇后开始就有了，颇有渊源。孝庄文皇后同传教士汤若望也有密切的接触，“**曾拜若望为义父……若望又尝以十字圣牌与太后，太后悬之胸前，不避人讥笑，此顺治初亲政时事也。**”[②]这倒也是当时人们一种宗教观的真实写照。孝庄对于佛教不会过于热诚，初期的大佛堂主要是因其为明代遗物，加以保留而没有特别的重视。佛堂中的联语都是康熙、乾隆的手笔，可见康熙之后佛堂的地位开始益显重要了。佛堂的另一个用途可能为人所忽视，就是太后千秋之后皇帝到此瞻拜神位，属于祭祖的范畴，是一种折中的做法。传统宗法性宗教中女性的地位低下，“**寿皇殿向只奉皇祖、皇考御容，而皇祖妣、皇妣御容惟于除夕、元旦同列祖列后神御敬奉瞻拜。至圆明园之安佑宫，则祇奉皇祖、皇考御容，未及列后。**”[③]乾隆帝虽孝思其母，也不敢逾礼，在太后诞辰之日只能“**诣慈宁宫佛堂瞻拜，以申悲悃耳。**”[④]封建礼法有悖情理处颇多，明代帝王为此也颇费苦心，增建家庙，但礼不能改，至清代还是如此。由于考虑后世太后还要居住，寿康宫则没有安排神位，乾隆帝在这方面的用心还是比较细密的。同时反映了佛教空间在宫廷生活中对宗法性宗教的不足有所补充的一面，宗教的这一功能在当时是不可忽视而具有非常强的现实意义的。慈宁宫中唪经活动很多，主要是《无量寿佛经》，以祈寿延年为目的。

慈宁宫花园是同慈宁宫同时建成的，明代不见有什么变化，清代有较大改动，“**园中建筑，不但清比明代大有更动，即在乾隆三十四年以后，亦颇有更动也。**”[⑤]这些变化具体的过程目前并不是很清楚，可能同慈宁宫主体建筑的修建同时，乾隆三十年慈宁宫花园做过全面的整修。现存的慈宁宫花园为一南北长向的方正院落，建筑格局对称。其中心建筑是咸若馆，其中供佛，馆前为临溪亭。馆左右为吉云楼、宝相楼，楼

①乾隆有寿康宫礼佛诗。参见《国朝宫史续编》内廷之寿康宫条下。另据《钦定总管内务府现行则例》寿康宫东暖阁设供，则礼佛也当在此。寿康宫因为是太后起居之所，故不设已故太后之神位，乾隆追思先太后乃是对佛供和空宝座，其孝诚纯。见《清宫述闻》第927页。

②章乃炜、王蔼人编著，《清宫述闻》初续编合编本，紫禁城出版社，1990年，第878页。

③乾隆“圣制正月十四日作戊戌”诗注，引自[清]庆桂等编纂，《国朝宫史续编》卷五十八，北京古籍出版社，1994年，第474页。

④清乾隆御制《皇太后诞辰慈宁宫瞻拜》诗注，引自章乃炜、王蔼人编著，《清宫述闻》初续编合编本，紫禁城出版社，1990年，第909页。

⑤章乃炜、王蔼人编著，《清宫述闻》初续编合编本，紫禁城出版社，1990年，第924页。

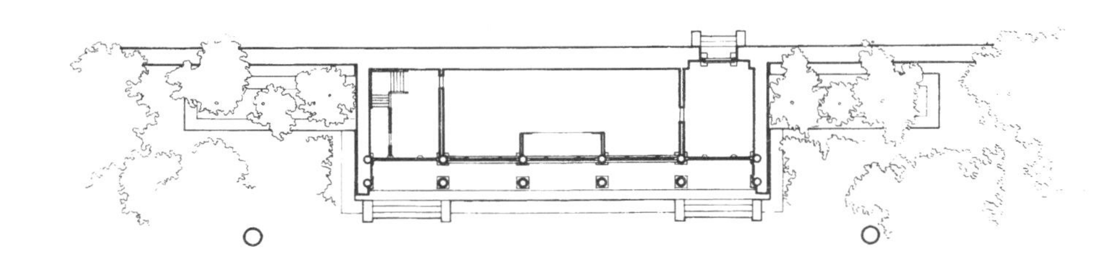

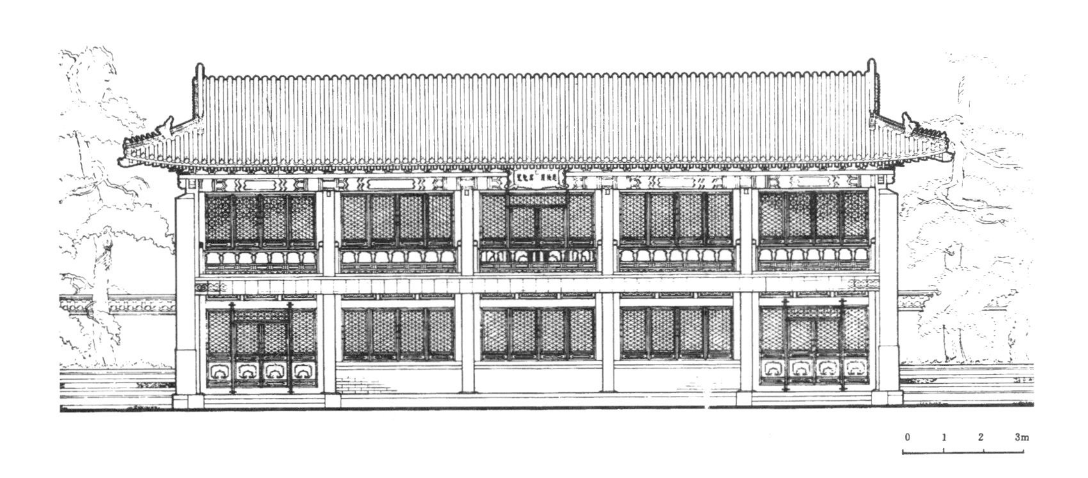

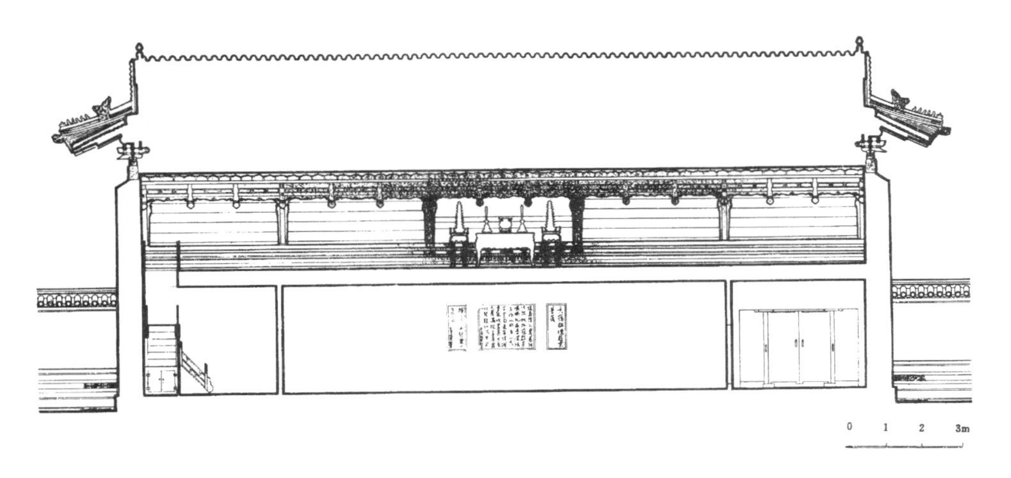

图27　慈宁宫花园慈荫楼平、立、剖面图（引自《清代内廷宫苑》）

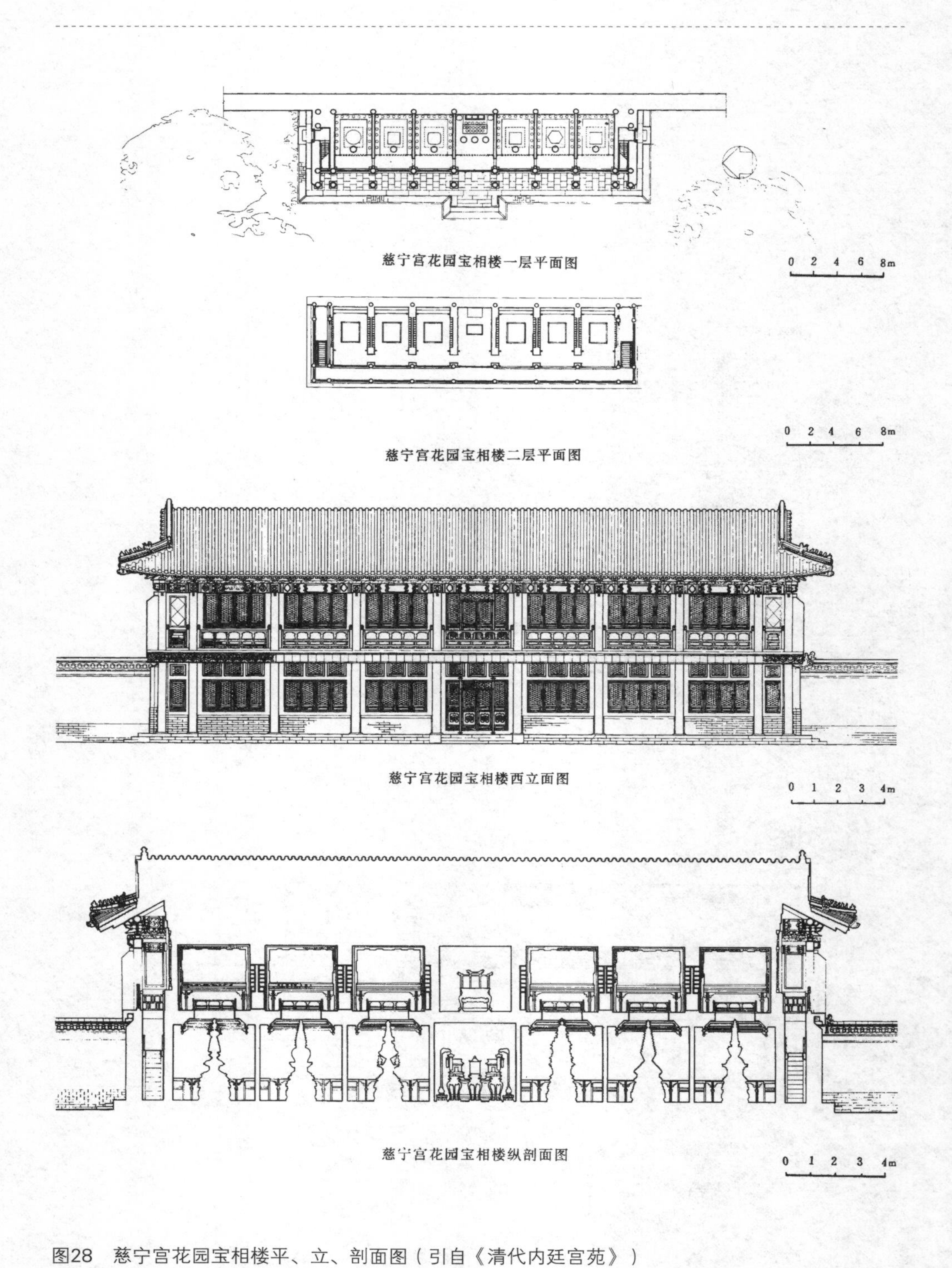

图28　慈宁宫花园宝相楼平、立、剖面图（引自《清代内廷宫苑》）

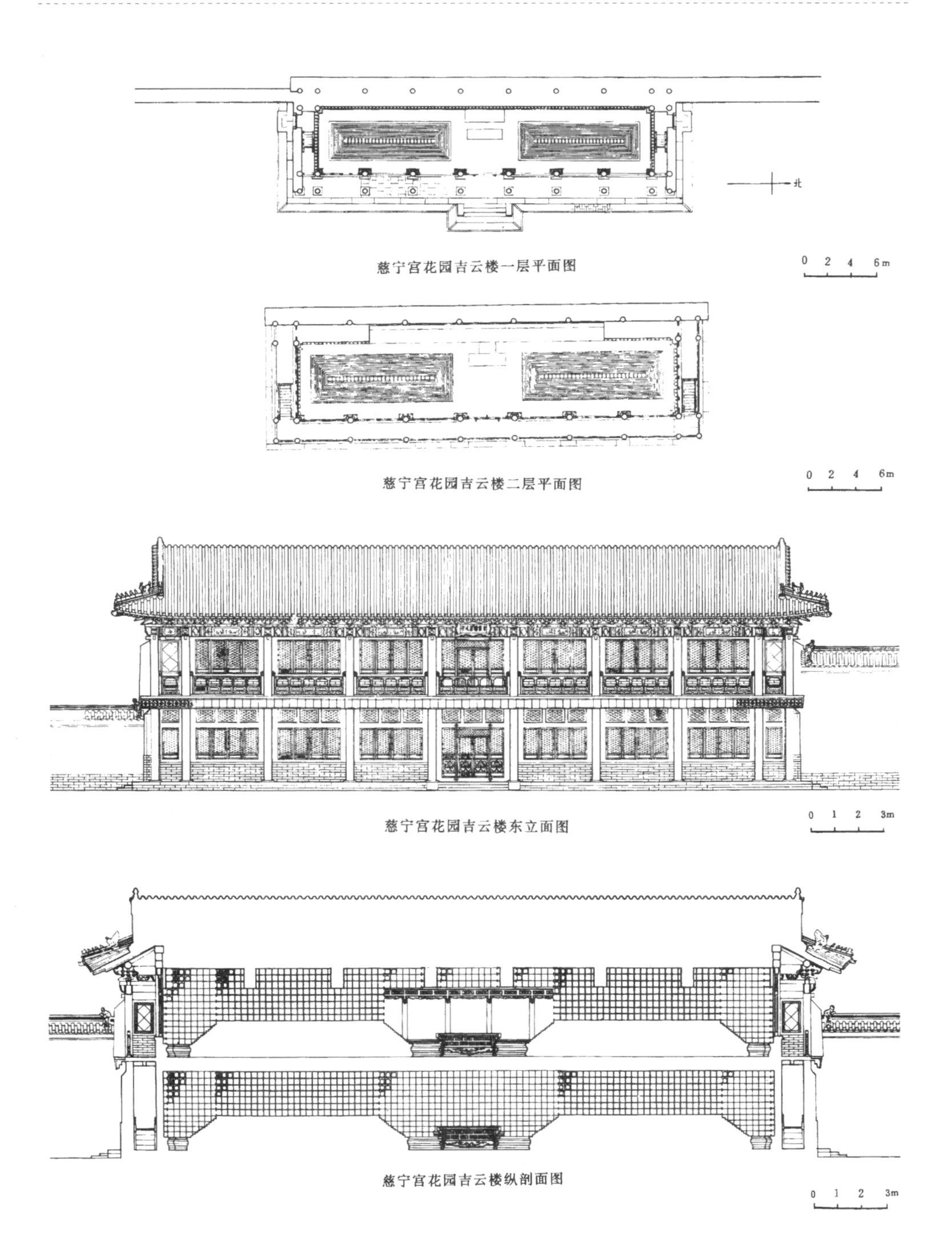

图29　慈宁宫花园吉云楼平、立、剖面图（引自《清代内廷宫苑》）

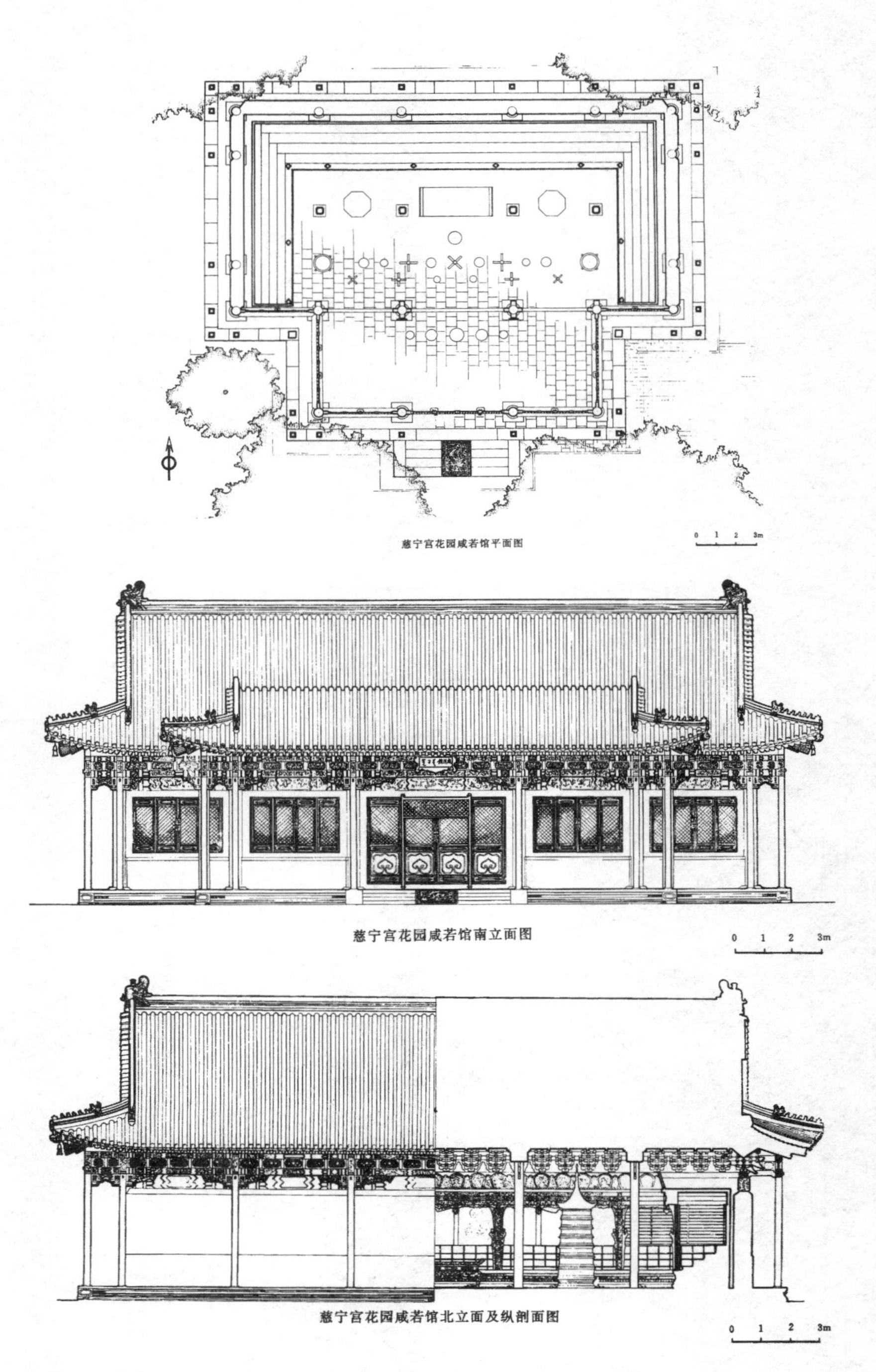

图30　慈宁宫花园咸若馆平、立、剖面图（引自《清代内廷宫苑》）

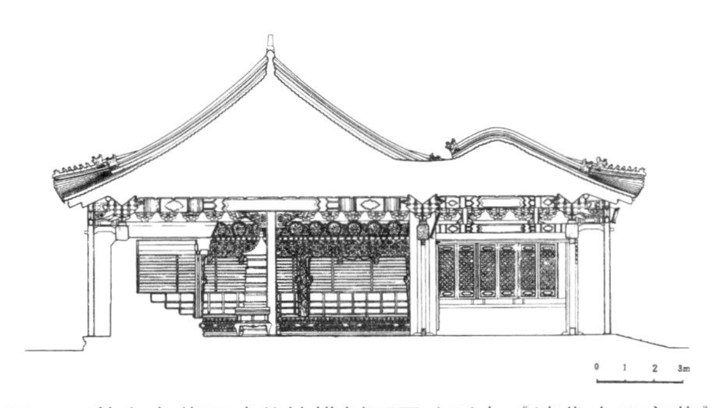

图31　慈宁宫花园咸若馆横剖面图（引自《清代内廷宫苑》）

图32　咸若馆室内佛龛（引自《紫禁城》）

中也是供佛。这两座楼的供佛方式并不相同，宝相楼为六品佛楼形式（详见下文宁寿宫花园的梵华楼中关于六品佛楼的介绍，两楼为同一模式，宝相楼是仿照长春园中含经堂景区的梵香楼修建的），吉云楼的室内满堂都是佛龛，也是相当有特点。咸若馆后为慈荫楼，楼内藏经，相当于一藏经楼。吉云、宝相二楼之南为延寿堂、含清斋，三卷灰瓦勾连搭，为乾隆丁酉年修建，太后养病时居于此，乾隆亲自侍奉汤药。这是一座完全宗教化的园林，从命名也可以感觉到取意吉祥的用心，笔者将其视为“孝治宗教文化”，唯宫闱之中才有的特殊现象。清代的这种“孝治宗教文化”一直延续到了清末，慈禧太后由于干政过多，其“老佛爷”之名也随之广为人知。这种文化也是宗法性宗教在现实生活中的曲折的表现，女性只有到了太后的地位才能享有较为充分的权力，其前提是皇帝标榜孝治，在这个前提下，太后的宗教生活得到了相当奢华的铺张，铺张的目的也只是证明这种孝治。清代帝王重视“以孝治天下”，确有超越前代的地方，这是否同满族传统中女性地位相对较高这一点有关呢？笔者不敢妄断。

（二）养心殿

1.养心殿成为寝宫的由来之探究

养心殿在清代自雍正以后就是皇帝实际上的寝宫，并有许多政务活动也是在这里进行，因此虽然从建筑形式上讲不甚重威，但它是宫廷生活真正的心脏之所在。从使用结果来看，此处确有胜过乾清宫的诸多好处。首先其空间尺度适于居住，为一般的住宅尺度；其次，其平面为工字形，前殿后殿有分有合，便于空间的分隔、布置，实用性较好；最后，其地近乾清宫、膳房，与后宫尚属隔离，与外朝的衔接比较紧密，也不可不谓是一大便利。自雍正年间缮葺养心殿为寝兴常临之所后，清乾隆帝相仍不改六十余年，一旦成为传统则后代帝王“**不敢别有构筑**”[①]，同治之后，太后垂帘听政也在养心殿。那么，为什么雍正要移居养心殿呢？上述所说都是结果，而非起因，宫中择地是否就只有养心殿而别无选择了呢？关于这一点，为宫史所不载，只能根据一些线索做几项揣测。当然并不排除上述结果就是原始动因的可能性，只是既然研究之，不妨多考虑几种可能性，以待方家辨识真伪。

首先需要考察养心殿在雍正朝以前的用途。明代的养心殿几乎没有什么具体的文字描述可资参考，《酌中志》中只有下面一段文字：“**过月华门之西，曰膳厨门，即遵义门，向南者曰养心殿也。前东配殿曰履仁斋，前西配殿曰一德轩。后殿曰涵春室，东曰降禧馆，西曰臻祥馆。殿门内向北者，则司礼监秉笔之直房也。其后尚有大房一连，紧靠隆德阁后，祖制宫中膳房也。**”[②]虽然没有具体说出用途，但周围环境有个大概，司礼监秉笔是个要害职位，这里可理解为宫廷后勤的中枢，不过这只是就直房而言。养心殿并其配殿等建筑物的命名则有浓重的道教气息，结合养心殿西南的祥宁宫无梁殿和膳房南面的隆道阁等建筑一起看的话，此处正是明世宗进行道教修炼的场所。这一区域的建筑也是始建于明嘉靖年间，并且应该是嘉靖二十一年宫婢之变以前。从明清两代这一区域的变化看，最大的变化乃是祥宁宫、隆道阁等建筑消失了，但这些建筑消失于何时，却没有记载。像无梁殿这样的全砖石建筑若非人为拆除，是不会保存不下来的，而在明代看不出有拆除这个建筑的理由和历史事件[③]。因此，这一变化只能是在清代，那么在清代哪一朝呢？顺治帝是死于养心殿的，原因是染上天花，需要在僻静的地方养病，可知养心殿在当时是一处极不重要的建筑。既不是重要建筑，没有特别的理由也不会在这里有所兴废，何况当时国力维艰，兴有所不及，哪里顾得上废？因此顺治时期也不会有什么变化。至康熙朝，康熙帝本人虽不迷恋道教，但对炼丹也颇有兴致，在西苑安置道士炼丹。此时的养心殿有造办处，康熙召见大臣非为国事，而以赏玩珍宝为主，可见此处也非要害地方，也看不

①清嘉庆《养心殿联句》注，转引自《清宫述闻》，第792页。

②[明]刘若愚著，《酌中志》，北京古籍出版社，1994年，第145页。

③祥宁宫的详情可以参见上一章关于明代宫廷宗教建筑的论述。《酌中志》成书已近明末，明代一直到崇祯都信奉道教，故此建筑不太可能毁于明代。

出有什么拆改附近建筑的必要。据故宫博物院官方网站公布的资料显示，养心殿南的三排连房为乾隆十三年修建，供太监等服务人员使用，由于这一区域正是祥宁宫、隆道阁所在的区域，那么祥宁宫这座炼丹建筑毁于此时是可以确定的了。如果本文下面的推测成立的话，祥宁宫毁于此时也是很自然的结果。

雍正初年即有记录在此与大臣谈论学问，辨析儒释，几乎是甫一即位就将此处作为常居之地。雍正热衷丹药是有史为据的，早有学者断言雍正正是死于丹药[①]，在此不再赘述。因此，将这几点联系起来的话，不难想到迁居养心殿同祥宁宫——宫中唯一一处炼丹场所之间有关系，一则地相近，二则养心殿的出入显然比乾清宫的出入要方便、隐秘得多。并且既是炼丹药，不免与道士人等多有晤谈，在养心殿自然比在乾清宫要适宜。乾清宫名义上的正寝位置还是保留的。

乾隆对于养心殿似乎并不十分满意，在“乾隆十七年御制建福宫对雨诗”的注中写道：“**昔皇考大事，常居养心殿，二十七月后始居御园，宫内凡经两夏。彼时年力正壮，虽烦暑不甚觉也。后葺建福宫，以其地较养心殿稍觉清凉，构为邃宇，以备慈寿万年之后居此守制，然亦不忍宣之于口。**”[②]清代帝王惯于园居，正宫中的生活时间本已不多，只有在守制期间需长期居住，是为孝道。从上文可知，养心殿对乾隆帝来说并没有非住此不可的必然性，倒是对他自己营建的建福宫情有独钟，但是王公大臣竭力劝阻，故始终居于养心殿。不过从王公大臣的态度可以看出养心殿对于政治生活的重要性，毕竟是日常召对臣工的所在，这种场所的频繁更动显然也是不利的，又中国文化中重视因循，没有特别的理由是不宜改变祖制成例的。自乾隆帝之后，清代再也没有对丹药有所迷恋的帝王，可能雍正帝已经使人们知道了道教丹药的害处，乾隆帝对前朝宠幸的几个道士颇为恼怒。乾隆帝一即位就下令驱逐道士，颁谕令解释雍正帝并不服丹，可见乾隆帝对于道教炼丹这一套是相当忌讳的，雍正的暴死无疑导致了许多人的猜测，这对于帝王的尊严显然不利。此时并不马上拆除也有利于舆论的平息，否则反有欲盖弥彰之嫌。而一段时间的闲置之后除旧建新，不仅自然，而且使一段难以启齿的历史的见证物从此消失，水到渠成。

上述只是笔者对于养心殿成为清帝寝宫的缘由的一些揣测，尚待有更充分的史料来验证。如果此说成立，那么这又是一例宗教对国家政治生活产生意想不到影响的例子，因为从使用上看，养心殿确也有其便利之处。

2.养心殿内的宗教空间

①参见李国荣著，《帝王与炼丹》，中央民族大学出版社，1994年，第456-465页。

②于敏中等编纂，《日下旧闻考》第一册，北京古籍出版社，1985年，第223页。

养心殿建于明嘉靖年间，清初顺治帝病逝于此。康熙年间，这里曾为宫中造办处的作坊，专做宫廷御用物品。自雍正帝住养心殿后，造办处迁出内廷，这里就一直为皇帝的寝宫。至乾隆年间加以改造、添建，成为一个自足的生活、理政中心。至末帝溥仪出宫，清代有八位皇帝居于养心殿。

养心殿为工字形殿，前殿面阔三间，总宽36米,进深3间12米。黄琉璃瓦歇山式顶，明间、西次间接卷棚抱厦。前檐檐柱位，每间各加方柱两根，外观似9间。皇帝的宝座设在明间正中，上悬匾为雍正御笔“中正仁和”。东暖阁内设宝座，向西。西暖阁则分隔为数室，皇帝看阅奏折、与大臣密谈的小室为“勤政亲贤”，乾隆帝的读书处为三希堂。小佛堂、梅坞则是专为皇帝供佛、休息之所。养心殿的后殿是寝宫5间，东西稍间都为寝室，皇帝可随

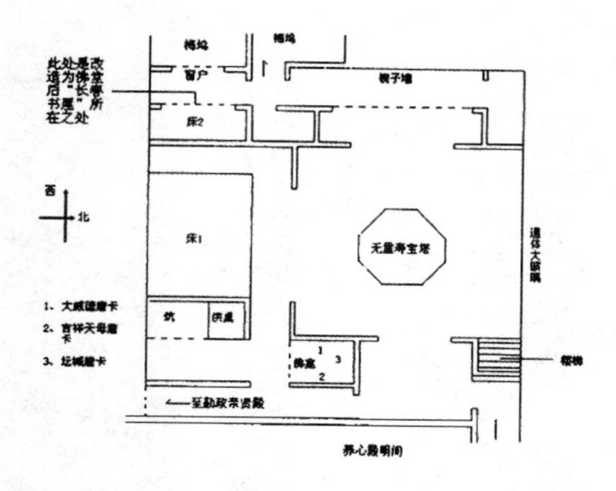

图33　养心殿西暖阁一层佛堂平面示意图(引自王子林《仙楼佛堂与乾隆的“养心”“养性”》)

意居住。后殿两侧各有耳房5间，东5间为皇后随居之处，西5间为贵妃等人居住。清代宫中的实际起居和理政已抛开了传统礼制的约束，形式上的简化带来的是生活中的便利。

这种便利也包括了宗教生活的便利，养心殿自从雍正帝以其为寝宫开始，就有了宗教内容的空间，因为这是雍正帝的个人需要。雍正帝在藩居雍王府的时候，在其东书院内就有佛堂，在日常生活空间中布置有宗教内容的空间在当时的社会中是一种比较普遍的现象，只要是具有一定经济基础，建筑条件许可，在家中设置佛堂之类的空间是许多信徒的习惯，这种现象一直到民国时期仍然如此。对贵为帝王的雍正帝而言是不会改变自己的生活习惯的。养心殿中不唯有专门的小佛堂，也不唯有佛教内容。其中有祖先牌位，佛像，也有道教的斗坛，三教的内容齐全，也是一个小小的自足系统，自足的宗教生活的系统。乾隆年间，养心殿东西配殿都为佛堂，在佛堂的正中佛龛之侧，供奉康熙帝后、雍正帝后的神牌，乾隆帝在太上皇时期下谕旨定殿龛供奉的规制，佛堂要移到宁寿宫一区的养性殿，但神龛还是留在养心殿，并订下了历代递祧的规则[1]。这一做法，乾隆也称是

①[清]庆桂等编纂，左步青校点，《国朝宫史续编》，北京古籍出版社，1994年，第351-353页。卷四十五，典礼三十九之宫中定制，其一殿龛供奉，极为详尽，不俱录。

亘古未有，有清一代在孝字上所作的功夫确是超越古人，几近烦琐。

由于雍正帝是移居养心殿的始作俑者，不得不多谈谈他的情况。不管移居养心殿是否同此地原来的道教内容有关系，移居之后的相关道教内容的建设却是不争的事实。“**雍正八年十月十五日，内务府总管海望奉旨：养心殿西暖阁着做斗坛一座。钦此。**”[①]西暖阁也是佛堂之所在，雍正帝不仅建了斗坛，而且在雍正九年还给养心殿安了道教的五方符板，不仅在养心殿安符板，在乾清宫、太和殿等处也安了符板。雍正十一年正月，他又亲自定式制作并在养心殿的抱厦内安装了一整套羽坛供器。若不是雍正帝不久就亡故的话，很可能还有这方面的东西不断出现。雍正帝的宗教思想是调和三教，各为所用，所谓“**以佛治心，以道治身，以儒治世**”[②]。从雍正八年开始，其道教活动和相关建设日渐频繁，窃以为这是一个值得研究的问题，一方面有可能是其同道士的接触较多，引发了这些活动，但我认为这不是主要原因。雍正帝同道士的交往，早有渊源，在藩王时期已有，何以在即位八年之后才有如此多的动作？联系他在这一时期建斋宫，建斗坛，安符板，包括在早几年于雍正四年建城隍庙等这些举动，无不给人以寻求安全感的印象，这可能还得到当时的历史事件中去寻找答案（详见第六章有关雍正帝的论述）。

（三）宁寿宫及其花园

宁寿宫及其花园是乾隆帝为自己执政六十年之后禅位当太上皇而修建的，不过他并没有在禅位之后住过去，所以这一功能并未真正实现，但当初修建的指导思想如此，在建筑上有诸多反映。这一区域可以视为紫禁城的浓缩版，总体布局仿紫禁城，其中的不少建筑也各有蓝本。由于这是一种有选择的仿建，通过它倒是可以了解乾隆帝对宫廷建筑的喜好，或者说了解乾隆帝的一种理想的宫廷建筑模式是什么？

乾隆时期的宁寿宫一路建筑是在康熙朝宁寿宫的基础上改建而成，康熙朝的宁寿宫是康熙二十八年在明代仁寿殿、哕鸾宫的旧址上修建并定名，目的是奉养太后。乾隆帝从乾隆三十五年至四十四年，保留原名，连续九年施工方告成。其主体格局一如紫禁城之前朝后寝，皇极殿如太和殿，宁寿宫如坤宁宫，养性殿如养心殿。不同的是乾隆帝并不是单纯的模仿，而是有许多变通，一方面仪式空间大大压缩，另一方面宫苑部分的空间大大扩展，并在此创造出了一种高建筑密

①清内务府造办处《各作成做活计清档》。转引自李国荣著，《帝王与炼丹》，中央民族大学出版社，1994年，第443页。

②参见李国荣著，《帝王与炼丹》，中央民族大学出版社，1994年，第444-447页。

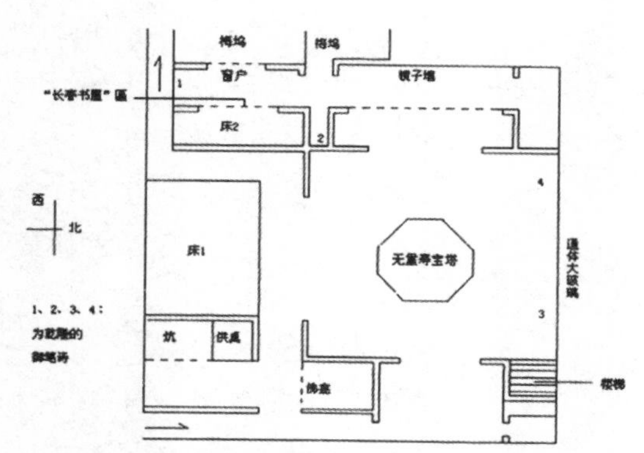

图34　养性殿佛堂一层平面示意图

(引自王子林《仙楼佛堂与乾隆的“养心”“养性”》)

图35　养性殿室内仙楼(引自《紫禁城内檐装修图典》)

度的园林风格，相当独特。可以看到乾隆帝在此虽有不少仿建，但创造性的内容远大于因循往例。在这样一个总体设计思想指导下，乾隆帝在其中仿建了什么宗教建筑，又创造了哪些宗教建筑？

宁寿宫的布置完全仿坤宁宫，乾隆帝在《宁寿宫铭》中明确写道：“殿称皇极，重檐建前。宫仍其旧，为后室焉。执豕敬神，我朝旧制。异日迁居，礼弗敢废。清宁坤宁，祖宗所奉。朔吉修祀，宁寿斯踵。虽谢万几，宁期九畿。始予一人，寿同黔黎。告我子孙，毋逾敌胜。是继是绳，永膺福庆。”①萨满祭神是关乎满族民族传统的大礼，退休之后也不可废。

另一处仿建的地方是养性殿，即殿名也只一字之差，但寓意有所区别②。立意有别，其实功能的差别并不大，都是日常起居之所，因此建筑的某些细部都一样（参见附图），“养性殿陛西盈而东朒，西陛南下，东陛东下，一如养心殿，盖满制也。殿正中为宝座，东暖阁匾曰明窗。西楹之北间，有塔院，为奉佛之所，亦如养心殿。东西各有复室，曲折回环。西屋并结石成岩，中有坐禅处

①[清]庆桂等编纂，左步青校点，《国朝宫史续编》，北京古籍出版社，1994年，第480页。

②“养心期有为，养性保无欲。有为法动直，无欲守静淑。”见《国朝宫史续编》第482页，乾隆御制诗。心性之区别在中国文化中确有大义寓其中。

……”①养性殿的东西配殿同养心殿一样都是佛堂，包括佛像都准备从养心殿移来。这种日常起居空间中的宗教空间布置在乾隆时期已经形成了一定的模式，并一再重复，包括在离宫型的御园圆明园中也是这一模式，这也算是清代宫廷宗教建筑在空间布局上的一个特点。养性殿同养心殿不同的是，其中没有供奉祖先牌位，这一区别其实十分关键，有无宗法性宗教的内容实际上就是标明其是否为当政者所居空间的标志，也就是说宗法性宗教的祭祀权只有皇帝才具有，哪怕是这种家族内性质的只是供奉牌位这样的事情也是垄断在皇帝之手。从命名立意上看，养心、养性一字之差反映的是退休与否的区别，而这一区别的真正体现就在这一小小的陈设上的区别，祭祀权同政权是紧密地联系在一起的，也由此可知“政教合一”这一特点之于宗法性宗教诚然不虚也。圆明园九州清晏中的佛堂还是供有祖先牌位，因为那里是真正理政者居住的地方，几个类似的空间放在一起比较，其特点自明。乾隆帝煞费苦心地为此定下制度，表明他对宗法性宗教的一套相当熟稔，正是因为熟稔，他最终并没有住到养性殿去，也就是没有真正放弃这种权力，而这个小小的差别恐怕是其中相当关键的因素。

图36　养性殿仙楼佛堂和其中心的无量寿塔（引自《紫禁城内檐装修图典》）

宁寿宫之后是一路宁寿宫花园，别称乾隆花园，是一处建筑密度较高的园林，在这些密集的建筑中有不少建筑含有宗教内容。“衍祺门内为古华轩，西为禊赏亭，东为抑斋，斋中为佛堂……（遂初）堂之北有山，山上有亭曰耸秀，后为萃赏楼，楼上为佛堂，楼后西南为养和精舍。”②符望阁西侧的玉萃轩也是一个供佛的场所。这些建筑都是乾隆三十七年添建的。凡佛堂都设供案，其供品在宫制中都有规定。由于乾隆帝并未退居宁寿宫，故此花园的使用也不会太多，但从设计意图来说，对于乾隆帝而言，园林之中需要有宗教空间，或者说宗教空间应该处在一个园林化的环境中，这可能是一种相当理想的境界。这也是中国传统文化中的审美

①陈宗藩编著，《燕都丛考》，北京古籍出版社，1994年，第71页。书中引自《故宫考》。其台阶详情可参见沈阳故宫清宁殿前台阶，清宁殿为源头。

②章乃炜、王蔼人编著，《清宫述闻》初续编合编本，紫禁城出版社，1990年，第890页。

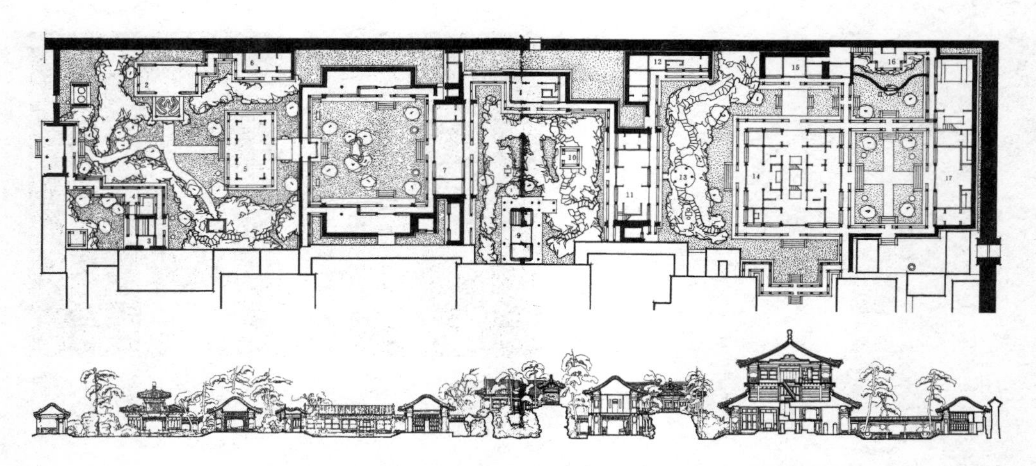

1.衍祺门 2.禊赏亭 3.抑斋 4.矩亭 5.古华轩 6.旭晖亭 7.遂初堂 8.延趣楼 9.三友轩 10.耸秀亭 11.萃赏楼 12.养和精舍 13.碧螺亭 14.符望阁 15.玉粹轩 16.竹香馆 17.倦勒斋

图37 乾隆花园总平面、纵剖面（引自《清代内廷宫苑》）

情趣，尤其是这个以退休为主题的园林，一种优游的心态，一种出世的姿态，都是呼应主题的绝好题材。

宫后中路是起居场所，东路是娱乐场所，有戏楼。在东路的最后是两座建筑尺度极小的宗教建筑，一曰佛日楼，一曰梵华楼。这两座楼分别仿建的是建福宫花园中的吉云楼、慧曜楼①。故宫博物院的王家鹏先生就梵华楼有专文论述，认为其是清代宫廷佛堂的典型模式：**“仅紫禁城内就有三座：建福宫花园中的慧曜楼、慈宁宫花园中的宝相楼、宁寿宫区的梵华楼。宫外长春园、承德普陀宗乘庙、须弥福寿庙的群楼中都建有此式佛楼。清代档案中称之为‘六品佛楼’”**②。慧曜楼、长春园的梵香楼都毁于火，其余建筑保存尚好，但文物有散失，因此梵华楼是保存最好的六品佛楼。

梵华楼进深仅一间，为4.15米，七开间，每开间均为3米。楼下明间供汉白玉须弥座旃檀佛铜立像，楼上明间供奉宗喀巴木雕金漆像。明间两侧各有隔开的三室，靠南有三尺宽的通道，每室中间供奉一塔，形式各异，内供有不同的佛像，与各品佛的供养仪轨有关。各室塔顶上部开天井，贯通二层，**“上下二室合为一品佛楼，楼上主**

①参见傅连兴、白丽娟著，《建福宫花园遗址》，《故宫博物院院刊》，紫禁城出版社，1983年。

②王家鹏著，《故宫六品佛楼梵华楼考》，朱诚如、王天有主编，《明清论丛》第一辑，紫禁城出版社，1999年，第428页。

尊，楼下护法”[①]。塔的周围北、东、西三面设供案，三壁上部均挂通壁唐卡。每壁唐卡有三位护法神，北壁正中为主神，余为伴神。楼上每室北壁设供案，上供九尊铜佛，是为主尊，东西壁为佛龛。所谓六品是六部经典的分类，一室般若经品为显教部，其余为密教四部，其中无上瑜伽又分为二部：无上阳体根本品、无上阴体根本品，余为事部、行部和瑜伽部。事实上，六品佛楼就是六座立体曼陀罗，是一个严密的系统，其根据是藏传佛教的教义、经典和仪轨，反映了设计者具有高深的佛学造诣。其设计者为谁尚无法确知，可能是章嘉呼图克图[②]（**六品佛楼的具体形象参见上文慈宁宫花园中的宝相楼剖面，不同的是明间的供奉和楼梯的布置，大体的形式是一致的**）。六品佛楼可被视为清代宫廷中藏传佛教造像的集大成之作，也为他处所罕见，反映了皇家艺术的特点。

（四）宫中其他各处的供佛空间

1.建福宫花园

建福宫花园始建于乾隆五年（1742年），改建于乾隆七年，原是乾隆帝为了太后千秋之后守制时居住，因而屋顶用蓝瓦，迥异于其他宫殿建筑，后来并未在此守制长住，因为王公大臣希望皇帝还是在养心殿较好（参见养心殿部分）。因为是为守制而用，其中就有相关内容：“**中为宝座，东间祀孝贞显皇后神位，西间杂置佛龛甚多。**”[③]孝贞即慈安太后。这已是清末的事了，乾隆帝没有用上，他的后代还是实现了这个建筑的原始功能。从所述的内容看，还是相当生活化的一个空间，确实是为守制所准备的。

这组建筑分为东西两部分，东一组依南北轴线依次排列为抚辰殿、建福宫、惠风亭、静怡轩、慧曜楼，以三组院落连为一体，其布局前部紧凑，后部疏朗，三进院落风格各异，错落有序。除建福宫外，抚辰殿、慧曜楼等都供有佛像。其中抚辰殿在明代嘉靖年间就是道教活动场所，“**殿内祀普天众仙暨春夏秋冬四官神位**”[④]，清代沿袭未改。乾隆时“**岁例：蒙古回部番部等年班入觐，频有宴赍，岁底则于大内之抚辰**

①王家鹏著，《故宫六品佛楼梵华楼考》，朱诚如、王天有主编，《明清论丛》第一辑，紫禁城出版社，1999年，第429-430页。

②王家鹏著，《故宫六品佛楼梵华楼考》，朱诚如、王天有主编，《明清论丛》第一辑，紫禁城出版社，1999年，第434页。

③陈宗藩编著，《燕都丛考》，北京古籍出版社，1994年，第68页，注文引自《故宫考》。

④陈宗藩编著，《燕都丛考》，北京古籍出版社，1994年，第68页，语出《故宫考》。殿前有铜炉二，为明嘉靖二十一年制。

殿”[1]。于此宴蒙古外藩在嘉庆、道光、咸丰、同治四朝一直延续了这个传统。

慧曜楼是目前所知清代第一座六品佛楼模式的建筑，乾隆二十一年已建成并开始布置佛像。因毁于1923年的建福宫大火，室内的具体布置无法确知，但遗址上还残留有六个珐琅塔石座，其形状、尺寸、排列顺序都与梵华楼的情况一致[2]。

建福宫花园的压景之构为延春阁，阁西有妙莲花室和凝晖堂“碧琳馆南为妙莲花室。联曰：‘青莲法界本清净，白毫相光常满圆。’又联曰：‘转谛在语言而外，悟机得真实之中。’妙莲花室南为凝晖堂，亦东向。联曰：‘十二灵文传宝炬，三千净土荫慈云’”[3]。显然也是含有宗教内容的建筑。这种布置方法在宁寿宫花园中也有模仿，符望阁的西侧也建了玉萃轩，轩中供佛。

2.重华宫

重华宫原为乾西二所，是乾隆帝为皇子时所居潜邸，即位后升为宫。重华宫后为崇敬殿，殿内是乐善堂，这一殿堂保留了其潜邸时的面貌，反映了乾隆帝早年生活的情形：“堂之东西暖阁俱供佛像。东暖阁圣祖仁皇帝御笔匾曰：‘意蕊心香’，联曰‘莲花贝叶因心见，忍草禅枝到处生。’西暖阁御笔匾曰：‘吉云持地’，联曰：‘满字一如心得月，梵言半偈舍生莲。’”[4]可知乾隆帝好佛，是早有渊源的，其后期的重佛在这个背景下理解就非常自然了。从康熙帝为其题匾书联来看，一则体现了康熙帝对这个皇孙的宠爱，一则反映了他并不反对后代念经拜佛，甚而有嘉许之意，而联语的内容也显示了作者有很好的佛学修养。虽然康熙帝本人没有显示出太大的宗教热诚，但他显然是视宗教为一种文化修养的一部分，可以理解为宽容，也可以理解为漠视。在明清时期，宗教的确在整体上对人的思想已没有太大的冲击力，所谓宽容是必须建立在这样的前提之下的。从乐善堂东西暖阁俱供佛像这点看，宗教在弘历当时的生活中已占据了相当重要的地位。

在重华宫有一项每年例行的年节活动，就是在漱芳斋书福，过年写福字，始于康熙帝，但未成定例，雍正时成为惯例。乾隆对这一活动更为重视，“高宗开笔书福，必先诣寺（阐福寺）拈香，还御重华宫之漱芳

①章乃炜、王蔼人编著，《清宫述闻》初续编合编本，紫禁城出版社，1990年，第768页。引自清乾隆帝《武帐》诗注。

②王家鹏著，《故宫六品佛楼梵华楼考》，朱诚如、王天有主编，《明清论丛》第一辑，紫禁城出版社，1999年，第434页。

③[清]鄂尔泰、张廷玉等编纂，《国朝宫史》，北京古籍出版社，1987年，第246页。

④[清]鄂尔泰、张廷玉等编纂，《国朝宫史》，北京古籍出版社，1987年，第234页。

斋书福，岁以为恒典。”[①]宗教生活的渗透性很强，在年关时节更是具有一种象征意义，一个助兴的书福活动也因此而隆重起来。

六、其他

宫廷之中还有一些不易分类的宗教建筑，就归入到这个“其他”之中。在紫禁城中就是这个祀马神的建筑，“**英华殿之西北有城隍庙，雍正四年建，其祀典亦掌仪所司也。庙东为祀马神之所。**”[②]明代也有祭祀马神的场所，其位置在文华殿的东面，与当时的御马监毗连。清代将其移到此处不知始于何时，可能同城隍庙的建设同时。因为《日下旧闻考》中已有此处，称马神房。祭祀马神的仪式，明代归太仆寺，清代归上驷院管理，承祭人分别有内务府的官员和上驷院的卿员[③]。春秋二季的祭礼之中还有用萨满参与。这个马神房的另一个用途是萨满练习讲念的场所，这是嘉庆年间的事，可能就此成为定制了。

事实上，宫中含有宗教内容的建筑或空间可能远不止上文所提到的这些，但这些建筑和空间含有宗教内容都见之于文献的记载，并且往往有相应的祀典或宫制规定，应该是相对较为重要和显著的，并且这些建筑已经达到了一个相当的量，涉及的范围也达到了一定的广度。因此作为系统研究的开端，以这些建筑作为基础是适宜的，历史研究很难在一个阶段就能完满，只是希望本文的工作能够对未来更为深入、全面的研究提供一块基石。[④]

七、宫制中紫禁城内宗教建筑的使用

①语出《养吉斋丛录》。转引自章乃炜、王蔼人编著，《清宫述闻》初续编合编本，紫禁城出版社，1990年，第786页。

②[清]鄂尔泰、张廷玉等编纂，《国朝宫史》，北京古籍出版社，1987年，第263页。

③乾隆二十六年谕旨：“朕所乘之马匹，祭祀甚属紧要，每逢致祭，必须有承祭之人，嗣后每季祭祀，著派内务府大臣一员致祭，上驷院卿员亦著一人前往。”转引自章乃炜、王蔼人编著，《清宫述闻》初续编合编本，紫禁城出版社，1990年，第943页。

④[清]何刚德著，《春明梦录·客座偶谈》，上海古籍书店影印，1983年，第14页所载：“余勘估宫中工程。见宫中妃嫔每人各住一院。每院中必排百数十个饽饽。未见有特别厨房。其余殿宇甚多，无一不供佛者。其最高之楼，名曰普明圆觉。上层皆供佛像。登楼而望四面，只见黄琉璃瓦而已。乾清宫后进即交泰殿，俗传皇上大婚住处。意以为中必有御床也。乃窥其中间，仍是高供一佛。且殿内窗槛纸皆向外而糊，与关外民房同，殆不忘土风欤。其两廊所排列者仍是饽饽。盖宫人食料，固以是为常品也。”这里记述的已是清末的情形，妃嫔所居无不供佛的话，则范围又大大扩大了。“普明圆觉”匾挂于雨华阁。同时，这样的史料尚需同其他史料配合验证。如果深入到生活细节中探寻的话，还有许多值得研究的素材，官书之外的笔记准确度可能差一点儿，但涉及的范围要广得多。本文目前在这方面探寻的工作是不能尽善了，这是一个遗憾。

元旦	坤宁宫，子刻，司香神位前上香，皇帝、皇后行礼；※
	皇帝亲诣钦安殿拈香；※
	英华殿做佛事，至夜，五方设神会；
	中正殿供大巴苓一座，前殿唪吉祥天母经；
	玄穹宝殿设道场；※
正月初二	坤宁宫行大祭、吃肉、朝祀礼；※
正月初九	玄穹宝殿传大光明殿道士念玉皇经一日；
正月初十	坤宁宫祀神；※
二月初一	坤宁宫仲春立杆大祭；坤宁宫吃肉；※
	钦安殿祭日；※
二月初八	派喇嘛十名，在雨花阁瑜珈层唪毗卢佛坛城经；
三月初八	派喇嘛十五名，在雨花阁智行层唪释迦佛坛城经；
四月初八	坤宁宫浴佛，吃缘豆；※
	派喇嘛五名，在雨花阁无上层唪大布畏坛城经；
六月初八	派喇嘛十五名，在雨花阁智行层唪释迦佛坛城经；
七月初七	钦安殿七夕祭牛女；※
八月初一	坤宁宫仲秋立杆大祭；※
八月初六	玄穹宝殿办道场九日；
八月初八	派喇嘛十名，在雨花阁瑜伽层唪毗卢佛坛城经；
八月初九	中正殿唪喇嘛供献经、尊胜佛母等经；
八月十五	钦安殿祭月；※
九月十五	派喇嘛十五名，在雨花阁智行层唪释迦佛坛城经；
十月初一	坤宁宫吃肉；※
十二月初五	是日起派太监喇嘛十名，在慈宁宫唪经二十一日；
十二月初七至初九	宝华殿东西配殿喇嘛三百名唪救度佛母经；
腊八日	中正殿下之左设小金殿，圣驾御焉；※
十二月初十	除呼图克图达喇嘛外派喇嘛一百名在中正殿内宝华殿唪财宝天王等经；
十二月十五	派喇嘛十五名，在雨花阁智行层唪释迦佛坛城经；
十二月二十三	皇帝、皇后于坤宁宫祭灶、祀神；※
十二月二十九或二十七、八	中正殿前设供献，圣驾御小金殿，喇嘛一百八十四人唪护法经，跳布札；※
十二月二十八至三十	以三十六人在中正殿前唪迎新年喜经；
立春、立夏、立秋、立冬	钦安殿宫中设供案，奉安神牌，帝后、妃嫔等行礼；※
	万寿　英华殿作佛事；※
	玄穹宝殿，万寿平安道场；※
每月朔望	钦安殿，宫殿监等敬谨拈香行礼；
每月初六	雨花阁，在德行层放乌卜藏唪经；
	派喇嘛七名，在慈宁宫西廊放乌卜藏、唪金刚经；
每月初二、初三	中正殿前殿唪吉祥天母等经；
每月初九至十一	祝延皇上万寿，中正殿唪无量寿佛经；
每日	坤宁宫朝祭、夕祭。[①]

结构主义认为，“**事物的真正本质不在于事物本身，而在于我们在各种事物之间构造，然后又在它们之间感觉到的那种关系**”[2]。从上述紫禁城一年之中的宗教活动内容来看，各处宗教建筑的使用频率不同，使用的对象也不尽相同。从频率来看，使用频率最高的为坤宁宫、中正殿、雨花阁、钦安殿；其次是英华殿、玄穹宝殿。以满足佛、道两类建筑举行宗教仪式的需要。从中正殿、雨花阁的高使用频率也可以感受到清代帝王对于黄教的重视。而慈宁宫佛堂等处，间有念经等事，但无仪式性的宗教活动，这些散布在各处的宗教空间的使用情况是不列入宫制的，其使用频率直接同在这些空间的主人的活动有关。

宫制规定的皇帝必到的宗教场合一年之中合计至少有20次（参见上文），这些场合仪式较为重要，主要在坤宁宫、钦安殿两座位于中轴线上的建筑中进行，坤宁宫、钦安殿在年节活动中的地位是相当重要的。从宫制规定的仪式安排可以大致地看出这些仪式涉及的人员范围，如钦安殿每月朔望要求宫殿监敬谨拈香。坤宁宫的浴佛和吃肉、吃缘豆的活动涉及的人员范围较广，带有一定的随意性，其含有的节日意味浓重。中正殿的念经和跳布札，在节日和平时的宗教生活中的比重也相当大，这些建筑中进行的宗教活动面对的人员的范围也较大，不唯宫廷中的最上层人物，包括了地位较低下的女眷。而本身仪式的举行就意味着将宗教活动放入更为开放的空间，受其影响的不仅是参与者，也包括了旁观者，从这个意义上讲，这时的宗教活动是由整个内宫的节日组成，直接介入了内宫大部分人的生活。

第二节　西苑及景山

西苑、景山清仍明旧，其功用也大致相沿，唯其中建筑多有变化，总体来说，清代增加了不少建筑，也改变了一些明代原来的用途。明代西苑内的建筑有不少成于嘉靖年间，且多为道教所用，在第二章中已有详述。清代保留了一些道教建筑，即保留的建筑其使用也与明时大异其趣。明清之间的对比在宗教建筑这个题目上是能看出一些门道的。帝王的宗教态度、趣向对其中的建筑有很大的影响，而且这种影响也扩散到了社会上，一时的宗教风气为之一变。相对来说，北海一区的建筑变化最大，永安寺白塔赫然成为景观控制性的要素，先蚕坛、西天

①根据《清宫述闻》中各殿条目下的引文整理。引自方晓风著，《紫禁城后宫宗教建筑和空间初探》，张复合主编，《建筑史论文集》第11辑，清华大学出版社，1999年，第106-107页。

②[英]特伦斯·霍克斯著，瞿铁鹏译，《结构主义和符号学》，上海译文出版社，1997年，第8页。

梵境、阐福寺等建设规模都不小。中海、南海一带的变化要小一点儿，明时这里的宗教性内容就少，到了清代也不多。一个有趣的现象是，明清之际，西苑的变化基本上都集中在了宗教建筑上，这个现象的成因是一个需要我们回答的问题。景山则是因寿皇殿的建设而更具重要性，可见，在中轴线上的建筑都具有一种象征意义。

一、中海和南海

西苑的中海和南海连成一体，中海同北海之间有金鳌玉蝀桥相隔，形成了两个不同的区域。中海、南海之中有一定的理政和寝居空间，而北海则是更为彻底的园林。在康熙帝建造畅春园之前，清代帝王的园居生活主要是在西苑，明代也是如此，尤其是夏季，为避暑都是居住在南海瀛台，这一主要功能未变。即使在西郊园林已经建成之后，圆明园作为御园的地位业已确立，此处仍然保留了这些功能而没有改变，只是使用频率降低。因此，理政和寝居的建筑基本上都保留了原来的建筑而略有葺筑。我想这也是为什么中海、南海之中较少宗教建筑的原因，因为这里还有朝寝的功能，建筑的主题必须围绕这两大功能展开，即使在明代也是如此。北海的情况就有很大不同，没有了这些功能的约束，建筑上的自由度大大增加，尤其是在题材的选择上。明清之间宗教趣向的变化在北海得到了典型的表现。

中南海中的宗教建筑在清代主要为两处：一处是万善殿，一处就是时应宫。万善殿在明时称为芭蕉园，为明世宗设醮的场所，顺治年间改为万善殿，“供三世佛，选老成内监，披剃为僧，焚修香火。木陈、玉林两老衲，奉召至京师，曾居万善殿。每岁中元，建盂兰道场，自十三日至十五日，放河灯，使小内监持荷叶，燃烛其中，青碧熠熠，罗列两岸，以数千计。又用琉璃作荷叶灯数千盏，随波上下，中流驾龙舟，奏梵乐，作禅诵，自瀛台南过金鳌玉蝀桥，绕万岁山，至五龙亭而回。河汉微凉，秋蟾正洁，苑中胜事也。”[①]明代的道教场所变成了清代的佛教场所，从顺治开始，明清之际的佛道变化就开始了。改万善殿应是在顺治亲政之后的事，顺治所宠幸的木陈、玉林都是汉传佛教的高僧，这同后来的情形有所区别。就接触宗教的可能性来说，清代帝王接触藏传佛教的机会很多，永安寺白塔即为藏式塔。这里反映的是顺治帝对汉族文化的偏爱。清皇太极就曾下谕禁喇嘛教[②]，早期萨满与喇嘛之间也有矛

①[清]高士奇著，《金鳌退食笔记》，北京古籍出版社，1980年，第128页。

②崇德元年三月谕诸臣曰：“喇嘛等以供佛持戒为名，潜肆奸贪，直妄人耳。蒙古诸人深信其忏悔超生等语，之有悬转轮结布幡之事，嗣后俱宜禁止。”引自[清]蒋良琪撰，《东华录》卷三，中华书局，1980年，第38页。

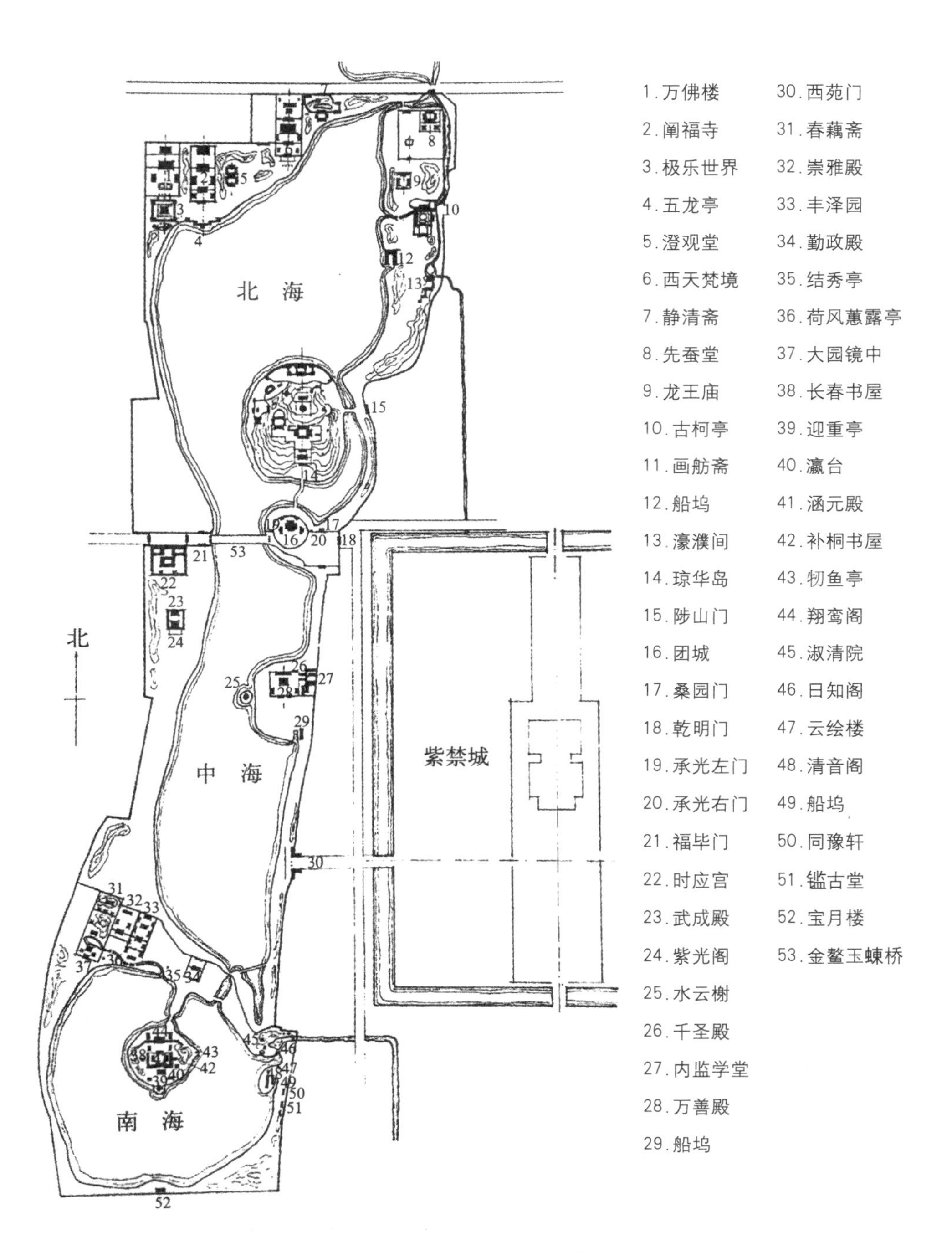

图38　大内西苑三海总平面图（引自《中国古典园林史》，局部有改动）

盾和斗争[1]。引文中提及的放河灯活动是沿袭了明代的传统，但奏梵乐、作禅诵之举可能又是有所创新的地方。比之元代游皇城的仪式，此处还是有节制得多了，而用内监披剃为僧在清代可能就是始于此了，究其实这些制度也还是沿袭明代。因为清初用的大多是明代遗留的太监，宫廷规制对新政权来说也是陌生的，倚仗前朝非常自然。

万善殿一区，规模不大，前为万善殿，后为千圣殿，千圣殿前东西分别为迎祥馆、集瑞馆（听其名，当为明代遗构）。迎祥馆之东为朗心楼，楼之东有大悲坛，五开间；集瑞馆之西为悦性楼，两楼都是三开间[2]。“门之南稍折而西，面南为万善门。门内即万善殿也。正中佛龛前世祖章皇帝御笔匾曰：‘敬佛殿’……殿后圣祖仁皇帝御笔匾曰：‘敬佛’。殿两旁各有回廊曲室。后殿圆盖穹隆，为千圣殿 。……万善殿西室御笔匾曰：‘敬佛’”[3]。这里有意思的是三位皇帝御笔题匾都是敬佛，英华殿中也是咸丰帝的御笔题匾“敬佛”，斋宫之中的题匾是雍正御笔“敬天”，题匾一事还是颇可看出帝王的宗教态度，尤其在此一再重复，也是少见的一例。

时应宫的原址是明代的蚕坛、蚕殿，是明代行祭蚕礼的地方。显然清初这一礼没有引起重视，康熙帝在丰泽园设农田，行耕事，有劝农之意，于女织一事则未加留意，雍正帝也是直到其末年才有议其礼，未及行事便亡故了。不过清初几位帝王对水都特别关注，康熙帝治水，雍正帝在治水之外祈雨也颇为上心。时应宫就是为祈雨而建。“紫光阁之北为时应宫。榜为世宗宪皇帝御笔。前殿祀四海四渎龙神，正殿祀顺天佑畿时应龙神，世宗宪皇帝御笔匾曰：‘瑞泽霑和’。后殿祀八方龙王”[4]。即以宫命名，其中龙王也非寻常等级，而有了封号，是龙王之王。这座宫很有中央的气派，汇集了所有龙王，这也是皇家的一个特点吧，民间如此则为僭越。龙王同城隍很相似，不同的是一个在陆上，一个在水中。

乾隆帝的《御制时应宫记》道明了建宫的缘由：“江海之有神，自三代、汉、唐以来，莫不祠祀惟谨。有宋大观四年，诏天下五龙神并封王爵，龙神之尊，自是始。厥后春秋牺牲之祀，代有常典。

①《萨满与喇嘛斗法的故事》，载于《满族的历史与生活——三家子屯调查报告》，黑龙江人民出版社，1981年。引自阎崇年著，《清代宫廷与萨满文化》，《故宫博物院院刊》1993年第2期，紫禁城出版社，第62页。

②[清]庆桂等编纂，《国朝宫史续编》卷六十六，北京古籍出版社，1994年，第588页。

③[清]鄂尔泰、张廷玉等编纂，《国朝宫史》，北京古籍出版社，1987年，第341页。

④[清]庆桂等编纂，《国朝宫史续编》卷六十五，北京古籍出版社，1994年，第586页。

皇清受天命禋祀上帝后土，怀柔百神，江、淮、河、济、五岳、四渎之祀，载在太常。……雍正二年，天子以为龙神之位既尊，宜特修宫观以致虔祷。……夏六月，霖雨弥旬，几至于涝，皇父步行往祷，其日既晴。又明年，黄河清百余里，此非神人效灵、河海清晏之明验乎？夫以天子精诚，通于神明，以之事天飨帝，罔不昭格，而况乎于龙神乎？信哉诚之能感物也。”[①]由于清帝在雍正之后常居圆明园，故常用的祈雨场所并非此处，而是西山画眉山的黑龙潭，在那里设坛。乾隆有诗云：“昔岁愚祈雨，龙潭画眉岗。”[②]说的就是此事。西山为北京之水源头，在那里祈雨似乎更有灵验的可能。南海瀛台之上还有一处小小的海神祠，待月轩“轩南有海神祠”[③]，应该是管三海这一方水域的小神灵。这座祠建于何时，未见交代，可能也是明代遗留下来的。在较为重要的水域建设海神祠、河神祠在当时也是较为普遍的现象。

中南海至今仍是禁地，因此建筑的详情不能尽知，是为遗憾。

二、北海

北海的宗教建筑密度之大在皇家园林之中也是不为多见的，其中大部分成于乾隆年间。明嘉靖帝在北海多有建构，内容多为道教建筑，也有儒道合用的，在清代，这里除先蚕坛外，都是佛教题材，并且都是藏传佛教的内容，这个变化相当大，也很有意思。明嘉靖和清乾隆是可以放在一起进行比较研究的好题材。北海范围之内宗教建筑众多，本文主要论及的是几处规模较大的建筑，重点也是乾隆时期的建设，余则如先蚕坛南之龙王庙等，知其有即可，未及详论。

（一）琼华岛

琼华岛是北海景区的视觉焦点，永安寺白塔高高矗立在山巅，成为北海的标志。此岛之名历代有变，金称琼华岛，元称万岁山，明时或曰万寿山、大山子，清朝称之为白塔山，盖山以塔名也。但“琼岛春阴”已成景名，所以还是琼华岛的称谓更方便[④]。永安寺的原址是广寒殿，殿为金时所创，金末已毁，元时重建，至明“万历七年倾颓，其

①清乾隆帝《御制时应宫记》，引自[清]鄂尔泰、张廷玉等编纂，《国朝宫史》，北京古籍出版社，1987年，第239–340页。

②《御制万善殿时应宫设坛祈雨纪事庚申》。引自[清]庆桂等编纂，《国朝宫史续编》卷六十六，北京古籍出版社，1994年，第590页。

③[清]鄂尔泰、张廷玉等编纂，《国朝宫史》，北京古籍出版社，1987年，第302页。

④参见[清]乾隆帝《圣制白塔山总记》。引自[清]庆桂等编纂，《国朝宫史续编》卷六十七，北京古籍出版社，1994年，第600页。

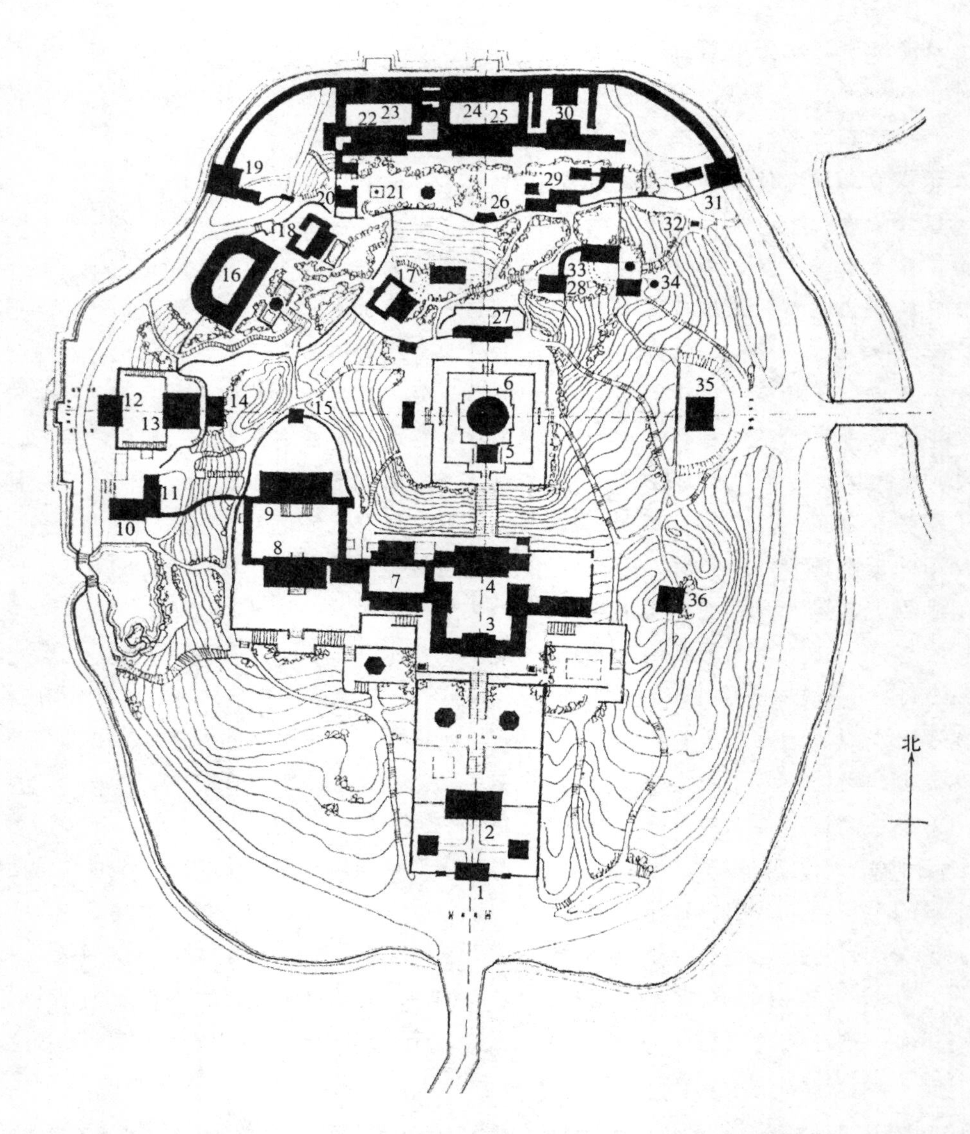

1.永安寺山门 2.法轮殿 3.正觉殿 4.普安殿 5.善因殿 6.白塔 7.静憩轩 8.悦心殿 9.庆霄楼 10.蟠青室 11.房山 12.琳光殿 13.甘露殿 14.水精域 15.揖山亭 16.阅古楼 17.酣古堂 18.亩鉴室 19.分凉阁 20.得性楼 21.承露盘 22.道宁斋 23.远帆阁 24.碧照楼 25.漪澜堂 26.延南薰 27.揽翠轩 28.交翠亭 29.环碧楼 30.晴栏花韵 31.倚晴楼 32.琼岛春阴碑 33.看画廊 34.见春亭 35.智珠殿 36.迎旭亭

图39 乾隆时期北海琼华岛总平面图（引自《中国古典园林史》）

脊中钱，元至元钱也”[①]。“顺治八年，立塔建寺，为白塔寺，今为永安寺。寺门三间，南向。入门为法轮殿，……殿后拾级而上，有坊一座，其南榜曰‘龙光’，北曰‘紫照’。左右有亭二，东曰‘引胜’，西曰‘涤霭’。亭后有石，东曰‘昆仑’，西曰‘岳云’。由甬道拾级而上，左右有方亭二，东曰‘云依’，西曰‘意远’。亭下各有石洞，可缘以升降。其东洞有匾曰：‘楞伽窟’。正中为正觉殿。殿之后为普安殿。……殿前东为宗镜殿，西为胜果殿。殿后石磴层跻而升，为善因殿，中供梵铜佛像。殿后即白塔也。由白塔东下至山足，为智珠殿，东向，供文殊佛像。……”[②]这是一组寺院规制较为严谨的皇家宗教建筑，建筑依山而建，前寺后塔，有明确的轴线。顺治时期的建设仅限于山的南面和东面的智珠殿。现在的规模是经过康熙和乾隆两个时期的后续建设而成。顺治帝建塔的缘由见于白塔寺碑文：

“恭惟皇上仁孝性成，天纵太平之主也。亲政以来，拳拳以爱养斯民为念。是以雨旸时若，岁称大有。天心眷顾，此其明徵。有西域喇嘛者，欲以佛教，阴赞皇猷，请立塔建寺，寿国佑民。奉旨：果有益于国家生民，朕何靳数万金钱。为故赐号为恼木汗，许建塔于西苑之高阜处。庀材鸠工，不日告成……”[③]这也是新朝建立之初，宗教遽依国主的表现，智珠殿中供奉文殊，更是一种曲折的奉承[④]。顺治八年正是顺治帝刚开始亲政的时候，以寿国佑民的名义进行建设也是当时于他而言略有所为的事情，并表达了一种美好的祝愿。

琼华岛在乾隆年间完成了四面的造景，这一时期的建设主要是园林方面的内容，其中也不乏宗教内容。在山的北面，“漪澜堂而东，则莲华室，以奉大士及妙法莲花经得名。”[⑤]还有仙人承露盘，“此不过缀景，取露实不若荷叶之易，则汉武之事率可知矣”[⑥]，乾隆帝总是不忘表露自己于宗教的一种豁达态度，对崇信此道的帝王以微言而讥之，宗教是园林造景的一个工具，一种文化的姿态。此山既有叠石，则岩洞必不可少，这也是园林中丰富空间变化的手段之一。洞各有名，意兴遂生，取材宗教不失为一个良

①[明]刘若愚著，《酌中志》卷十七，北京古籍出版社，1994年，第141页。

②[清]鄂尔泰、张廷玉等编纂，《国朝宫史》，北京古籍出版社，1987年，第353-354页。

③“顺治八年白塔寺碑”，引自[清]高士奇著《金鳌退食笔记》，北京古籍出版社，1980年，第135页。

④详见前文雨华阁部分的注，文殊与满族切音，被视为满族的象征，皇帝也自命文殊。

⑤[清]庆桂等编纂，《国朝宫史续编》卷六十七，北京古籍出版社，1994年，第603页。

⑥[清]庆桂等编纂，《国朝宫史续编》卷六十七，北京古籍出版社，1994年，第603页。

图40　清院本《皇后亲蚕图》（引自《故宫藏画精选》）

方，山南即有一“真如”洞，洞内也是供奉大士像（大士者，观音大士也）。总之，有了宗教题材的点缀，园林景致也多了一些文化底蕴，而这也是中国景观文化的一个特点，重视人文同自然的结合，在皇家园林中得到了充分的发挥，尤其是在乾隆帝这位自命风流天子的手中。

（二）先蚕坛

先蚕坛是苑内唯一的儒教祭祀建筑，建于乾隆初年。明嘉靖时曾设蚕坛于清时应宫的位置，表示了重视农桑并有教育宫中人员爱惜粮食、织物的意思。但这个礼并没有奉行太久。乾隆帝也是一位对礼制高度重视的帝王，故宫博物院的刘潞先生曾撰文《论清代先蚕礼》，道明了乾隆帝议礼的契机是要修《国朝宫史》[①]。内廷规制首重礼仪，皇后号为中宫，母仪天下，首重在于妇道。以男耕女织比先农先蚕，用意是很明显的。

先蚕坛之所以建在西苑，主要还是考虑女眷出入的方便。“先蚕坛在西苑东北隅，先是，圣祖仁皇帝时于丰泽园之左设立蚕舍，养蚕以缫以织。世宗宪皇帝允礼臣议，建先蚕祠于北郊，比先农。皇上御极之七年，命议亲蚕典礼。廷臣议以北郊蚕坛道远，皇后亲莅未便，且其地水源不通，无浴蚕所。考唐宋时后妃亲蚕，多在宫苑之中。明代亦改建于西苑，宜从旧制。上允其议，命所司相度建坛”[②]。但具体实行的结果仍然是不能持久，女眷渐趋敷衍，这是一个很有意思的现象，说明行礼的方便与否并不是决定性的因素。宫廷大礼的一

①刘潞著，《论清代先蚕礼》，《故宫博物院院刊》1995年第1期，紫禁城出版社，第29页。
②[清]鄂尔泰、张廷玉等编纂，《国朝宫史》，北京古籍出版社，1994年，第373页。

个特点是对政治的辐射作用很强，两者紧密相连。但先蚕礼的主祭人为皇后，妃嫔、命妇陪祭，虽然也有大臣参与，但主角是女性，以女性在宗法社会中的地位，对政治的影响力相当有限。并且这个祭礼所要影响的对象还是女性，实际上从这个预设的立意上就能判断，先蚕礼在实际生活中的作用是不会太大的，我想这才是一个关键的因素。

先蚕坛占地17000平方米，利用明代的雷霆洪应殿的旧址兴建。其中内容齐全，有坛有殿，配有桑园、蚕池、神厨神库、牲亭、井亭等，样样具备。“兹地垣周百六十丈，南面稍西，正门三，左右门各一。入门为坛一成，方四丈，高四尺，陛四出，各十级。三面树桑柘，西北为瘗坎。坛东为观桑台，高一尺四寸，广一丈四尺，陛三出。台前为桑园，台后为亲蚕门。入门为亲蚕殿。殿内御笔匾曰：‘葛覃遗意’，联曰：‘视履六宫基化本，授衣万国佐皇猷。’殿广五楹，东西配殿各三楹。殿后为浴蚕池，池北为后殿。殿内御笔匾曰：‘化先无斁’，联曰：‘三宫春晓觇鸠雨，十亩新阴映鞠衣。’屏间俱绘蚕织图。后殿规制如前殿，均覆以绿琉璃瓦。宫左为蚕妇浴蚕河，自外垣之北流入，由南垣出，设闸启闭。南北木桥二，南桥之东为先蚕神殿，西向，覆以绿琉璃瓦。左右牲亭一，井亭一。北为神库，南为神厨。殿垣左为蚕署三间，北桥之东有屋二十七楹，西向，是为蚕所，皆符古制云。”[①]这段文字的记载在描述建筑的文字中已是相当详细而周到了，可见对这一建筑还是相当重视，尤其是修宫史触发了建坛，则此坛在宫史之中必得重墨。从文中可以看出，坛、台的尺寸均为偶数，取其属阴，建筑形制在坛庙建筑中属于等级不高的类型，女性的从属地位在这个以女性为主角的建筑中也得到了反映。所谓符合古制，是乾隆时期宗法性宗教建筑的一个特点，其实这只是一种说辞，中国的古制往往是一笔糊涂账，并不是一个不间断的传统。符合古制实际上倒是以古为名的创新，把人文传统中务虚的内容通过各种手段在建筑上表现出来，成为一种特有的艺术手段，从而具有较高的艺术价值。先蚕坛在这方面并不是最典型的例子，乾隆时期对天坛、地坛等大型坛庙的改建更能反映这方面的成就。

（三）西天梵境

北海北岸一带有一连串的宗教建筑，有西天梵境、阐福寺、极乐世界、万佛楼等，形成一个宗教建筑群，且不同于紫禁城中的情况，这些宗教建筑的规模可观，单体建筑的体量也较大，并直接以寺命名，比之民间寺庙毫不逊色，甚有过之。

西天梵境又名大西天经厂，始建年代不详，有称建成于乾隆二十四年者，不是很确

①[清]鄂尔泰、张廷玉等编纂，《国朝宫史》，北京古籍出版社，1994年，第374页。

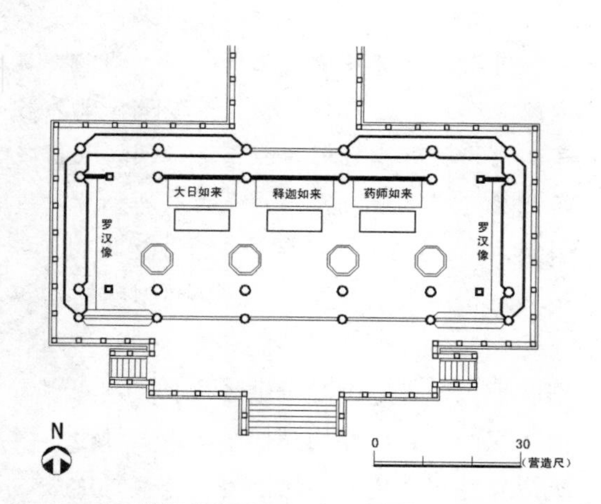

图41　西天梵境真如殿平面图（引自作者自测草图）

切，乾隆年间应是扩建了一部分，大西天经厂的存在最迟不应晚于康熙初年[①]，始建目的当为贮藏经板。“由镜清斋沿隄西南为西天梵境。有琉璃牌坊，南临太液池，南向榜曰：‘华藏界’，北向榜曰：‘须弥春’，坊北山门榜曰：‘西天梵境’。入门为天王殿，左右石幢二，左刻金刚经，右刻药师经。殿后为大慈真如宝殿，……殿后历级而登，有大琉璃宝殿。殿二层，榜曰：‘华岩清界’，……殿四面，迴廊六十七楹，四隅各有楼相接。西天梵境之西，有琉璃墙如屏障（即九龙壁），墙北为真谛门。门内为大圆镜智宝殿。……殿后有亭曰‘宝网云亭’。亭北及左右屋宇四十三楹，皆贮四藏经板之所也”[②]。大殿真如殿体量宏伟，重檐歇山顶，五开间带前后廊，前出月台，不施丹雘，以木本色而成，气氛肃然，室内空间宏敞，很有特色。内供横三世佛，佛前现还能看出有四座塔塔座的痕迹，两端沿山墙有须弥座，座上为罗汉像。最后层的琉璃殿以及西路的九龙壁、大圆镜智宝殿等是乾隆年间扩建，冠以西天梵境之名，当是在园林中烘托一种宗教气氛。

（四）阐福寺

阐福寺在西天梵境之西，五龙亭之北，与五龙亭共成一组，建筑体量不小，规制也较高。其地在明代为太素殿，是宗法性宗教活动场所，一度也曾设帝社帝稷之坛，乾隆帝于乾隆十一年将其改建成佛教寺庙，其目的在《御制阐福寺碑文》中有所交代：“康熙中，皇祖临驻西苑，常奉太皇太后避暑于此。后以其地奉安仙

① “西天梵境是大型的宫廷佛寺，又名大西天，乾隆二十四年（1759年）建成。”引自周维权著，《中国古典园林史》，清华大学出版社，1999年，第353页。但在高士奇的《金鳌退食笔记》中已有大西天经厂的记载，大殿真如殿已存，真如殿后还有供奉观音的一层殿宇，琉璃宝殿可能是乾隆年间建成。真如殿内的陈设同现状也大异其趣，内容佛道混杂，以此观之不似清代所为，而在《酌中志》中未提及大西天经厂，从真如殿的体量看，疏漏的可能性不大，以嘉靖帝在皇城内清理佛寺的举动看，大西天经厂只能是明末清初这个时间段内所建。以宫史中不言年代这点看，更有可能是建于明末天启之后。

②[清]鄂尔泰、张廷玉等编纂，《国朝宫史》，北京古籍出版社，1994年，第379-380页。

驭几筵，遂相沿为内廷迁次之所。越乾隆七年，肇先蚕坛于液池东北隅，相距甚迩。圣母皇太后以茧馆盛仪，宜致蠲洁，命改建佛宇。朕遵懿旨，爰出内帑，敕将作葺其旧址，略为崇饰。宝坊杰竖，香刹双标，用如幻金刚三昧造大法像，高丈六者三倍之而赢，具慈愍性，有大威福，构层檐以覆之。珠网璇题，金碧照耀，冠于禁城诸刹。上为慈圣祝釐，下为海宇苍生祈佑。始事于乾隆乙丑三月，越明年八月告成，因名之曰'阐福'。……"[①]奉太后之命，同时也是为太后祈福，此为孝治宗教文化的反映。这段文字中可贵的是说明了一个问题，即先造像，再建殿，寺庙即为神像所居住的地方，因有大佛，而后乃有大殿。其殿仿正定隆兴寺，当是大悲阁，阁中有千手千眼观音巨像。"入寺门为天王殿。殿后榜曰：'宗乘圆镜'。……再后为大佛殿，规制宏敞，仿正定隆兴寺。重宇三层，檐前各有御书匾额，……再后有殿，御笔匾曰：'真实般若'……"[②]此寺大殿毁于八国联军之手。

（五）极乐世界和万佛楼

极乐世界和万佛楼原为一组建筑，但万佛楼毁于八国联军的劫掠，目前只剩下极乐世界。极乐世界又名小西天、观音阁，是乾隆帝于乾隆三十六年（1771年）为庆祝皇太后七十寿辰而建。"阐福寺西，有方殿，广七楹，榜曰'极乐世界'。四隅各有亭，池流环抱，四面跨白石桥。桥外各竖琉璃枋楔……极乐世界之北为万佛楼。楼广七楹，三层，乾隆三十五年建。"[③]极乐世界是现存最大的木结构方亭式建筑，建筑面积1200平方米有余，檐柱外还有一圈擎檐柱，尺度巨大，殿内仿南海普

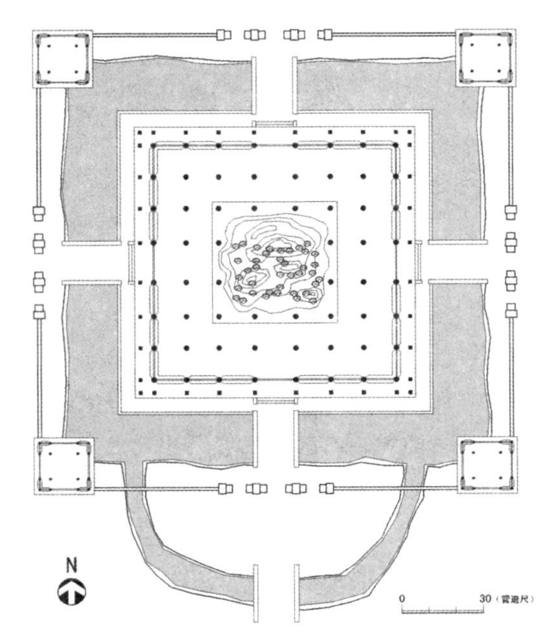

图42　极乐世界平面图（引自作者自测草图）

①[清]鄂尔泰、张廷玉等编纂，《国朝宫史》，北京古籍出版社，1994年，第380页。

②[清]鄂尔泰、张廷玉等编纂，《国朝宫史》，北京古籍出版社，1994年，第381-382页。

③[清]庆桂等编纂，左步青校点，《国朝宫史续编》卷六十八，北京古籍出版社，1994年，第627页。

陀山的泥塑大山，山上布满二百六十多尊罗汉、佛像，山下绘满海水，象征普陀胜境，有“罗汉山”“海岛”等别称。这种大殿居中、四正方位立琉璃牌楼、四维方位建小方亭的布局模式，显然是藏传佛教中的坛城模式，这是乾隆帝多次、多处运用的建筑手法，并且每次不尽相同，根据建筑的具体情况加以变通，成为一套纯熟的建筑语汇。这座建筑室内空间取法汉地佛教的神仙境界，总体布局套用藏传佛教的理想国——坛城模式，是一种比较内敛的汉藏结合方式，是一种融会贯通的设计手法，体现了很高的艺术修养，丰富了汉式传统建筑的设计语汇。

万佛楼中供奉佛像号称以万计，其来源颇堪一道，乾隆帝在楼成之日的诗中写道：“六旬庆诞沐慈恩，发帑范成两足尊。数计万因资众举”，皇帝本人的寿礼并无如此之多，“内外王公、大臣亦有请铸佛像为祝者，统以万计，并奉楼中，因以万佛名楼。”①可以想象王公大臣的踊跃情形。皇太后信奉佛教，以进贡佛像来博取欢心，这些在当时已成为常识，成为传统。舍卫城中的佛像也多来自进贡，佛教与太后之间如此密切的关系的确是中国宗教文化中的特色。因此宫廷之中，佛教建筑必然会占据比较重要的地位。

三、景山

寿皇殿位于紫禁城中轴线的延长线上，“（景山）山后为寿皇殿。殿旧为室三，居景山东北，乾隆十四年上命所司重建。……门内戟门五楹，大殿九室，规制仿太庙。左右山殿三楹，东西配殿五楹，碑井亭各二，神厨、神库各五。既落成，敬奉圣祖仁皇帝、世宗宪皇帝御容，皇上岁时瞻礼于此。并自体仁阁恭迎太祖高皇帝、太宗文皇帝、世祖章皇帝暨列后圣容，敬谨尊藏殿内，岁朝则展奉合祀，肃将祼献，以昭诚悫云。”②原来的寿皇殿不仅形制等级低，空间位置也偏于一侧，重建一说实际是完全新建，仅取其名罢了。

寿皇殿的建设表明了清代帝王对祭祖之礼不断加强的重视，“予小子敬循寿皇殿之例，建安佑宫于圆明园，以奉皇祖、皇考神御。重垣广墀、戟门九室，规模略备。而岁时朔望，来礼寿皇。聿瞻殿宇，岁久丹雘弗焕，且为室仅三，较安佑宫反逊钜丽，予新谦焉。盖寿皇在景山东北，本明季游幸之地，皇祖常视射较士于此。我皇考因以奉神御，初未择山向之正偏，合閟宫之法度也。乃命奉宸发帑，鸠工庀材。中峰正午，砖城戟门，明堂九室，一仿太庙而约之。盖安佑视寿皇之义，寿皇视安佑之制，

①参见“乾隆庚辰圣制万佛楼成是日瞻礼得句”诗并诗注，引自[清]庆桂等编纂，左步青校点，《国朝宫史续编》卷六十八，北京古籍出版社，1994年，第627页。

②[清]鄂尔泰、张廷玉等编纂，《国朝宫史》，北京古籍出版社，1994年，第265页。

于是宫中苑中，皆有荐新追永之地，可以抒忱，可以观德。传不云乎，歌于斯，哭于斯。则寿皇实近法宫，律安佑为尤重。……”①先是取寿皇殿的制度来经营安佑宫，由于安佑宫的形制等级较高，所以要重建寿皇殿，并且对空间位置也做了新的安排。乾隆帝是清代最为重视礼法制度建设的皇帝，这一系列的举动都说明了他对礼法制度的重视和深刻理解。中轴线所具有的象征意义同寿皇殿的地位十分吻合，经过乾隆朝清代的礼法制度可称完备，寿皇殿即为一例。

寿皇殿九开间，重檐歇山黄琉璃顶。殿内有隔断，圣祖而下各代皇帝御容长期悬挂，每帝一间，圣祖居中。太祖、太宗、世祖及各后御容，只于除夕悬挂，正月初二即收藏。作为国家宗庙的太庙和作为皇家正式家庙的奉先殿都供奉神主，地位要高于寿皇殿。雍正元年，胤禛在景山东北的寿皇殿供奉圣祖御容画像。至弘历登极，又奉世宗御容于其中。乾隆十四年，迁建寿皇殿于景山正中；乾隆十五年，奉体仁阁所藏太祖、太宗、世祖三代帝后御容于新建寿皇殿，于是形成定制。圆明园安佑宫，承德避暑山庄绥成殿，都是寿皇殿的变体，奉祀圣祖而下诸帝御容，只于皇帝临幸时祭祀，不成定制。清代帝王并不长住紫禁城，不能常至寿皇殿，因此就地立庙，随时奉祀，即所谓原庙之制。同时，原庙必在离宫之中，有无原庙可作为判断该地是否为离宫的标准。清代原庙虽多，但并不滥，原因即在于此。更多的原因是帝王的生活空间扩大了，但建设原庙仍有限制，礼多则滥，这是一个需要把握的尺度。

第三节　雍和宫

一、雍和宫的历史沿革

雍和宫的历史沿革分为几个主要历史时期，其功能分别为府邸、行宫和寺庙。此地原是明内宫监官房，清初为内务府官房，后胤祯得封贝勒，改建成为贝勒府，建筑不施彩画，不用琉璃，但规模略具，东花园成于此时。康熙四十八年（1709年）胤祯爵升和硕雍亲王，府第改称雍亲王府，同时进行大规模的改造和建设，主要建筑开始定名，琉璃、彩画齐用，门楼、正厅、寝殿等格局俱备。胤祯即位，改元雍正，亲王府作为龙潜之地，于雍正三年（1724年）升格为皇家行宫，赐名雍和宫，其亲信机构粘竿处的总部即设于此。因其近地坛，故每岁夏日方泽事毕，临此园小憩、进膳。为此虽

①清乾隆帝《御制寿皇殿碑文》，引自[清]鄂尔泰、张廷玉等编纂，《国朝宫史》，北京古籍出版社，1994年，第265页。

没有对主体建筑做大的变动，但对东花园进行了大规模的修缮和建设。雍正十三年，乾隆继位，正寝殿改为奉安雍正梓宫的“神御殿”，仅用半个月的工期将五进正殿全部改覆黄瓦。乾隆九年（1744年）开始将雍和宫改建为格鲁派的寺庙。首先扩建南区，新建了宝坊、庙前广场、辇道、昭泰门、钟鼓楼和碑亭等前导空间的建筑，寺庙的格局得以确立。其次，中路主要建筑都进行了翻盖和扩建。最后于乾隆十五年，建成万福阁及其配阁、雅曼达嘎楼、关帝庙等，同时寺院外围的僧房及附属用房均已完备，宫改庙的工程告成。乾隆四十三年，为迎接六世班禅进京，于雍和宫内修建班禅楼和戒台楼。乾隆五十七年，乾隆在平定藏地廓尔喀军后，颁布《钦定藏内善后章陈》，确立了活佛转世的金瓶掣签制度，因以为文《喇嘛说》，在雍和宫内勒石建亭，以满、汉、蒙、藏四种文字刻写，至此殿堂区格局大定。

二、雍和宫宫改庙的原因

从上述历史沿革可知，雍和宫对于本课题的研究来说，最重要的历史事件莫过于乾隆九年的宫改庙。宫改庙的原因最直接的说法是《雍和宫碑文》中所述：“深惟龙池肇迹之区，既非我子孙析珪列邸者所当亵处，若旷而置之，日久肃寞，更不足以宏衍庆泽，垂焘于无疆，曩我皇考孝敬昭事我皇祖，凡临御燕处之适且久者，多尊为佛也，曰福佑寺，则冲龄育德之所也，曰恩佑寺，则鼎成陡方之次也，永怀成宪，厥有旧章，而稽之往古，修真本唐高龙跃之宫，慈庆乃渭水庆善之宅，宋则祥符锡庆，祠号景灵，咸因在潜之居，实曰神明之隩，后先一揆，今昔同符，是用写境祇林，庄严法相，香幢宝网，夕吹晨钟，选高行梵僧居焉，以示蠲明，至洁也；以昭崇奉，至严也；以介福厘，至厚也。我皇考向究宗乘，证涅槃三昧，成无上正等正觉，施洽万有，泽流尘劫，帝释能仁，现真实相，群生托命，于是焉在，岂特表范，容为章净域已哉。”[1]这段文字基本道明了为何改庙的原因。一是因为有先例；二是有利于场所的维持；三是雍正帝本身有高深的佛学造诣。但为什么要改成一座藏传佛教寺院呢？雍正帝的佛学是以禅宗著称的，同藏传佛教实有较大区别，关于这一点，前人大多搬出《喇嘛说》的碑文来说明这是乾隆帝的宗教政策使然，这一理由言之凿凿，自是无可厚非，然《喇嘛说》成于乾隆五十七年，以后事论前因，总有不甚了了之处。

乾隆帝笃学密宗，同章嘉呼图克图过从甚密，这显然也是原因之一。乾隆九年年，养心殿的长春书屋改建为仙楼佛堂，这两个事件应不是简单的巧合，而是反映了乾隆帝当时对于密宗修炼的爱好达到了一定程度，有了更为深入的需求。从这一时期

①引自常少如主编，《藏传佛教古寺雍和宫》，北京燕山出版社，1996年，第106-107页。

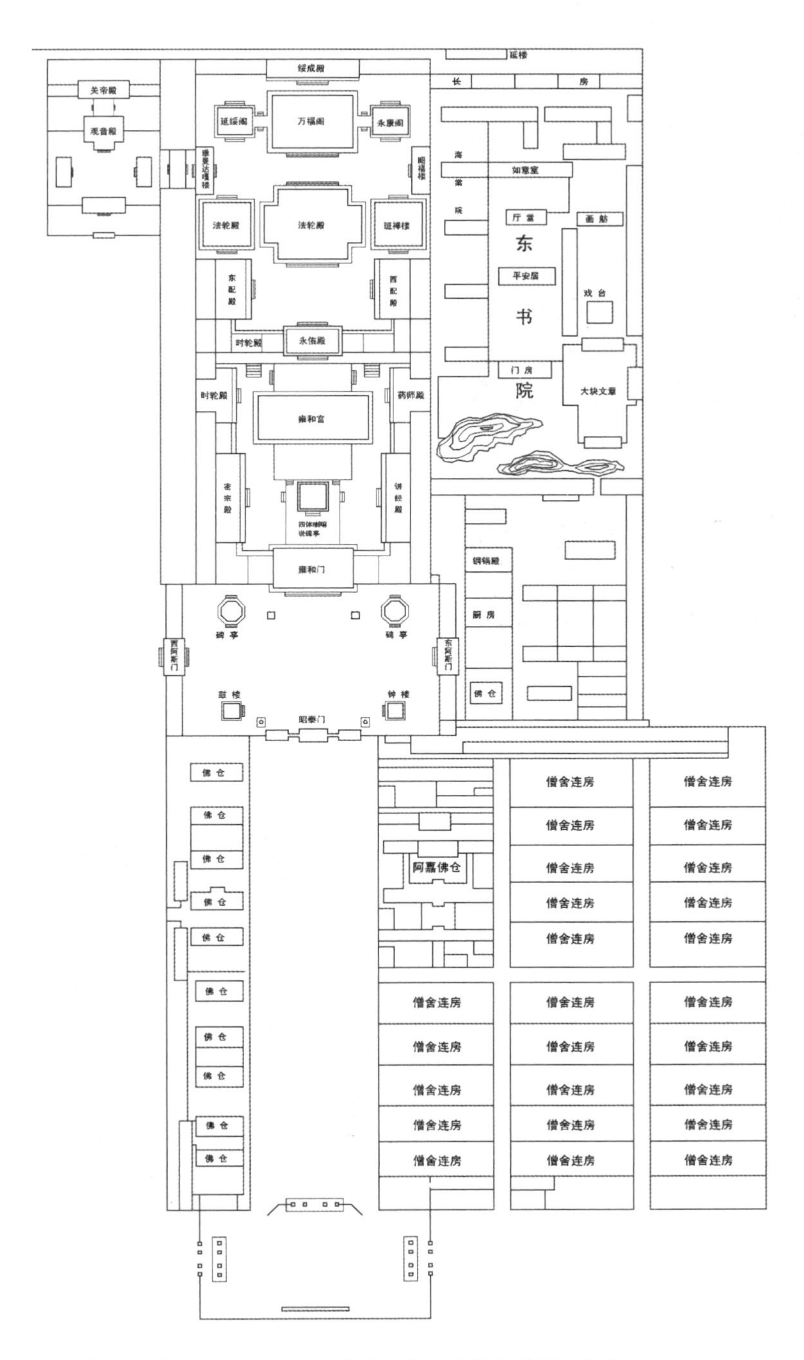

图43　乾隆时期雍和宫总平面图（引自雍和宫管理处展示资料）

图44　雍和宫鸟瞰图

（引自《藏传佛教古寺——雍和宫》）

开始，发生了一连串的宗教建筑的修建活动，如乾隆十五年改建雨华阁等（这些将在后文详述），说明这其中有相当一部分原因是乾隆帝个人对藏传佛教文化的钦慕。这一文化上的钦慕不仅有政治上安抚蒙古、稳固边疆的作用，也利于形成一种文化上的少数民族联盟，以对抗汉族文化的强大传统，从另一方面来加强满族统治者的少数民族统治。这是一个隐晦的原因，在“满汉一体”的政治口号之下，这是不能堂而皇之地公之于众的，但口号背后一定是相反的现实，现实的形成也一定有其必然的原因。满族本身的文化相当原始，且其原来就是一个人数相当少的民族，其文化张力自然也相当有限，但满族统治者又不甘心全然汉化而丧失民族独立性，此时结成一种文化上的少数民族联盟就具有了相当重要的现实意义。这样就能够解释为什么要将雍正帝的潜邸改建成一座藏传佛教寺庙，而不顾雍正帝本人的佛学爱好。关于这个原因在后文将充分地展开论述。

三、雍和宫的中路建筑

雍和宫作为藏传佛教寺庙的主体是中路建筑，依次排列在南北长400米的轴线上，前三进院落在同一标高上，自雍和门以北，每进院落逐次升高，迥异常例。乾隆时期的改建使其成为一座规模可观的寺庙，比较大的不同是在原宫门前增加了很长的前导空间，皇家建筑的气派油然而生。

图45　雍和宫八角碑亭（引自作者拍摄）

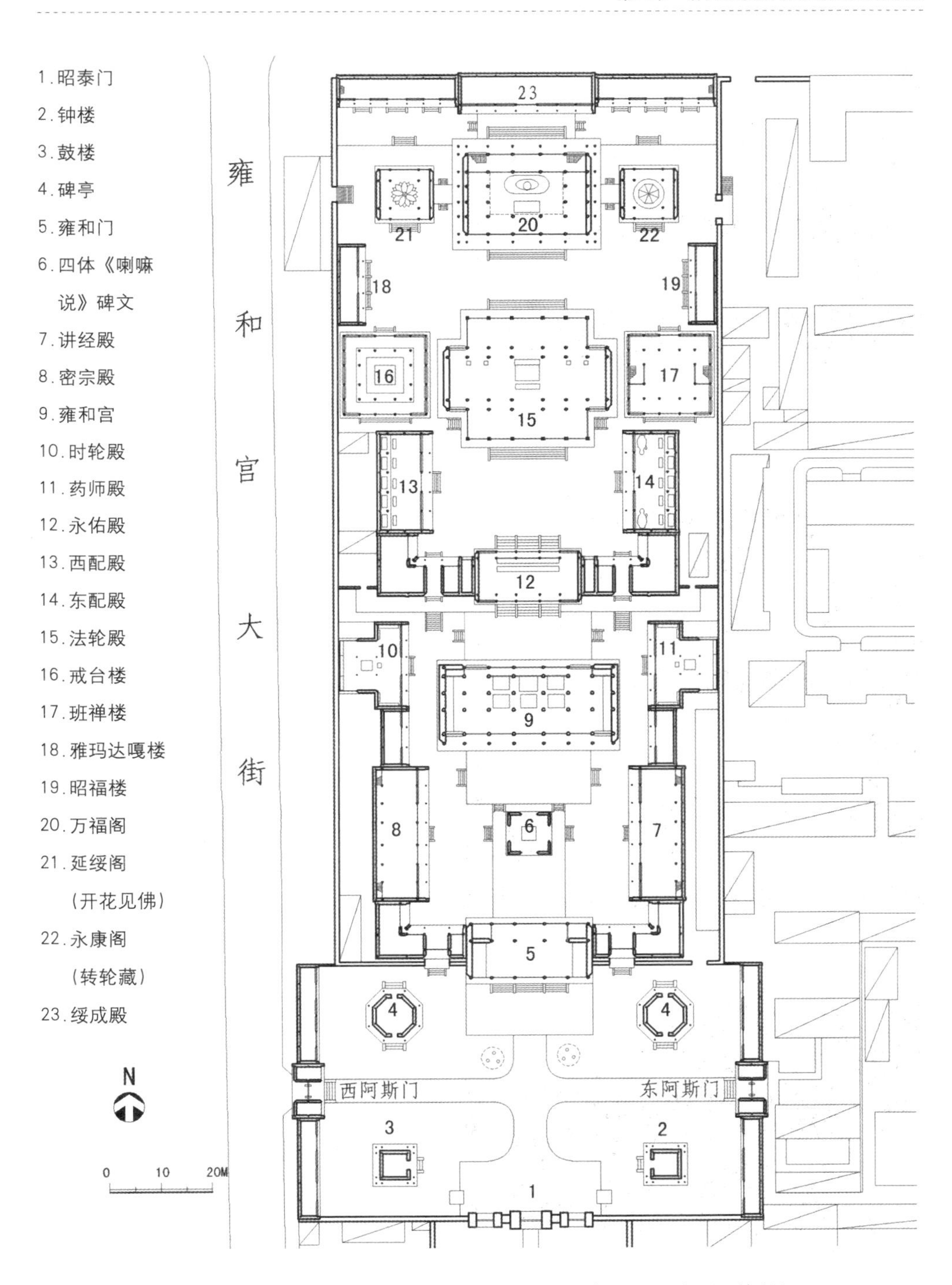

图46　雍和宫中路建筑现状平面详图（引自作者实地自测结合1：500地形图绘制）

图47　法轮殿屋顶造型（引自《雍和宫》）

图48　永康阁外景（引自作者拍摄）

图49　北望戒台楼（引自作者拍摄）

最南端的东西向长的宝坊院，南为朱红大影壁，东西各开一门，东西各立一个三间四柱七顶式的琉璃顶木牌坊，中座为三间四柱九顶，额题系乾隆御书。入宝坊行200米辇道至昭泰门，为歇山琉璃花门楼。入门则为雍和门殿院，东西立钟鼓楼、碑亭，北为雍和门。钟鼓楼为二层重檐歇山、外带游廊的东西向建筑。碑亭平面为八边形，重檐攒尖顶，围廊环绕。雍和门即为原宫门，五间歇山顶，板壁装修，门窗为莲瓣形，居中三启门，门钉用九九之数，彩画为旋子大点金，引入六字真言图案。

门后为雍和宫殿院，中为正方碑亭，四角砖壁，重檐攒尖，内即《喇嘛说》四体文碑。正殿为雍和宫殿，原为王府客厅，现相当于大雄宝殿，面阔七间，进深三间，前后有廊，单檐歇山，五启门，每间六抹槅扇，末间格窗，槛墙绿琉璃贴面，彩画为金龙和玺。殿内供三世佛，正中天花作蟠龙藻井。殿之东为讲经殿，西为密宗殿，均为七间前出廊，重楼硬山绿琉璃顶。两殿之北随山各有五间绿琉璃悬山建筑，面阔五间前出廊，带卷棚抱厦，为时轮殿和药师殿。雍和门两侧有廊庑相连，形成封闭院落。

大殿之后地势陡然上升，高差约2米，高台之上即为永佑殿，面阔五间后出暗廊，单檐歇山，旋子点金彩画，明次间槅扇，末间菱花槛窗，槛墙绿琉璃龟背锦贴面。室内有汉白玉须弥座，上供无量寿佛、药师如来和狮吼佛状金像。殿两侧随山建廊庑，东西有暖阁五间，暖阁中为穿堂。

出永佑殿，苍翠之中赫然即见造型独特的法轮殿。此殿的前身为亲王府的寝殿，当时只五开间，乾隆朝改建后，殿的平面呈十字形，主体为七开间单檐歇山，前后出五开间卷棚歇山抱厦，用五彩双昂斗拱。抱厦全部隔扇，主体末间槛窗。殿顶正脊中部和左右次间的屋顶前后坡上开设五座悬山顶的天窗，如坛城之制。天窗顶上安鎏金宝瓶，有藏式建筑的特点。殿内中间的天窗下是主供的6.1米高宗喀巴大师坐像，形式与功能的结合非常完美，来自顶部的光线使塑像更显高大。殿内另有班禅、达赖的讲经台和镇宫之宝《甘珠尔》《丹珠尔》。殿前有东西配殿，面阔五间前出廊，硬山灰瓦绿琉璃剪边。同法轮殿并立者有班禅楼和戒台楼，戒台楼面阔三间，进深五间，内有戒台三层象征三界；班禅楼面阔底层进深俱为五间，二层为三三之数，两座楼都是重檐歇山绿琉璃顶，无斗拱。戒台楼内有三层戒台，周以石栏，仿热河“广安寺”之台。

图50　万福阁仰视图（引自作者拍摄）

图51　昭福楼佛堂内景（引自《雍和宫》，中立者为释迦佛，两侧为阿难、迦叶）

法轮殿后，三座高阁比肩而立，飞廊相连，华美壮观。中为三重檐歇山顶的万福阁，面阔五间，进深五间，阁高三层。最高层檐下为单翘双昂七彩斗拱。首层明次间俱用槅扇六抹，末间格窗，两山砖墙，周以围廊。二层四面均以槅扇装修，游廊环绕。阁内巨大的汉白玉须弥座上弥勒立像神情恬淡安详，像以整根白檀巨木雕成，高18米，传为奇观。阁内另有唐卡无数，二三层壁龛供佛数以万计，是称万佛，因以音近，故赐名“万福阁”。阁东为永康阁，西称延绥阁，均为二层重檐歇山建筑，首层暗廊，二层前后出廊。阁前东西两厢，东为昭佛楼，西为雅曼达嘎楼。昭佛楼为乾隆帝生母钮钴禄氏专用的佛堂，明间和北间为二层通高的空间，主供释迦像，浑金装饰，夕照之下十分辉煌。阁之后则为绥成殿，系最后的护卫建筑，殿两侧各有前出廊的七间重楼，称顺山楼。

整座寺院，院落重重，地势渐次升高，一路走来，在古木苍翠之中，空间、建筑各异其趣，凛然有序，犹如气势恢宏之乐章，节奏渐行渐快，终奏重楼高阁之强音，确是传世佳构。在其最后也是地势最高的这层平台上，法轮殿居中，永佑殿、万福阁、戒台楼、班禅楼占据四正之位，法轮殿前东西配殿和延绥阁、永康阁又据四维之位，坛城之势显而易见，同法轮殿的造型和意趣相呼应，是匠心独运的华彩乐章，充分反映了乾隆时期的建筑艺术特点。尤其值得一提的是，这些主要建筑大多是宫改庙时期在原有地盘或建筑的基础上改建而成，受到了相当的约束，最后形成如此整饬而富有变化的空间格局，确实难能可贵。

四、雍和宫的东、西路建筑

雍和宫的东书院又名“雍和宫东花园”或“雍和宫行宫”，在雍亲王府时期为王府花园，乾隆帝就诞生在东书院的如意室中，因此清代后世帝王对此地也分外重视。雍正时期即把东书院当作去地坛行礼之后的歇脚之地，乾隆年间宫改庙之后，此处即为拈香礼佛之后的休憩场所，升格为行宫。

东书院的南北长度几乎同原雍王府相同，规模也不小，分为东、中、西三路。中路“门三间。入门为平安居，后有堂，堂后为如意室。室后正中南向，为书院正室，世宗御书额曰太和斋。斋之东，其南为画舫，南向，正室曰五福堂。斋之西为海棠院。北有长房，更后延楼一所。西为斗坛，坛东为佛楼，楼前有平台，东为佛堂”[①]。基本保持了原来王府时期的建筑格局，没有太大变化，其中不乏宗教建筑和空间，反映了雍正帝的宗教生活在未即位时已有固定的场所，并且这种宗教生活涉及面也很广泛。中路“如意室”东里间为王府时期的佛堂，对应的西里间为卧室，可见宗教同生活的结合是相当紧密的，且有较高的地位。由于乾隆帝降生于此，故如意室在乾隆之后成为乾隆帝的影堂。西路最后的一座楼房东西两侧各有三间宗教建筑，西为斗坛，这可能是宫廷中出现斗坛的先兆，雍正之前的清代帝王未见有类似的记载。东为供雍亲王的妻妾礼佛的佛堂，此处明显地可以感受到男女礼佛空间的区别，这种区别不仅在紫禁城中有，在王府中也存在，它反映了宗教建筑的等级区别，而且男主人同女眷显然不是使用同一宗教建筑，

①引自[清]吴长元著，《宸垣识略》，北京古籍出版社，1983年，第120页。

这里的宗教空间体现出了强烈的私有特性，这为我们理解宫廷之中的宗教空间序列的关系提供了很好的旁证，丰富了本课题研究的层次。可惜的是东书院建筑1900年被八国联军中的日本侵略者焚毁，现在已无实物可证了。

雍和宫西有三进院落的庙宇，“宫西后为关帝庙，前为观音殿，殿内恭悬御书额曰香林宝月。”[①]该庙民间又称老爷庙，“据称这老爷庙就是王府西北角墙外的和尚庙，名叫‘观音寺’。允禛把这座庙宇收买过来”[②]。如此则是雍王府时期扩充并入的，后来一直保留，关于当时为何并入此庙，并无确切的文字记载，其用途也无从可知，民间有其中隐藏了胤禛所结交的江湖僧道武师的说法，并说有地道与雍王府相通，神乎其神。果真如此的话，官书之中必然讳莫如深，如今只能是不得而知了。还有一种说法是这座庙是乾隆时期改建雍和宫为藏传佛教寺院时特意修建的，将关公作为雍和宫的总护法神，但主殿显然是观音殿，因此也不是十分确实的说法。

入庙山门，第一进院落的主殿是三间天王殿，殿左右有小角门，其后为五间大殿观音殿，又名菩萨殿，殿内供奉观音、文殊、普贤三大士。殿前东西各有三间配殿，殿左右又各有角门一座。如角门之后即为第三进院落，主殿是关帝殿，殿内有咸丰帝御笔题匾“武圣殿”。殿内正中供奉一尊关羽铜铸坐像。关公在隋朝时就成为佛教的护法神，而满族统治者在未入关时即已开始了对关公的崇奉，萨满祭祀中都有其神位。不管这座庙的来历究竟如何，关公作为雍和宫的护法神这个事实是可以确认的，这也是雍和宫作为藏传佛教寺庙比较特殊的一个地方。

第四节　其他

城内属于皇家系统而不在宫苑范围内的宗教建筑还有大高玄殿、大光明殿、福佑寺、玛哈噶拉庙等。大高玄殿、大光明殿是因明之旧，在上一章已有介绍明时情形，清代这两殿仍属内务府管辖，大高玄殿之禁卫森严一如前朝，而大光明殿已是可供民间参拜的了。大高玄殿于雍正八年、乾隆十一年两次修葺，但始阳斋、无上阁、象一宫等见于明代文字的建筑至清已无可考。[③]大光明殿于雍正十一年、乾隆三十八年两次重修，并在“太极殿两旁添建三星殿、三皇殿、慈佑

①[清]于敏中等编纂，《日下旧闻考》卷二十，北京古籍出版社，1985年，第269页。

②魏开肇著，《雍和宫漫录》，河南人民出版社，1985年，第67页。

③参见[清]于敏中等编纂，《日下旧闻考》卷四十一，北京古籍出版社，1985年，第639-640页。

殿、慈济殿，后有方丈三，亦皆本朝添建。有迤南为拜斗殿，本称寿明殿，乾隆三十九年修，殿基二重，高丈余，殿三楹，中奉斗姆，今其地亦称拜斗殿”。[1]

福佑寺是康熙帝年幼时避痘之所，相当于龙潜之地，辟为寺庙以示蠲洁，也是后来恩佑寺、恩慕寺、雍和宫等皇家寺庙的发端。福佑寺改建于雍正元年，在西华门北街之东，原为保姆护御之邸。“正殿奉圣祖仁皇帝大成功德佛牌，东案陈设御制文集，西设宝座。殿额曰慈容俨在。前殿额曰慧灯朗照。大门外有东西二坊，东曰佛光普照，曰圣德永垂，西曰泽流九有，曰慈育群生。皆世宗御书”[2]。而《癸巳文稿》中有载：“今西华门福佑寺，传为雨神庙，实梵宇也。后殿奉神牌，书‘圣祖仁皇帝大成功德佛’九字，背面书圣制五律一首。”[3]这些文字提供了较多的细节，皇家自奉康熙帝为佛，此为一例也，显然反映的是雍正帝的宗教观。

玛哈噶喇庙是康熙三十三年就多尔衮的睿亲王府改建而成，“乾隆四十年修，四十一年赐名普度寺。大殿额曰慈济殿，殿内额曰觉海慈航，皆皇上御书。寺内殿基高敞，去地丈余。国初为睿亲王府，相传即南城旧宫，后改今寺。作为黑护法佛殿，内藏铠甲弓矢，皆睿亲王旧物也”[4]。由于多尔衮在清史中的特殊地位，此处也是具有宫廷意味的所在。

由于明代在皇城之内的宗教建筑建设颇多，当时的皇城就是宫廷的扩展，但清代皇城已比较开放，贩夫走卒往来其间，宗教建筑多仍其旧，但其宫廷属性已难以度之，如弘仁寺“即明清馥殿旧基。康熙五年改建为寺，迎旃檀佛像居之”[5]，明时清馥殿为皇家所用，清时改寺所用经费显然也是内帑，但具体使用似非皇家独有，诸如此类本文暂且不论，留待未来更为深入的研究，方可以有更为精确的分类。

①[清]于敏中等编纂，《日下旧闻考》卷四十二，北京古籍出版社，1985年，第665-666页。
②[清]于敏中等编纂，《日下旧闻考》卷四十一，北京古籍出版社，第641页。
③转引自陈宗蕃编著，《燕都丛考》，北京古籍出版社，1991年，第429页。
④[清]于敏中等编纂，《日下旧闻考》卷四十，北京古籍出版社，1985年，第634页。
⑤[清]于敏中等编纂，《日下旧闻考》卷四十一，北京古籍出版社，1985年，第646页。

第四章　西郊三山五园中的宫廷宗教建筑 >>

第一节　圆明三园

圆明三园的形成有个历史的过程，其中最早成为皇家御园的是圆明园。而圆明园的建设早在雍正帝即位之前就已开始，那时圆明园只是属于王府花园，对宗教建筑的研究来说，这种区别是有影响的。同时，在乾隆时期，圆明园得到继续兴建，增加了不少内容，甚至在建筑风格上也发生了变化。随后长春园、绮春园相继称为皇家园林，三园的格局基本形成。即使在这种大体格局形成之后，圆明园内的个别景区在历朝还有不少变化，从目前掌握的资料看，年代分层要做到非常清楚也不可能，但是对宗教建筑的研究来说，重视不同帝王的这种区别正是一条重要的线索。好在变化较大的区域集中在朝寝区，因为同帝王的生活关系紧密联系，宗教建筑所在的景区往往变化不大，因此本文在叙述圆明园的宗教建筑时采用时间的线索，而非常用的空间位置的线索。同时由于宗教内容的混杂，也不以宗教属性作为类目的线索。尤其在雍正时期，由于雍正帝的宗教思想就是三教调和，体现在宗教建筑上就是同一景区内甚至同一建筑内三教内容混杂，以宗教属性来区分显得很牵强。这是本章节在内容安排上需要说明的几点。

一、雍正时期

雍正时期是圆明园的初创期，这一时期细分的话，包括即位前的王府花园时期和即位后的皇家御园时期。不同时期应该是有所区别的，尤其在建筑或景点的立意上会反映出来。王府花园时期，即康熙四十八年建园开始，这段时间正是康熙帝的诸皇子夺嫡之争最为激烈的时期，而胤禛的策略是韬光养晦，起码在面上要做出一丝超脱的姿态，因此园林建设正是一个可以表明心迹的手段，这在某些景点的匾额之中还能找到痕迹。这一时期显然也应当有宗教建筑的建设，因为在亲王府都有宗教建筑，在园林之中更是不可或缺，况且宗教建筑在表明其与世无争这一点上无疑具有更为直接的作用。宗教建筑中本人判断慈云普护、日天琳宇、天神坛很可能成于这一时期。一则位于后湖一带，从时间上考虑是最早的一批；二则从建筑的内容看佛道杂置，立意并非完全从某一门宗教出发，且园林化的倾向明显，而没有其他附属功能。尤其

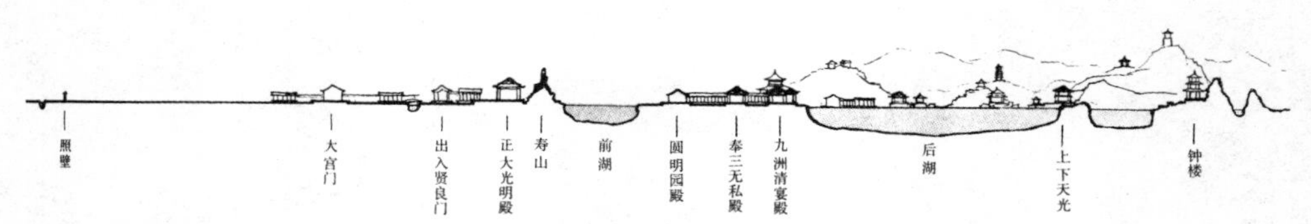

图52　圆明园中轴线纵剖面示意图（引自《圆明园园林艺术》）

是慈云普护的钟楼位于轴线上，反映了在王府花园时期圆明园也是有轴线处理的，雍正帝即位后的扩建应是顺应了原来的布局特点，而没有大动筋骨。

而雍正即位之后，圆明园成为离宫型皇家御园，担负起了第二政治中心的功能，则其立意自然也要发生变化。儒家经典中脱化出来的一套修齐治平思想成为这一时期园林立意的主流，九州清晏、勤政亲贤、廓然大公、澡身浴德、多稼如云等都是这方面的典型例子。宗教建筑中比较可以肯定的是舍卫城建于皇家御园时期，它的功能显然超越了原来王府花园所能具有的功能。广育宫、刘猛将军庙等，本人也判断是这一时期所为。理由一则是广育宫的位置在福海南岸，当是圆明园扩充后的产物；二则从命名上看，以宫作名，显然已是皇家建筑，“广育”两字也是如此。刘猛将军庙同蝗灾有密切联系，雍正二年确有蝗灾发生。但是更为精确的分期现在看来也是很困难的，因为史料有限，往往是通过间接证据的推理。所以对于这一分期的看法只略述如上，希望对将来研究这一题目的人辨正识伪有所启发。

(一) 王府花园时期

这一时期的宗教建筑主要有慈云普护、日天琳宇、天神坛等。

慈云普护这一景点在圆明园的总体布局中占据了相当重要的位置，其中的钟楼位于九州清晏轴线的终点，是一组景观的收梢。而这根轴线无疑是九州景区一个控制性的元素。这样的布局总是有些言外之意的，从命名到其中的供奉内容，也充分体现了这一立意。

“碧桐书院之西为慈云普护，前殿南临后湖三楹，为欢喜佛场。其北楼宇三楹，有慈云普护额，上奉观音大士，下祀关圣帝君，东偏为龙王殿，祀圆明园昭福龙王。”①所供的这些神灵都是保护神，在胤禛的宗教建筑建设中，这种护佑的主题一再出现，是其一个特点，残酷的政治斗争是一方面，个人的宗教信仰也是一方面。

慈云普护的布局相当园林化，这个群组中没有轴线，建筑物的布置跟随地形的走势，宗教内容也是体现着一个“散”的特点，或观音、或龙王、或关帝、或佛场，看似随意地布置在不同的建筑之中。但正所谓形散而神不散，内容是经过选择的，形式也并非随机，前面的建筑都刻意地偏居一隅，而使钟楼了无阻隔地出现在主轴线上，不仅成为整个景点的重点，也是整个景区的关键所在。钟楼本身倒无宗教内容，显然是受了西方文化的影响，这也是园林中喜欢展示奇巧的一个习惯，即追求点儿趣味。而龙王有封号，可能是雍正帝即位后的事情了。“其旁为道士庐”则说明有道士居于园中，想必这在建院之初就是如此了，而不会是太监道

①[清]鄂尔泰、张廷玉等编纂，《日下旧闻考》卷八十，北京古籍出版社，1985年，第1339页。

士。整个景点的建筑风格也毫无宗教气息，同其他景点的建筑一样，比较朴拙，从四十景图上看，欢喜佛场的南面还搭出了凉棚，显然这是一处追求园林生活情致大于宗教氛围的场所。

日天琳宇的建筑格局相当特殊，“汇芳书院之南为日天琳宇，西前楼下之正宇也。其制有中前楼、中后楼，上下各七楹，有西前楼、西后楼，上下各七楹。前后楼间穿堂各三楹，中前楼南有天桥，与楼相属。天桥东南重檐八方者为灯亭，西前楼前为东转角楼，又西稍南为西转角楼，中前楼之东垣内八方亭为楞严坛。”前后两排为联立的七间楼房，共计十四间，前后楼还有穿堂、飞桥相连，“其规制皆仿雍和宫

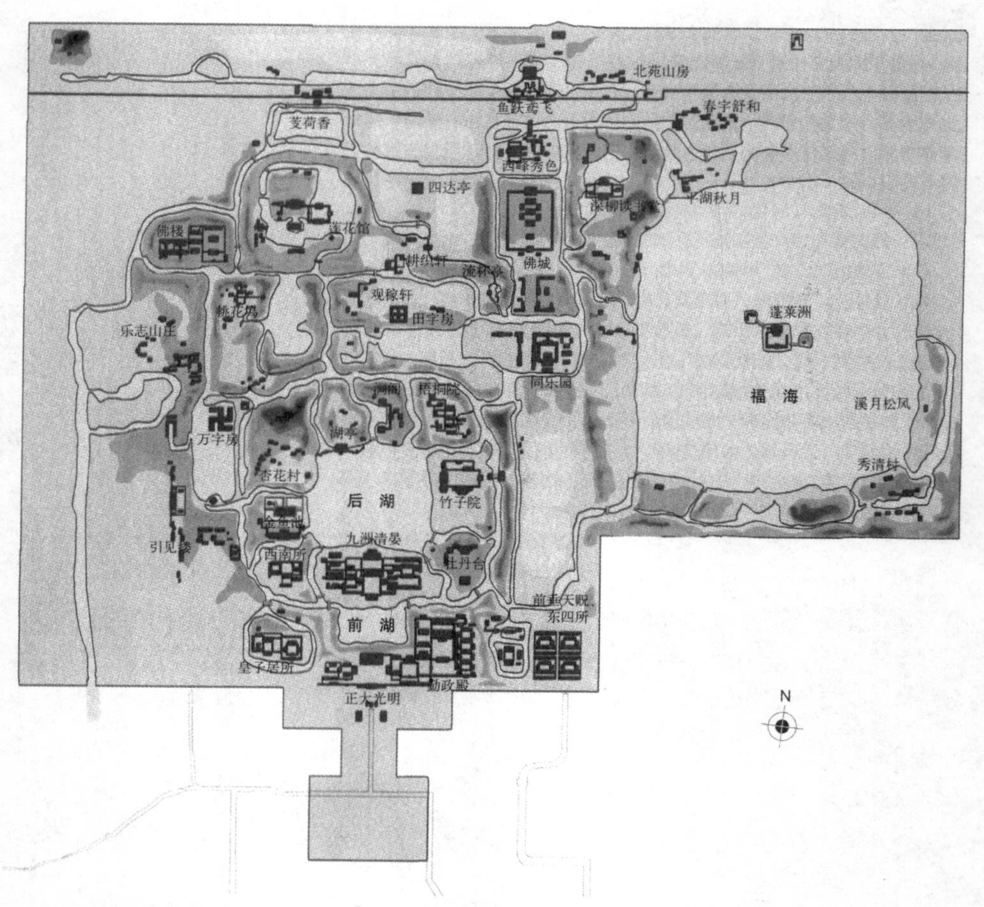

图53　雍正时期圆明园平面示意图（引自《中国古典园林史》）

图54　慈云普护四十景图（引自《圆明园图咏》）

后佛楼式”[1]，目前还无法确知这种布局的用意何在，似也是在营造一种繁盛的理想国景象，从“日天琳宇”的命名和“极乐世界”的题额上看有这层意思。对于用建筑的手法表现神仙境界来说，除了华丽的装饰之外，建筑的密集程度也是一个重要手段。联系到雍正所建设的田字房、万方安和等建筑，都是把建筑纵横穿联，从手法上来说是一致的，这可能也是雍正帝对建筑的一种理解，不拘于常情，追求一些变化，并且不是通过简单的装饰，而是在结构布局上做文

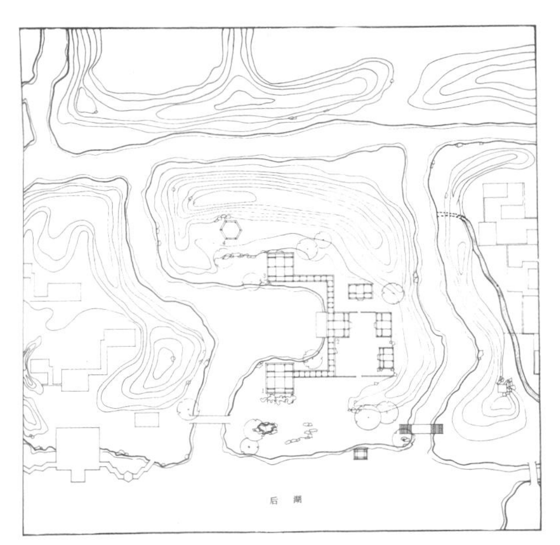

图55　慈云普护平面示意图（引自《圆明园园林艺术》）

①[清]鄂尔泰、张廷玉等编纂，《日下旧闻考》卷八十一，北京古籍出版社，1985年，第1355页。

图56　日天琳宇四十景图（引自《圆明园图咏》）

章。这些特点同雍正帝在政治上的改革措施和书法造诣都有共通之处，十分契合。其建筑风格亦如慈云普护，灰瓦卷棚，雍和宫的后佛楼是形式朴素的建筑，在总体布局中处于配楼的角色，不是建筑个性张扬的建筑。日天琳宇虽然从命名上看应该比较热闹，但总体氛围仍是控制在一个比较闲适的范围内，这是雍正时期圆明园建筑的一个特点。

相比乾隆时期所营造的神仙境界来说，这里显得相当落寞。但其中的神灵们并不寂寞，**“中前楼上奉关帝……西前楼上奉玉皇大帝……此外凡楼宇上下皆供佛像及诸神位。”**[①]从内容上说也是颇为热闹的神仙世界，西南角上还有太岁坛，加上乾隆时期在东侧加建的瑞应宫，其中供奉的是各路龙王，这里的内容真当得“庞杂”二字。在宫史之中，此处也称大佛楼，

①[清]鄂尔泰、张廷玉等编纂，《日下旧闻考》卷八十一，北京古籍出版社，1985年，第1355页。

乾隆的御制诗中也说“**修修释子，渺渺禅栖，踏著门庭，即此是普贤愿海**”。[①]似是佛门圣地，实际上这里的主供神灵是关帝与玉皇，在雍正时期是个普遍现象，也是一个特点。

（二）皇家御园时期

从这一时期开始，圆明园具有了皇家气息，而本课题的研究重点也在这之后的宗教建筑的建设及其建筑特点。这一时期的宗教建筑比较重要的有舍卫城、广育宫、关帝庙和刘猛将军庙。作为皇家园林中的宗教建筑，其考虑的立意就具有了更为广泛的意义，眼界不是盯着个人的喜好，而是要为整个宫廷、皇族，甚至普天下之人有所用心，这应该也是帝王比较自然的举动和变化，而不完全是一种刻意的姿态。

广育宫在福海南岸，福海景区是雍正年间扩建入圆明园的，从位置判断应该属于这一时期，附属于夹镜鸣琴景点。倚靠小山而建，宫在山上，颇有一点儿灵秀之气，只是没有四十景图上所画那么夸张的山势。宫中

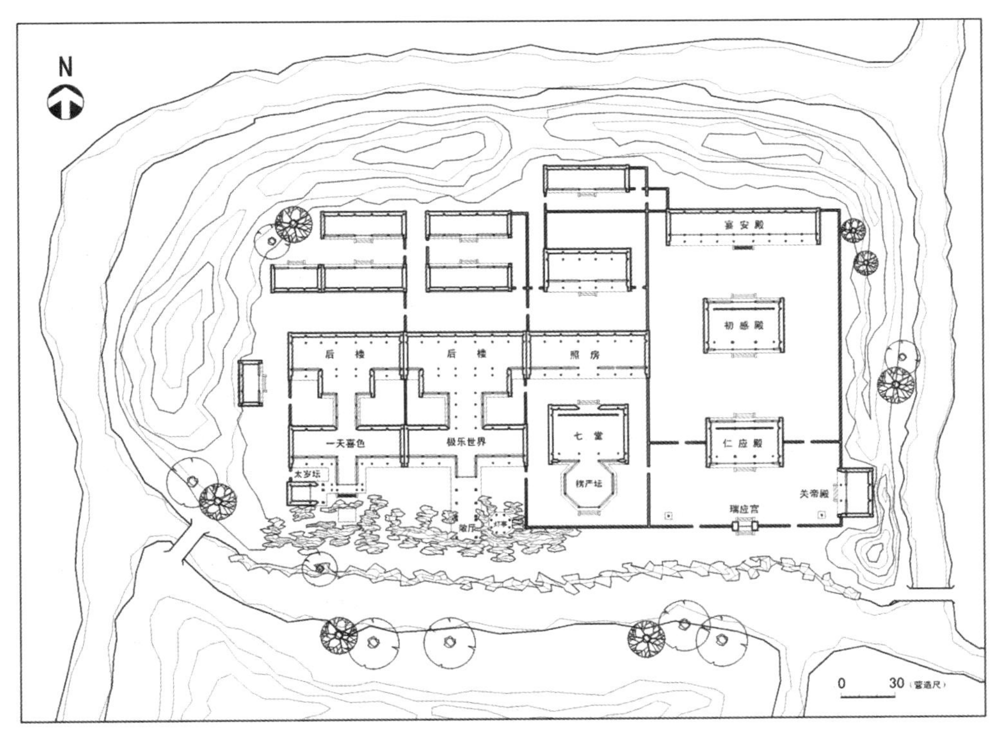

图57　日天琳宇平面图（摹自国家图书馆馆藏雷氏样式房档案）

①乾隆九年御制日天琳宇诗，引自[清]鄂尔泰、张廷玉等编纂，《日下旧闻考》卷八十一，北京古籍出版社，1985年，第1355页。

所奉为碧霞元君，碧霞元君之祀在明代即已大盛，北京有五顶之说，永定门外元君祠为南顶，东直门外为北顶等，民间每月朔望士女云集为盛事。“俗传四月八日娘娘降生。妇人难子者宜以是日乞灵。”[①]园中供奉也是此意，供女眷们一游，而祈愿皇族多子多孙。其中有移自雍和宫原观音殿的娃娃山，“原来的娃娃山是一座满布观音殿后檐墙的大木雕，山的正中是银胎点翠的紫竹林。林中石台上供奉着一座观世音坐像，山上山下遍布裸体儿童偶像。改建万福阁时，把娃娃山拆下，大部分移往圆明园的‘广育宫’”。[②]这应当是乾隆十五年左右的事，从娃娃山的迁移可以确知广育宫的目的也是多求子孙的。从命名到其中的供奉和装饰都是围绕这一主题，皇家和民间在此是一致的，只不过皇家万

图58　夹镜鸣琴四十景图（引自《圆明园图咏》）

①[明]《宛署杂记》卷十七。

②魏开肇著，《雍和宫漫录》，河南人民出版社，1985年，第54-55页。

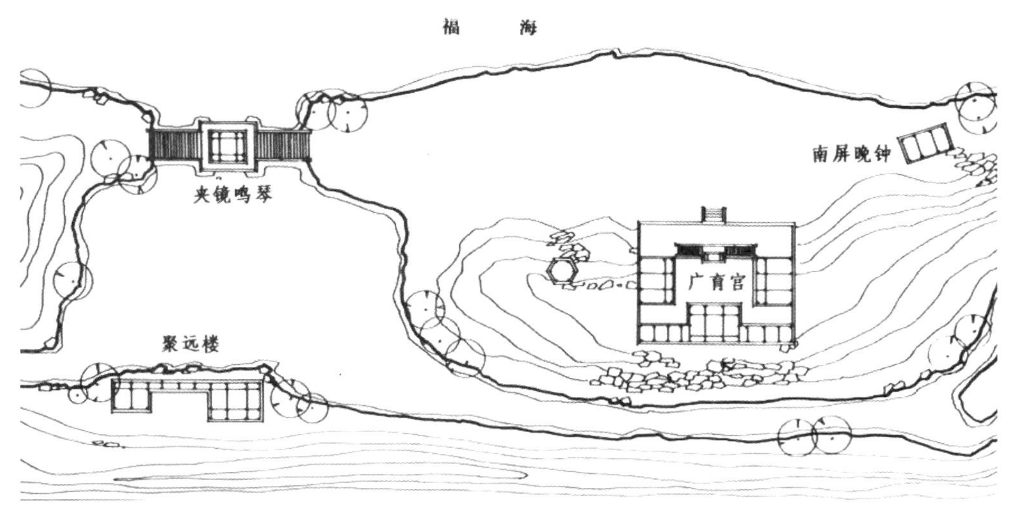

图59　夹镜鸣琴总平面图（引自《圆明园园林艺术》）

事自备，求个方便。

刘猛将军庙在月地云居之西，只是一座建筑，规模很小。始建年代没有交代，一般建刘猛将军庙都同治蝗有关，刘猛将军以克蝗虫扬威而成为神灵。哪里有蝗灾哪里就有刘猛将军庙。《宸垣识略》载：“**刘猛将军祠在府治。相传神明承忠，吴州人。元末官指挥有功，后殉节投河，民祀之。本朝雍正二年敕建。**”[①]不妨视其为一条线索，据《清史稿·灾异志》载：“**雍正元年四月，铜陵、无为蝗，乐安、临朐大旱蝗，江浦、高淳旱蝗，栖霞、临朐蝗。……**”[②]受灾面积较大，则建庙时间很可能就是雍正二年，蝗灾事先无法预见，事后建庙是比较自然的举动。清代帝王大多以勤政为务，重视天道，凡有灾必祈报，有蝗灾而兴庙是符合雍正帝的为君之道的。建筑的具体形象已不可考。

前垂天贶中设圣人堂，显然也是成为皇家御园之后的事。这同上书房设圣人牌位的性质是一样的，只有在成为御园之后才会有皇子学堂这一功能，只有在有了学堂之后，才会相应地设置圣人堂。另外关帝庙设于北远山村，应该是配合整个景点的建设，以关帝的供奉来说，园中不止一处，单独建祠以示崇奉倒也未必。况偏居一隅，建筑也很小，应该不是这个用意，也可能就是出于对山村的模仿，村中设关帝庙也是十分自然且

①[清]吴长元著，《宸垣识略》，第113页。

②《清史稿》卷四十，《志十五·灾异志一》，北京，中华书局，1977年，第1512页。

生动的设计。宗教在那个时代早已渗透到社会的各个阶层、生活的各个角落，皇家文化是脱离不开社会的整体环境的，并且往往集中地、典型地反映了当时的民间文化。关帝庙如此，广育宫祀碧霞元君也是如此。

雍正御园时期的建设中还有一些附属于景点的局部的宗教建筑或空间，最典型的当然是九州清晏中的佛堂，这个位置类似于紫禁城中的后宫，应是属于正寝的位置。在紫禁城中雍正帝以养心殿为正寝，所以在养心殿前东西配殿皆为佛堂，两相比较可见此已为当时定制。虽然从平面格局看保和殿与太和殿同养心殿类似，但就功能而言，实则是正寝和勤政空间在圆明园中分离了，紫禁城中由于是利用原有建筑所改，故养心殿是合勤政与正寝为一体了，这是两者之间的区别。结合圆明园中的情况，可以更为明确地看到佛堂同正寝空间之间这种紧密的联系，而同勤政空间并无关联。

舍卫城是这一时期也是整个圆明园中规模最大的一组宗教建筑，具有鲜明的特点，从属于四十景之一的坐石临流景点。从它的功能和规模不难

图60 坐石临流四十景图（引自《圆明园图咏》）

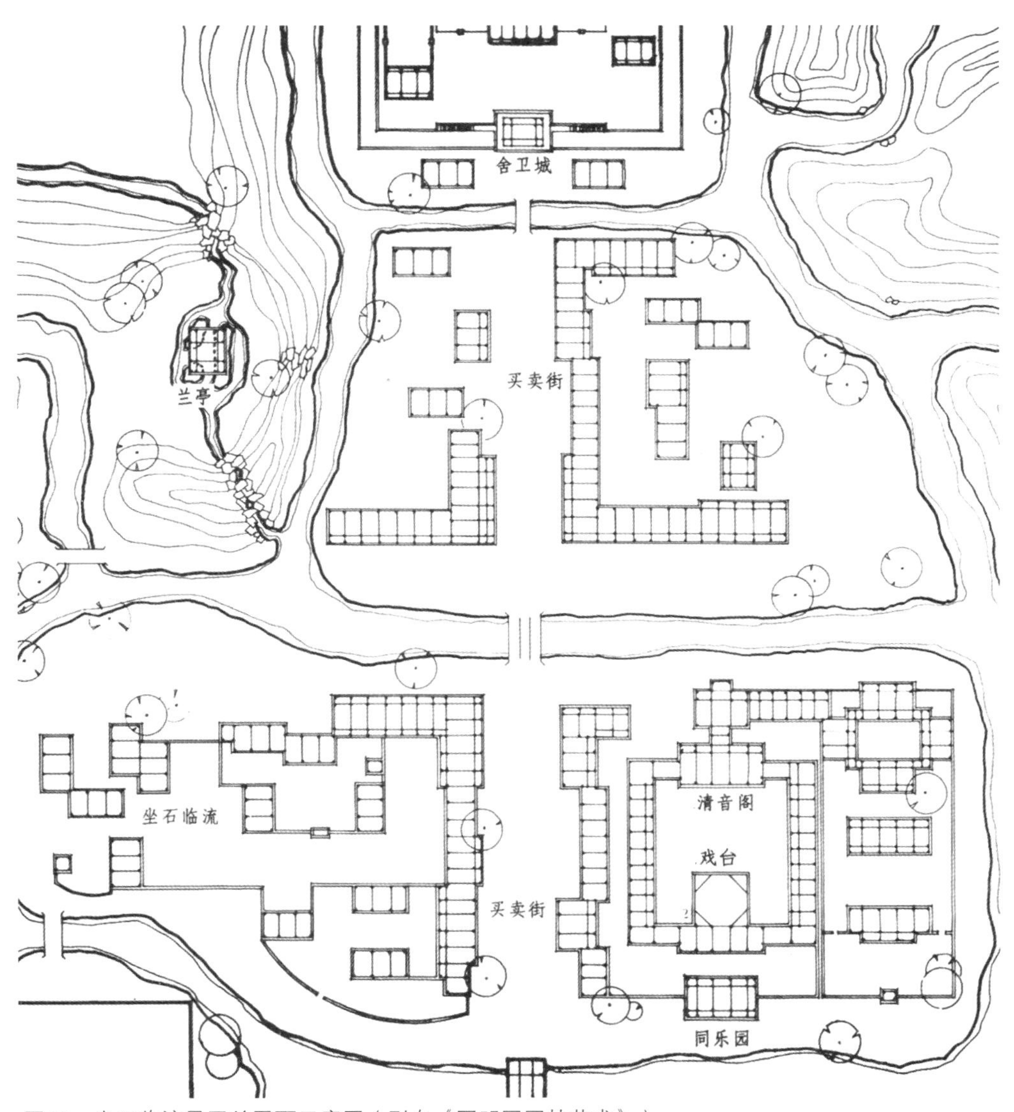

图61　坐石临流景区总平面示意图（引自《圆明园园林艺术》）

看出，只有在成为皇家御园之后才有可能建造这样一组建筑。

有人认为“它是仿照古印度的舍卫城建造的”[1]，从名字上看很容易有这样的联想。其实舍卫城是佛教历史上的重要地点，相当于一个圣地，释迦牟尼曾在此宣扬

①见张驭寰《圆明园里的舍卫城》，载《圆明园学术论文集》第五集，第110页。

教义，传授佛法四十八年之久[1]。因此，舍卫城之名也就有了超越地名的意义，成为一个象征。从其实际建造的手法和效果看，很难让人有仿照古印度建筑的联想。所以我以为舍卫城之名并不代表它的设计思路是要仿照某一物，而只是一个有典故的名称作为佛国的象征，正如西藏小招寺前廊上方门额上书“舍卫古刹”一样[2]，舍卫并非其建筑形制的来源，而是其宗教精神的渊源。如果从佛国的角度来理解舍卫城这个名称，倒是同其中收藏有大量的佛像这一事实有所契合。

关于它最生动的描述来自一位西方的传教士王致诚：“有一条路从皇帝的寝宫直通到园林中部的一座小城池。城的每一边有四分之一公里长，四边都有城门、塔楼，有带箭垛子和胸墙的城墙。城里有街道、广场、寺庙、店铺、衙门和宫殿，甚至还有一个码头。一句话，凡是你在都城里能见到的东西，都能在这里见到一个小一号的……可能你会问这些东西都是干什么用的，其主要目的是为皇帝创造一个喧闹的都市生活的缩影，有时皇帝需要了解一下都市生活。”[3]王致诚还接着描写了太监如何扮演社会上的各色人等，甚至争吵、斗殴和小偷都没有被忽略，皇帝、太后沉醉在以真实生活为基础的模拟世俗社会生活之中。对比别的材料来看，王致诚的描写不无夸大和不准确之处。首先，城的平面形状没有交代，而每边有四分之一公里长也过大了；其次，四边都有城门同实际的地形环境也不相容；最后，城里的内容也没有这么多。王致诚作为一名传教士、宫廷画师获准进入园中作画，但其行动路线是有限制的，从其描述的情形看很可能他并没有进入过舍卫城，而只是道听途说。但他的文字的确很生动，给我们带来了中国古籍中所没有的氛围，从这点看还是很有价值的。

事实上，王致诚描写的很多内容应该是在舍卫城前的买卖街上，买卖街这一形式并非圆明园独有，在它之前之后都有类似的场所存在于宫廷之中。《金鳌退食笔记》记载：“玉熙宫在西安门里街北，金鳌玉蝀桥之西，明世宗嘉靖四十年十一月辛亥，万寿宫灾，暂御玉熙宫。神宗时，选近侍三百余名，御玉熙宫学习宫戏。岁时陛座，则承应之，各有院本，如盛世新声、雍熙乐府、词林摘艳等词。又有玉娥儿词，京师人尚能歌之，名御制四锦。他如‘过锦’之戏，约有百回，每回十余人不拘，浓淡相间，雅俗并陈。又如杂剧古事之类，各有引旗一对，鼓吹送上。所扮备极世间骗局俗态，并拙妇呆男，及市

①金刚经开篇即是“如是我闻，一时佛在舍卫国。”

②见宿白《藏传佛教寺院考古》，第23页。

③[瑞典]奥斯瓦德·喜仑著，韩宝山译，《圆明园》，载《圆明园学术论文集》第五集，第213页。

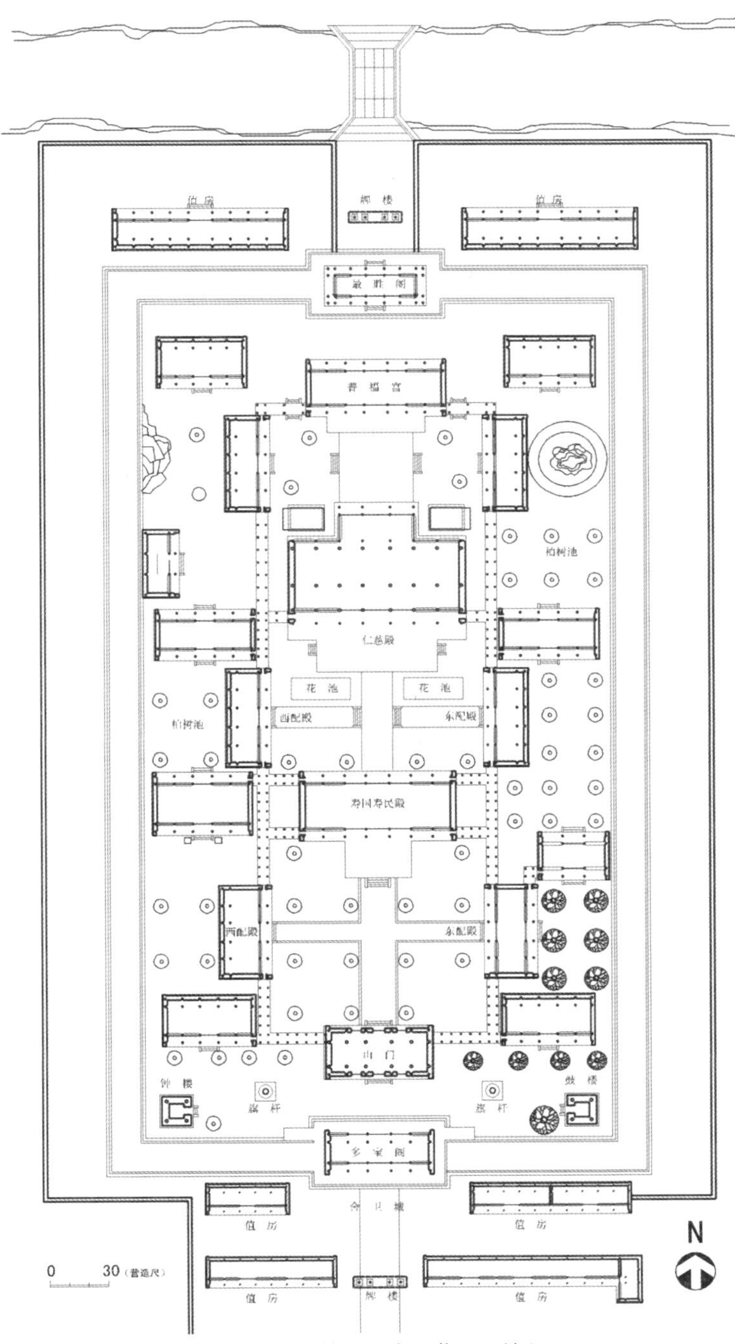

图62　舍卫城平面图（引自刘敦桢所引金勋藏图所绘）

井商贾、刁赖词讼、杂耍诸项。盖欲深宫九重之中，广识见，博聪明，顺天时，恤民隐也。”[①]这还是宫中的戏剧表演，所谓广识见、恤民隐等只是一个说辞，娱乐当是主要目的。后来国势衰微，明愍帝崇祯罢幸此处，倒是顺天时之举。不过这也从侧面反映了深宫之中尽享尊荣背后的寂寥，而市井生活一派热闹之下的艰辛，在局外人看来真是最好的戏剧材料。民间戏剧的主要题材是帝王将相、才子佳人，同宫中之戏恰成对比，是对美学理论中审美距离的绝好注释。

最早有买卖街形式的可能是畅春园，“二宫门外出西穿堂门为买卖街，……买卖街建于河之南岸，略仿市廛景物。”[②]其详情在后文有：“集凤轩后河桥为闸口门，闸口北设随墙，小西北门一带构延楼，自西至东北角上下共八十有四楹。西楼为天馥斋，内建崇基中立坊，自东转角楼，再至东面，楼共九十有六楹。中楼为雅玩斋、天馥斋，东为紫云堂。”[③]从这段文字看，此街似为单面街，曲折的平面可能是为了切合地形中蜿蜒的水道。买卖街进入宫廷也可看作是商业文化比较发达的一个标志。买卖街这一形式肯定在宫廷生活上起到了积极作用，也比较有效果，因此乾隆帝在长春园中也布置了一处，到了清漪园又有苏州街，热衷此道，乐此不疲。

从买卖街的空间效果和气势而言，舍卫城前的买卖街因为有舍卫城作为背景，无疑是最为生动的。舍卫城东西宽90米，南北长140米[④]。这已是规模可观的一组建筑群了，尤其加上城墙耸立，体量又不同于一般的建筑群组了，从模仿街市的角度讲，清代无出其右者。因为商业本身就是一种城市化的产物，只有园林背景而无城市背景，显然在气氛上是有差距的。

整个舍卫城的内部分为三路，总体上有些模仿紫禁城的影子，中路有围廊相连成为城中之城，南北城门之上有城门楼，南曰多宝阁，北曰最胜阁。南北城门外各有一排楼。“多宝阁祀关帝，额曰至神大勇，寿国寿民殿额曰心月妙相，仁慈殿额曰具足圆成，普福宫额曰瑞应优昙，最胜阁坊额曰乾闼持轮，曰祇林垂鬘，皆御书。”[①]入城门之后，左右有钟

①转引自陈宗蕃编著，《燕都丛考》，第439页。

②[清]于敏中等编纂，《日下旧闻考》第二册，北京古籍出版社，1985年，第1279页。省略号前为引《畅春园册》文，后为按语。

③[清]于敏中等编纂，《日下旧闻考》，北京古籍出版社，1985年，第1285页。

④此数据来源于张驭寰著，《圆明园里的舍卫城》，载于中国圆明园学会主编，《圆明园学术论文集》第五集，中国建筑工业出版社，1992年，第111页。此数字为作者测量遗址所得，本人曾描摹一遍平面，按照廊步为四尺推算，城的规模同遗址所得颇为相近。

鼓楼，中为山门，山门以北都有围廊相连，分划出中路一区。入山门则见主殿寿国寿民殿，殿在整个城池的几何中心上，殿前有东西配殿，形成其中最大的一进院落。殿后为仁慈殿，北面出抱厦，仁慈殿后为普福宫。普福宫是中路最后一座建筑，过了此宫，即见城北门。东西两路有一些殿房和配套的后勤用房。东路有行宫和慧福殿，殿后叠石与绿树相配，形成一座小小的景观庭院。城中建筑普遍尺度不大，空间比较整齐，建筑较为密集，这可能是从模仿城市景观的角度出发所刻意经营的地方。从建筑的内容和命名看，整个舍卫城是围绕着一个主题思想展开建设的，这就是主殿殿名寿国寿民所反映的护国佑民思想，多宝阁中奉祀关帝显然是配合这一思想，这在皇家宗教建筑中是较为多见的，以此为名目建寺设庙，显示出帝王胸怀天下，非只思一己之娱乐，尽管最终可能只是一个幌子。从使用来说，舍卫城的一大功能是收藏佛像，每年太后的生日，全国的达官贵人自会进贡佛像及珍宝等物，为太后祝寿，这个模拟的小城正好成为收贮这些礼品佛像最为合适的地方。由此可见，太后的宗教生活一来是为大家所熟知，二来也是一个传统。经年之下，其中的藏品之多是可以想见的，简直就相当于一个博物馆，因此这里也是帝王礼佛的好去处。地理位置方面，舍卫城紧邻同乐园，而同乐园是圆明园中的一个娱乐中心，所以舍卫城也是被光顾频率较高的宗教场所。

总体来看，舍卫城的最大功能还是为买卖街提供了一个较为真实的背景，成为宫廷生活中饶有趣味的一个异数。尽管舍卫城以收藏佛像众多而在院中称冠，但比起城关造型这样的特点来说，无疑其宗教方面的特点已不是最突出的了。并且在详细地看完了其中的内容之后，无论从建筑形式还是从平面格局，甚至建筑所供奉的内容来看，都没有能让人联想到印度城市的地方，所以模仿印度舍卫城一说，显然是望文生义的主观臆测，毫无根据，并且不了解“舍卫”早已成为佛家典故，以圣城解之，方可不诬。令人惊讶的是佛国圣地这一意念同市井生活结合在了一起，并以此来博君王一笑，所谓亦正亦邪，如果以禅宗的思想来理解自然可以轻易化解，可能这就是雍正帝禅宗修为的一种体现吧，似乎在清代帝王中，只有他能如此地处理，其气魄同乾隆帝以建筑体量和装饰华美来表现皇家气势的做法不同，但其中包含的气度别有一种凛然的气势。到了嘉庆年间，嘉庆帝下谕旨停止这里的买卖街设摊叫卖，体现了嘉庆帝致力勤政，不以娱乐为怀

①[清]于敏中等编纂，《日下旧闻考》卷八十二，北京古籍出版社，1985年，第1377页。文中所提匾额同金勋先生所绘舍卫城平面图中所标注的有所不同，不知是否后来匾额有挪移。但从内容上看，应当还是此段文字中所述匾额与殿名之间较为相合。

的政治理想，但气局见小已是一目了然。当然其中还有经济、时局等多方面的原因，国势转衰在建筑的使用上也能得到反映。

二、乾隆时期

乾隆时期是圆明三园定型的阶段，大规模的建设在这之后就没有了。乾隆帝先是增建了部分景点，继而经营长春园，最后并入绮春园，形成三园格局，同时这一时期的建筑数量也相当可观。乾隆帝好大喜功的个性在建筑上也表露无遗，更为重视建筑本身的空间和形式，建筑格局趋向严整，体现在宗教建筑上尤为明显，且不论安佑宫这一园中形制等级最高的建筑，即如月地云居、方壶胜境等莫不如此，就是谈不上规模的法慧寺、宝相寺，也是完整的院落布局，由此也可知帝王本身的审美趣味在当时的建设活动中具有极为重要的影响，即一个皇帝一个特点。

（一）安佑宫

安佑宫位于圆明园的西北角，为家庙性质，从乾隆的碑记和御制诗中都可以明确这一点。其名为原庙之制，关于这一点，乾隆多有解释。在《御制安佑宫碑文》[①]中写道："设裳衣以如其生，朔有酌而望有献，尽事亲之礼，抒不匮乏之思者，原庙之制，西汉以来始有之。……然汉之原庙不过月出衣冠一游耳。至宋之时乃有神与之名，盖奉安列朝御容所也。上元结灯楼，寒食设秋千，其视汉为已备矣。二崇建遍郡国，奉祀或禅院，识者多议其非礼焉。"清代帝王虽为异族，然其对儒教礼制的重视程度远甚于之前，从上文也可以看出乾隆颇有正典之义，以汉之礼为陋，宋之制太滥，唯其之制为适也。立庙有先例可循，建筑形制却无定规，此处安佑宫是"恭仿寿皇殿之制"。实际上，雍正帝所建奉祀顺治、康熙的寿皇殿相当简陋，只有三间。现在的寿皇殿倒是仿安佑宫的形式在乾隆年间再建的。因此，此处所谓恭仿，应是仿建庙这一举动，而非模仿建筑形式。安佑宫实际仿的是太庙。

不过乾隆建安佑宫不仅是为了延续汉以来的原庙之制，更重要的还是为了纪念康熙、雍正两位先祖，所以其中所奉御容在乾隆时只有康熙和雍正，此又非寻常家庙之定规也。碑文记述："我皇祖圣祖仁皇帝在位六十余年，恩泽旁覃，僻邑穷谷圆顶方趾之众饮其德而不自知，子孙臣庶躬被教育者宜其讴歌慨慕而无已思也。是以雍正元年我皇考世宗宪皇帝谨就大内寿皇殿奉安御容，朔望瞻礼，牲新时荐，而于皇祖所幸畅春园亦陈荐如礼，非轻为创举也。我皇祖有非常之泽及天下，是以皇考合天下之情亦以非常之礼报之。"其对康熙崇敬之情跃然。安佑宫更多地反映了乾隆对康熙的仰慕和崇敬，此举绝非雍正所思。所以才会出现安佑宫偏处一隅，而规制备极，与圆明园总体氛围截然

①[清]于敏中等编纂，《日下旧闻考》卷八十一，北京古籍出版社，1985年。

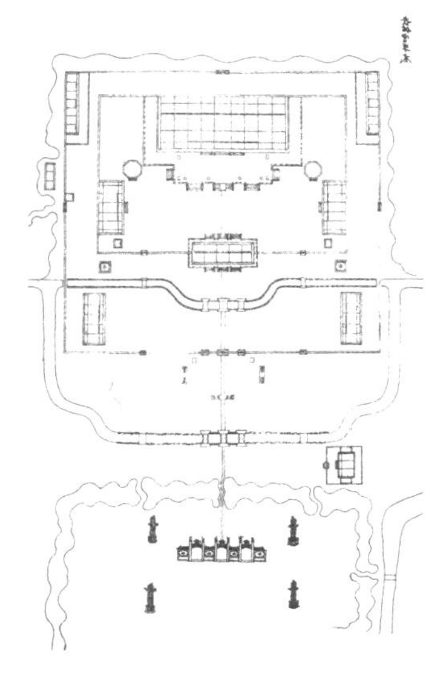

图63　鸿慈永祜四十景图（引自《圆明园图咏》）

不同，较为生硬。这也引出了下面档案中出现的一个矛盾。

张恩荫在《圆明园兴建史》中说，安佑宫为年代最确切的建筑，因为乾隆在碑文中有云“鸠工于乾隆庚申，而蒇事于癸亥”，在是篇前的按语中说“安佑宫建自乾隆七年”，大致相当。引出矛盾的是下面活计档中一则乾隆二年二月十一日（油漆作）记事：

首领夏安来说，宫殿监督领侍苏培盛交御笔：“安佑宫”绢字一张，“清净地”绢字一张，“妙证无生”绢字一张，“大觉真源”绢字一张，“莲花法藏”绢字一张，“戒定慧”绢字一张，“妙群生”绢字一张，传旨：着将“安佑宫”做斗九龙边铜镀金匾一面，“清净地”做石匾，其余俱做九龙边铜镀金字。钦此。

于本年十二月二十日，柏唐阿方六十五将做得九龙边铜镀金字“安佑宫”等匾六面，“清净地”匾一面，送赴圆明园安佑宫悬挂讫。

杨乃济在辑《圆明园大事记》时显然看到了这条档案，简单地说了一句，认为可能是改建或分期建设。窃以为分期建设的可能性很小，一则本身规模有限，鸠工于五年蒇事于八年，时间足矣。二则若是分期为之，文献一般会有涉及，总会有蛛丝马迹可寻。从上述档案看，安佑宫同清净地（即月地云居）之间关系紧密，在何重义和曾昭奋所著的《圆明园园林艺术》一书中，分析两者的轴线是贯通的，如此则清净地作为安佑宫的空间序列的前导，气势自然又不相同，并且这种手法在乾隆帝的建筑语言中出现的可能性是非常大的。从雍正时期的建设情况来看，安佑宫用地似不可能毫无建设，改建的可能性很大，安佑宫此建筑名可能早有，但具体为何内容不得而知[①]。张恩荫先生在《圆明大观话盛衰》一书中又有一说：“**乾隆皇帝弘历即位后，准备把皇家祖祠建在圆明园里。当时园内正好建成一处寺庙建筑群清净地，弘历就把雍正皇帝‘御容’供奉在这里，并总其名为安佑宫。但不久弘历又觉得这处寺庙群不适宜用作家庙，就决定‘循寿皇之例’，在清净地西北新建一座安佑宫。**”[②]未注出处，但这种情况不无可能，暂存一说。不过乾隆帝为何觉得不合适并未能给出解释，本人认为安佑宫的建设是一种象征，家庙出现在此处进一步加强了圆明园作为离宫御园的政治地位，宗法祭祀同国家政治之间总是有着紧密的联系，无论是国家范畴还是皇家范畴，甚而在民间也是如此。

有意思的是在《穿戴档》中，首先乾隆并没有每月的朔望都去荐新；其次是用“拜佛”一词，其活动混同于去别的宗教建筑的活动，这是文字的疏漏还是这种类型的家庙本身就不同于太庙之纯粹呢？从《内务府奏销档》中一则关于燃料的规定中发现每月朔望安佑宫有喇嘛念经，其用木柴、黑炭等也有定量[③]。可见“拜佛”一词显非疏漏，尽管安佑宫形制级别高，排场大，但其中的活动却并非那么的合于礼制，喇嘛念经之举同民间的佛事极为类似，也是情理之中，显然太庙具有了超越皇帝家室的国家意义，其礼仪需要更为严肃的规范，而安佑宫作为家庙就没有那么严格了，更多地反映的是皇帝个人的意愿。帝王用自己认为虔敬的方式向祖先表达孝思，从而达到标榜以孝治天下的政治用心。同时这一行为也表明了佛教在这里是为儒教的思想服务的，可资对比的是元代祭祀五岳、四渎有道士参与助祭。“**在这里，不是国家去祭祀道教的神灵，而是道士承担了国家祭祀的任务。**”[④]这些都反映了当时三教之间的关系，儒教显然居于正统的统治地位，而佛道是作为其补充而存在的。严格地说，佛道的确没有独立的宗教地位。

（二）月地云居

月地云居又名清净地，在安佑宫之南，乾隆二年已经完成，是否在

①笑然《圆明园遗闻》一文中说安佑宫建于雍正初年，然并没有指出出处，并且没有提到乾隆的兴建活动，似不足为凭。安佑宫的档案中出现的矛盾，也不排除哪一条目的记载出现了错误的可能性，一切都有待更多的证据来说话（笑然文载《圆明园资料集》）。

②张恩荫著，《圆明大观话盛衰》，紫禁城出版社，1998年，第116页。

③中国第一历史档案馆编，《圆明园》上编，上海古籍出版社，1991年，第86页。

④李申著，《中国儒教史》下编，上海人民出版社，2000年，第559页。

雍正时期已有建设呢？这点目前不得而知。但从其建筑特点看，应该是属于乾隆时期的特点。首先其规制较为严整，虽无寺庙之名，但格局宛然。其正中大殿采用都罡法式，有模仿藏传佛教建筑的意思，这也是雍正时期所未见的。下面将就本人所做的复原研究来介绍建筑的详情，需要说明的是，本文提供的平面图是作者根据国家图书馆馆藏的样式雷档案所作，样式雷档案同四十景图之间存在不少差异，或是由于后来改建，或是四十景图有所忽略，档案图中的标引较为详细，应该相对更可靠一些。

主体院落中间是发券的山门一座，两旁各有一处便门。进门左右为三开间带周围廊步的二层钟鼓楼，但墙封在外檐，歇山顶。楼的尺度很小，明间不过九尺，次间只有六尺。同汉传佛教寺庙不同，这里没有天王殿，直接面对的就是都罡殿，又同藏传佛教

图64　月地云居四十景图（引自《圆明园图咏》）

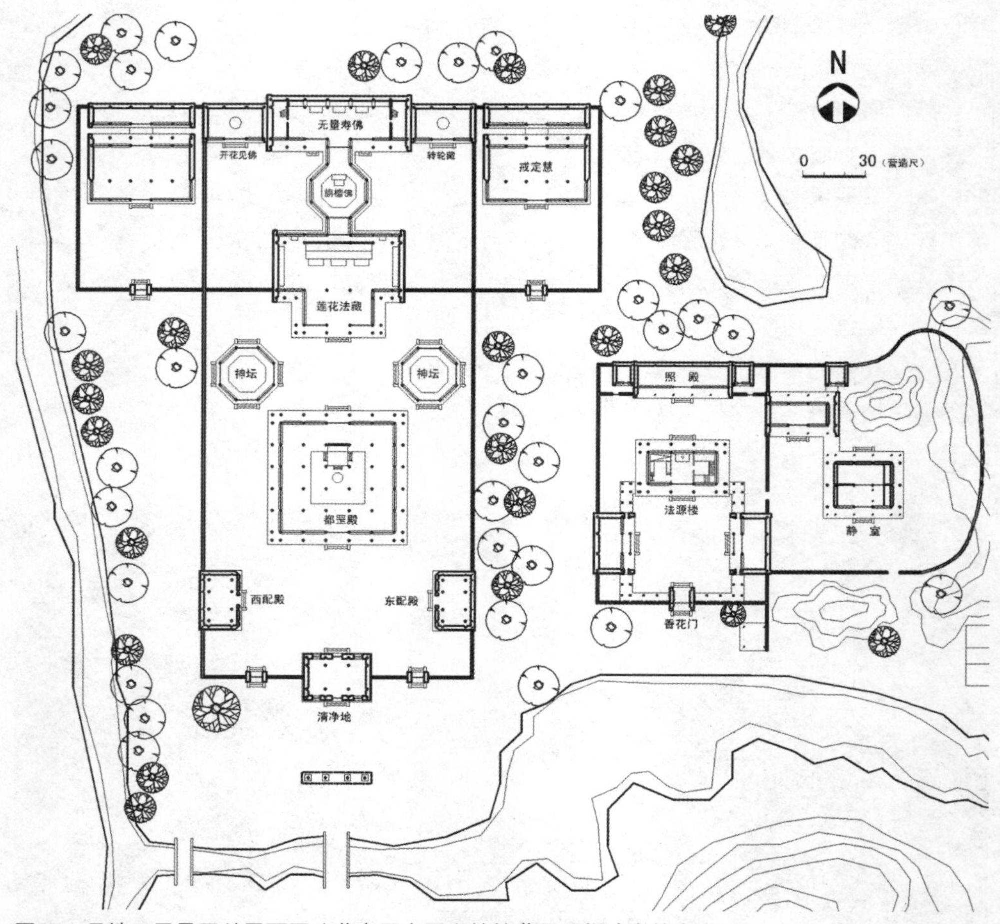

图65　月地云居景区总平面图（摹自国家图书馆馆藏雷氏样式房档案）

寺院不同，此殿没有僧人聚集念经的空间，而是在中间立台，台上布置亭式龛，龛后又在建供台，三面出台阶，上奉主供的释迦牟尼像。此殿的屋顶形式是重檐攒尖顶，出高窗，其匾额是“妙证无声”。殿后左右各有一重檐的八角亭式殿，殿内各供有藏传佛教佛像，立在八角形的台座上，佛像的尺度应也会高过一丈。过亭殿，正中为莲花法藏殿，此殿硬山五开间带围廊，前出三间悬山抱厦带围廊，只有前面和抱厦留出了外廊，其余各处墙都封在外檐柱。抱厦两侧为槛窗，中为三间槅扇，入殿正中三间供奉三世佛，两端利用步廊布置罗汉像，两末间分别供奉弥勒佛和长寿佛。此殿两边都有围墙（墙上无门），过此殿即为后院。

莲花法藏殿同后佛楼之间有穿堂相连，中间又有一八角殿。穿堂和八角殿都作槛窗，殿内起台，台上供奉旃檀佛。后佛楼为七开间硬山二层楼，前后有步廊，前出廊，两末间为楼梯间。殿中三间都供无量寿佛，佛的东西次间为藏经阁。后佛楼两侧各有耳房三间，东耳房在明间设置了转轮藏，西耳房为开花见佛。这最后一部分的组合同雍和宫的万福楼、永康阁、延绥阁的组合十分相似，不同的只是建筑的尺度和形式，从建设的年代来说，此处更早，这应该也是乾隆帝所钟爱的一种布局形式。

同后院并列，东西各有一座格局相同偏院，有独立的院门，东院同后院有小门相通，西院不通。从形式看可能是僧房，建筑比较简单，前为五开间硬山房带五开间抱厦，后为进深八尺五的后照房，开间同前房一致，两房檐柱之间距离不过七尺。何重义、曾昭奋合著的《圆明园园林艺术》一书中的平面图将此处画为一座进深很大的连卷勾连搭建筑，他们的平面图存在的问题是不明出处，可能参照的是四十景图，但尺度不准，都罡殿后的八角殿明显过小，后佛楼和莲花法藏之间没有建筑，莲花法藏所示平面在内容的布置上不尽合理，都罡殿四面开门显然依据的是汉式方形建筑的习惯，而没有考虑到这座建筑的具体用途。同样的情况还出现在东邻别院的平面图中，根据样式雷档案所显示的建筑内容比较合理，应更为接近实际。

整个景点分为两组建筑，一组是严整的轴线对称、寺庙格局的院落，一组是较为园林化的别院。从功能上分析，这座别院是供僧人日常居住所用，其中也包含了皇帝临幸时的休息场所，这里的布局相对要自由一些，但以发源楼为主体的院落仍是规整的合院，其东部跨院蜿蜒的围墙将周边一部分小山坡也包在院内，建筑同山形的走势配合，进退有致。法源楼在四十景图中为单层，样式雷图档中此处为二层，并且在二层平面中标示了床的位置，从这些情况看，法源楼很可能是乾隆帝来清净地礼佛后休息的场所，东跨院的园林景致显然也不是为僧人所准备的。

月地云居这一组建筑从两个方面可以看到其公共性不强。一是建筑的尺度不大，正殿的明间开间不过一丈二三尺，小的建筑甚至不足一丈，同普通的居住建筑无异，甚至还略小。二是这里的交通流线不畅，由前院进入后院只能通过建筑的室内，并只有在后佛楼的中间两次间设门通向后院。同时，只有东偏院有门可通后院，而东西两偏院虽然建筑完全相同，但东院有匾额“戒定慧”，西院则无，同设门的情况联系在一起，可以判断此处不是疏漏，应是这两座建筑的使用情况不同，包括其中的人员都有分别。这样的空间布置很明显地让人感受到这个空间的私有性，相当隐秘。将这个问题展开可以看到，虽然此处格局严整，且空间层层叠进，宛若寺庙，但同民间寺庙相比，其配置不全，杂糅了汉寺同黄庙的建筑，没有天王殿，但都罡殿也不是僧众聚集的场所，同时在流线的控制上进一步限制其公共性，使得这里从形象上同寺庙类似，但无论其使用还是空间的氛围都突出的是一种私有性，配合较小的建筑尺度，此处充分体现了一般宫廷宗教建筑的空间特性，同民间的寺庙有很大不同。

（三）长春园中的宗教建筑

长春园中的宗教建筑主要有法慧寺及其多宝琉璃塔、宝相寺和含经堂—淳化轩一区中的局部空间，如佛堂、梵香楼等。法慧寺、宝相寺这样的宗教建筑，虽有寺庙之名，但体量规模都不是很大，其意图似为山水园林之点缀，而无特别之良苦用心。至于含经堂—淳化轩一区中的宗教建筑和空间则是属于生活空间的附属，这一区在总的建设意图上来说类似于紫禁城中的宁寿宫，为禅位退政之后的养老场所。实际上这个目的并没有实现，但从建设的原始动机看，确实如此。因此这些空间的特性也就同九州清晏一区中的类似空间相同了，不同的地方在于梵香楼的建设，九州清晏中并无此类建筑，这也是雍正和乾隆两个时期的区别，后者在藏传佛教内容上的喜好和建设在有清一代是独一无二的。梵香楼为六品佛楼模式的又一实例，是乾隆朝独创的一种模式。

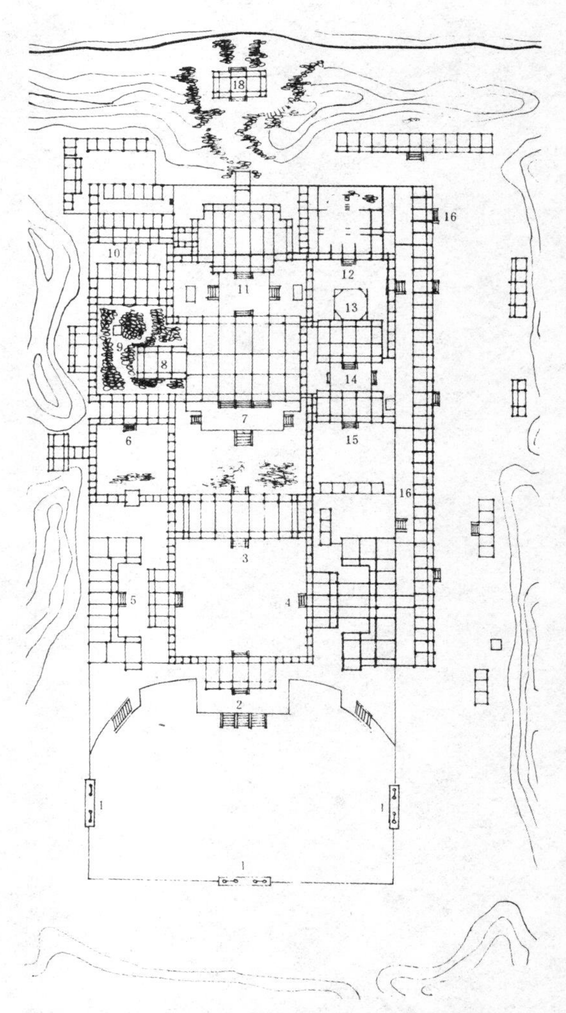

图66　含经堂一区总平面示意（引自《圆明园园林艺术》）

法慧寺、宝相寺毗邻而居，宝相寺在东，法慧寺在西。两寺在海岳开襟之东，西洋楼景区之南，背依小山，面临绿水，“**内为四面延楼，后殿为光明性海，其西别院有琉璃方塔。法慧寺东为宝相寺，山门南向，内为澄光阁，后为昙霏阁，又后崇**

基上有殿为现大圆镜”[①]。从国家图书馆馆藏的样式雷图看，具体的格局是中间一路都是五开间的三座殿房，开间尺寸前后一致。最南面的应为山门，但签注为“福佑大千”，正殿签注为“法慧寺”，两殿之间有廊庑相连，形成四面围合的院落。正殿与后殿在明间有两间廊房相连，形成工字殿的平面格局。寺之西，当小径有一间小门一座，签注为普香界。此图的标注同常识大相径庭，未必正确。赵光华先生的《长春园及园林花木之一些资料》中介绍的情况可能更为合理，最前为山门殿，殿额为“敕建法慧寺”，正殿为福佑大千，后殿为普香界[②]。后殿之西有两卷勾连搭的三开间小房，自成一小院，为静娱书屋。书屋之西为方形塔院，建在高台之上，四周有围廊，中央即是八面七层的多宝琉璃塔。乾隆帝为之专门撰文《多宝塔颂》，刻碑立于塔前。乾隆时期类似的琉璃多宝塔的建设共有五座，此是其中最高的一座，其余四座分别在清漪园花承阁、玉泉山西面的大庙、香山昭庙和承德的须弥福寿庙。法慧寺的多宝琉璃塔从形式来说是其中最为华丽秀美的一座，上三层为圆形平面，每层檐各用不同颜色的瓦，自上而下为蓝、黄、绿。其下开始为八角形平面，檐层所用瓦仍

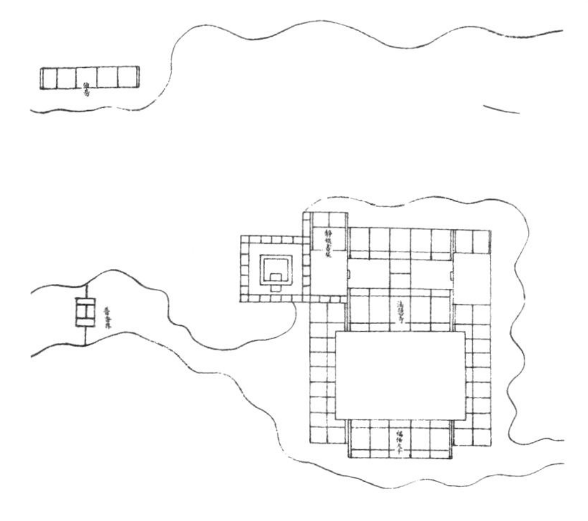

图67　法慧寺平面图（引自国家图书馆藏图）

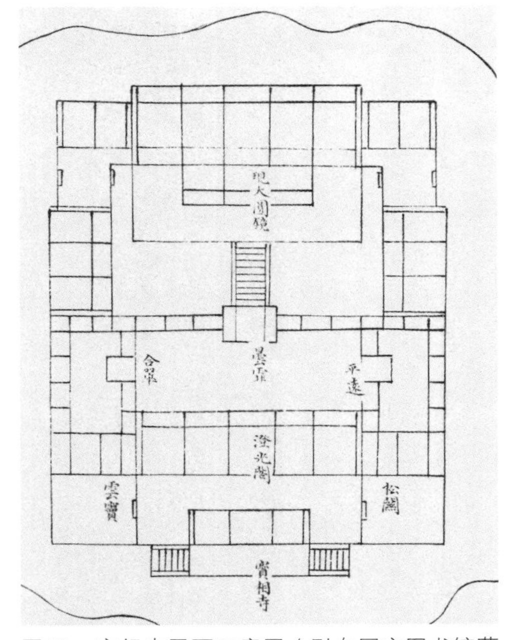

图68　宝相寺平面示意图（引自国家图书馆藏图）

①[清]于敏中等编纂，《日下旧闻考》卷八十三，第三册，北京古籍出版社，1985年，第1385页。

②参见王道成主编，方玉萍副主编，《圆明园——历史·现状·论争》上卷，北京出版社，1999年，第253页。

是每层不同，间用五彩斗科。最下层为四边形平面，立于大理石须弥座上，周以汉白玉围栏。塔身上有“千佛瑞相”，则此塔从体型的变化到细部装饰，无不体现了精巧繁复的特点。

法慧寺之东为宝相寺，南低北高，紧凑的四进院落随地形逐渐升高，虽然规模不大，但空间层次并不单调。山门即已抬起，入门后正对澄光阁，五开间，内奉玉皇上帝，阁后为院，北又一小阁，三开间，名为昙霏阁。昙霏阁相当于二门，内有青龙、白虎、朱雀、玄武四方门神将。出阁即为台阶，陡然升起一平台，台上是正殿“现大圆镜”，五开间，南面中出三间抱厦，内奉三大士，骑狮、象、犼，则此三大士应是文殊、观音、普贤。此寺格局殊异常理，重楼在前，正殿在后，其中内容也是佛道兼有。但就地势而论，正殿在后无疑具有了最为有利的地形，气势巍然，当是十分合宜的选择。

乾隆时期在长春园中最为重要的建设无疑是含经堂一区，因为此地是乾隆帝准备归政后当太上皇时所用，其地位类似于紫禁城中的宁寿宫。对于热衷藏传佛教修炼的乾隆帝来说，其中的宗教建筑建设是必不可少的。紧邻起居空间的佛堂同别处相同，特别的是含经堂前的梵香楼同味腴书屋分列东西相对，这个格局为此处仅见。梵香楼属于六品佛楼模式，但有一些变形，南北折出三间，形成总共十三间的曲尺形平面。中

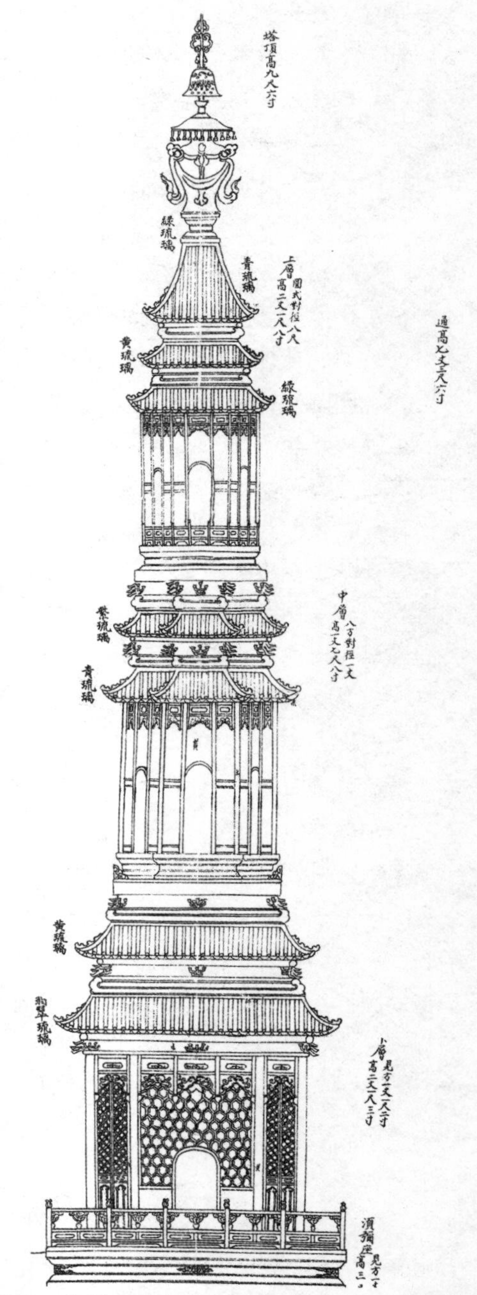

图69　法慧寺多宝琉璃塔（引自国家图书馆藏图）

间东西向的七间仍是典型的六品佛楼模式，明间单独设供，其余六间每间布置一品上下两层贯通的立体坛城，详情可参见前文慈宁宫花园中宝相楼及宁寿宫花园中梵华楼的情况，与其大致相同。从几处六品佛楼在总体布局中的位置看，各不相同，应该没有特殊的要求。

（四）正觉寺及满族喇嘛寺院

正觉寺并不是一处引人注目的宗教建筑，但也是乾隆时期的作品，至晚成于乾隆三十八年。位于万春园的南面边界，可能就是因为这个比较偏僻的位置使得正觉寺在英法联军的暴行中得以幸免，成为圆明三园唯一保存得较好的建筑，成为研究当时情况的不可多得的第一手资料。

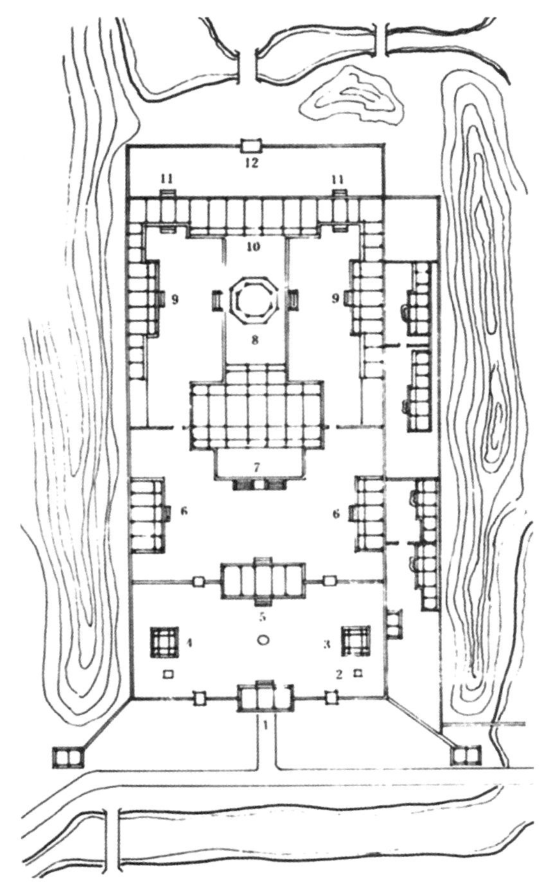

1.寺门　2.旗杆　3.钟楼　4.鼓楼　5.天王殿　6.五佛殿　7.三圣殿　8.文殊阁　9.六大金刚　10.最上楼　11.穿堂　12.后门

图70　正觉寺总平面示意图（引自《圆明园园林艺术》）

正觉寺在当时宗教生活中的特殊之处在于它是一座满族喇嘛寺院。满族喇嘛寺院是乾隆帝首创，在北京、承德建立的藏传佛教寺院，喇嘛由满族人担任，念满文经典。有以下十二座：宝谛寺、正觉寺、宝相寺、功德寺、常龄寺、方圆庙、梵香寺、实胜寺、大报恩延寿寺、东陵隆福寺、西陵永福寺、承德殊像寺①。

这些满族喇嘛寺院是皇室御用寺庙，佛事活动的开销全由内务府负责②。满族喇嘛寺的住持为达喇嘛，地位不高，待遇与太监差不多，喇嘛多为满族下层人士。其职责从内务府的则例中可知为就近

①参见王家鹏著，《乾隆与满族喇嘛寺院——兼论满族宗教信仰的演变》，载《故宫博物院院刊》1995年第1期，紫禁城出版社。

②《内务府奏销档》中载有宝谛寺进行佛事活动所使用的用品清单，可知其经费来源是内务府。

的宫廷宗教建筑或空间念经：“**乾隆三十八年十月奏请新建正觉寺安设喇嘛住持焚修，奉旨著由香山宝谛寺拨达喇嘛一名、小喇嘛四十名，即于此内委署副达喇嘛两名，住持焚修念经，即著伊等就近前往在含经堂、梵香楼每月初一、十五、初八、十三、三十日念经五次。钦此。**”[①]有趣的是这则条例中反映出正觉寺的喇嘛只为长春园中的宗教建筑服务，而未涉及圆明园中的宗教建筑，其原因可能是由于圆明园的宗教建筑创建较早，其中已有喇嘛居住，如月地云居、慈云普护、舍卫城等都有相应的居住空间，因此不必再有喇嘛前往。反之可知，长春园中的这两处宗教建筑平时并无僧人居住。但长春园中有法慧寺、宝相寺两寺，为何不就近安排其中的僧人为梵香楼和含经堂佛堂服务呢?或许这两寺本身为山水之点缀，僧人无多；或许一定要用满族喇嘛念经，别有深意。

即使不考虑具体使用时的深意，也要探究乾隆帝创建满族喇嘛寺院的原因。清王朝出于政治需要崇奉藏传佛教，修建了众多喇嘛寺院，琳宫梵刹遍布京城、承德、内外蒙古。这些寺院由理藩院直接管理，其中较大较重要的寺院如弘仁寺、阐福寺、西黄寺、普宁寺、普度寺、正觉寺、宝谛寺等，京城32座，承德6座，实际上总数远不止此。这些寺的修建目的主要有几个：一是“**绥靖荒服，柔怀远人**”，承德诸寺为蒙藏王公贵族宗教领袖到承德朝觐礼佛而建。二是为帝后庆寿。康熙三十年(1691年)为太皇太后祝寿在南苑建永慕寺。乾隆十五年(1750年)为庆祝皇太后六十大寿(乾隆十六年)建大报恩延寿寺。三是皇帝故居如雍和宫、福佑寺，改为喇嘛寺，以昭崇敬。这些寺院喇嘛多为蒙藏族，讽诵藏文经卷。但满族喇嘛寺院为乾隆皇帝倡建，全由满族人当喇嘛，并谕令“**在此寺聚诵时全都必须用满语诵经，因此所诵经典，务必译成满文**”。[②]并由章嘉国师专门为满语诵经者制定了不同于藏语诵经的音调，显然这里的民族色彩相当浓厚。香山附近以宝谛寺为首有六座满族喇嘛寺院，形成一个京城满族喇嘛寺院建筑群。此地有正红旗上营，正黄旗南营、北营，正黄旗小营驻地，选址在此建满族喇嘛寺院与此地为满族聚居区有密切关系，这些寺庙也不仅是为了推广宗教信仰，维系满族文化成为其主要功能，对经文语言的高度重视充分说明了这一点。

（五）其他宗教建筑

乾隆时期的宗教建筑建设并不仅限于上述的这些，由于乾隆多次南巡，有些宗教建筑的灵感来源于南巡途中的所见所闻，有模仿也有创新。从属于曲院风荷的洛迦胜境是为一例。

圆明园中比较特殊的一类建筑

①《钦定总管内务府现行则例》，《圆明园卷二》，安设寺庙喇嘛条。

②土观·洛桑却吉尼玛著，《章嘉国师若必多吉传》，民族出版社，1988年，第205页。

就是体现神仙思想的建筑，如蓬岛瑶台、方壶胜境等。确切地说这些建筑不能算作是宗教建筑，其中没有宗教活动，也没有宗教人员居住或使用这些建筑，但其中陈设了不少神像，从建设的原始动机上来说，是为了模仿或再现宗教传说、神话故事中的理想天国的情景，这在皇家园林的建设中已经成为一个传统。

三、乾隆之后

乾隆之后，圆明三园的变化集中在万春园，圆明园、长春园。在总体上没有太大变化，局部的兴废自然难免，这种变化主要集中在朝寝空间这样同日常生活联系紧密的区域[①]。以宗教建筑的建设而论，则限于绮春园中的惠及祠河神庙、庄严法界分别为嘉庆十八年和道光二年所建，园中延寿寺和花神庙两处宗教建筑的始建年代不详，可能也是乾隆之后的建设。嘉庆年间还曾修缮了舍卫城。从国家图书馆馆藏的样式雷图档看，道光时期的九州清晏也有所改变，取消了其中的佛堂，反映了道光对于佛教的热诚远没有达到生活所必需的地步。总体来说，乾隆之后国运转衰，内忧外患不绝，国库和内库都不充裕，大规模的兴建显然已成奢望。“**嘉庆后，畅春日就倾圮，道光初迎养太后及诸太妃于万春园。……其时财用匮乏，遂罢三山陈设，罢热河避暑与木兰秋狝**”[②]。从时间上看，自乾隆驾崩至英法联军纵火，也只有短短的半个多世纪（公元1799—1860年），而圆明三园的兴盛则是建立在清代开国以来百余年的休养生息的基础上，两相比较结果不言自明。同时在这样的时事背景和政治压力之下，乾隆之后的帝王也失去了以盛世为依托的优游心境，疲于应付的他们自然减少了在宗教上的付出。这一点说是自然，是因为将其放在了清代帝王的以儒治世的传统之中。清以前各代不乏迷恋宗教的亡国之君，清代帝王从未将宗教放在一个超越国家政治的地位上，以宗教建筑建设最多的乾隆帝而论，在各种御制文章中反复阐明的是利用宗教辅佐政治的思想，这可以说是清代宗教与政治之间关系的基调，也是清代帝王在政治上总体优于明代的地方。

在圆明三园的历史中，乾隆之后的一件大事就是同治重修。同治重修的原因刘敦桢先生已有论述，为慈禧主持、内务府官员怂恿[③]。但具体原因同公之于众的理由是不同

①参见刘敦桢著，《同治重修圆明园史料》，载《刘敦桢文集》（一），中国建筑工业出版社，1982年，第295页。

②参见刘敦桢著，《同治重修圆明园史料》，载《刘敦桢文集》（一），中国建筑工业出版社，1982年，第295页。

③参见刘敦桢著，《同治重修圆明园史料》，载《刘敦桢文集》（一），中国建筑工业出版社，1982年，第301–302页。

的，这是一种政治策略，其堂皇的理由是：大孝养志。具体的体现就是重建安佑宫及同奉养太后有关的建筑。事实上，实际所期望的工程范围要超出上述的范围，但可以看出宗法性宗教建筑的地位之重要，而其他宗教建筑都没有提及。尽管同乐园也是列入重修计划的一个重要区域，但对舍卫城仅是清运渣土而已。九州清晏之中也是舍佛堂而别有所建。显然，在经济窘迫的情形之下，宗教建筑是首先遭到舍弃的对象。一则并非必需；二则所费不菲，唯有同宗法性宗教有关的建筑才被加以考虑，从中可以感受到宗教间的区别是很大的。

四、乾隆帝在圆明园的宗教活动流线

帝王的宗教活动从档案上难以有全面的描述，《起居注》作为制度始于康熙九年，但《起居注》中记载何事有严格的规定，首为大礼如郊天祀祖，次为训谕，然后接见臣属等，佛道之类的活动不会出现其中。正史之中涉及活动流线的是《穿戴档》，下面是根据中国第一历史档案馆出版的《圆明园》一书中的乾隆二十一年有关圆明园园居生活的穿戴档整理的宗教活动行踪表：

正月初八：乾清宫供前磕头—喇嘛递丹书—钦安殿斗坛　磕头—大高玄殿磕头[1]—奉三无私供前磕头—后码头至慈云普护、清净地（月地云居）、安佑宫、佛楼（日天琳宇）拜佛—舍卫城拜佛。

正月初九：九州清晏供前磕头—佛楼拜佛。

正月十三：祭祈谷坛，亲诣行礼。

正月十五：安佑宫磕头—佛楼拜佛—长春园等处拜佛—永日堂、舍卫城拜佛。

正月二十：卯时开宝，东佛堂有香桌，东佛堂供前拜宝。

二月初十：祭社稷坛，亲诣行礼。

二月十三：从圆明园起驾谒泰陵。

四月初一：进宫。

四月初八：佛诞之期，禁止屠宰。舍卫城摆浴佛会。—永宁寺拜佛—清净地磕头—舍卫城拜佛。

四月初九：清净地有道场。晚膳后清净地拈香。

四月初十：清净地道场圆满，上未去，遣官拈香。

四月十三：西顶广仁宫开光，亲诣拈香。

四月十五：后码头乘船—慈云普护拜佛—码头—清净地磕头—佛楼、舍卫城拜佛—早膳后，办事毕往长春园等处拜佛。

四月十八：接皇太后至聚远楼看会，上至广育宫拈香。

四月二十三：静明园祈雨，亲诣拈香。

四月二十四：从圆明园回宫，至

①斗坛为供奉斗姆之坛，斗姆系道教传说中的北斗众星之母。

阐福寺拜佛—钦安殿斗坛磕头。

四月二十七：至斗坛磕头。

五月初一：是日演斗龙舟。后码头乘船—慈云普护拜佛—万方安和码头—清净地磕头—佛楼、舍卫城拜佛—早膳后，办事毕至广育宫、长春园拜佛。

五月十二：至静明园龙王庙拈香。

五月十三：关圣帝君降神，遣官拈香。驾诣黑龙潭求雨。

五月十五：后码头乘船—慈云普护拜佛—码头—清净地磕头—佛楼、舍卫城拜佛—早膳后，办事毕往广育宫拜佛—东园（长春园）等处拜佛。

五月十九：静明园龙王庙拈香。

五月二十：驾幸静明园谢雨。

五月二十五：驾诣黑龙潭谢雨—大觉寺拈香。

五月二十七：乘船至瑞应宫斗坛磕头。

六月初一：后码头乘船—慈云普护拜佛—码头—清净地磕头—佛楼、舍卫城拜佛—早膳后，办事毕往广育宫、长春园等处拜佛。

六月初三：至斗坛磕头。

六月十五：后码头乘船—慈云普护拜佛—码头—清净地磕头—佛楼、舍卫城拜佛—早膳后，办事毕往广育宫、长春园等处拜佛。

六月十九：静明园中岳庙开光，上去拈香。

七月初一：后码头乘船—慈云普护拜佛—码头—清净地磕头—佛楼、舍卫城拜佛—早膳后，办事毕往广育宫、长春园等处拜佛。

七月初三：至斗坛磕头。

七月初七：七夕令节。后码头乘船至西峰秀色供前拈香。

七月初十：孝懿仁皇后忌辰。至静安庄奠酒降哀—觉生寺。

七月十二：是日未初二刻七分立秋，生秋亭有供。至供前拈香。

七月十五：后码头乘船—慈云普护拜佛—码头—清净地、安佑宫磕头—佛楼、舍卫城拜佛—早膳后，办事毕乘船至蕊珠宫—长春园等处拜佛—广育宫拜佛—佛楼、古香斋拜佛。

七月二十七：佛楼、斗坛磕头。

八月初一：后码头乘船—慈云普护拜佛—码头—清净地磕头—佛楼、舍卫城拜佛—早膳后，办事毕往广育宫、长春园等处拜佛。

八月十五：后码头乘船—慈云普护拜佛—码头—佛楼、舍卫城拜佛—早膳后，办事毕往月供前拈香。

八月十七：奉三无私有供，至供前磕头。是日起程驾幸木兰。

十一月十五：至万寿山大报恩寺拜佛。[①]

①本表引自方晓风著，《圆明园宗教建筑研究》，《故宫博物院院刊》2002年第1期，紫禁城出版社。

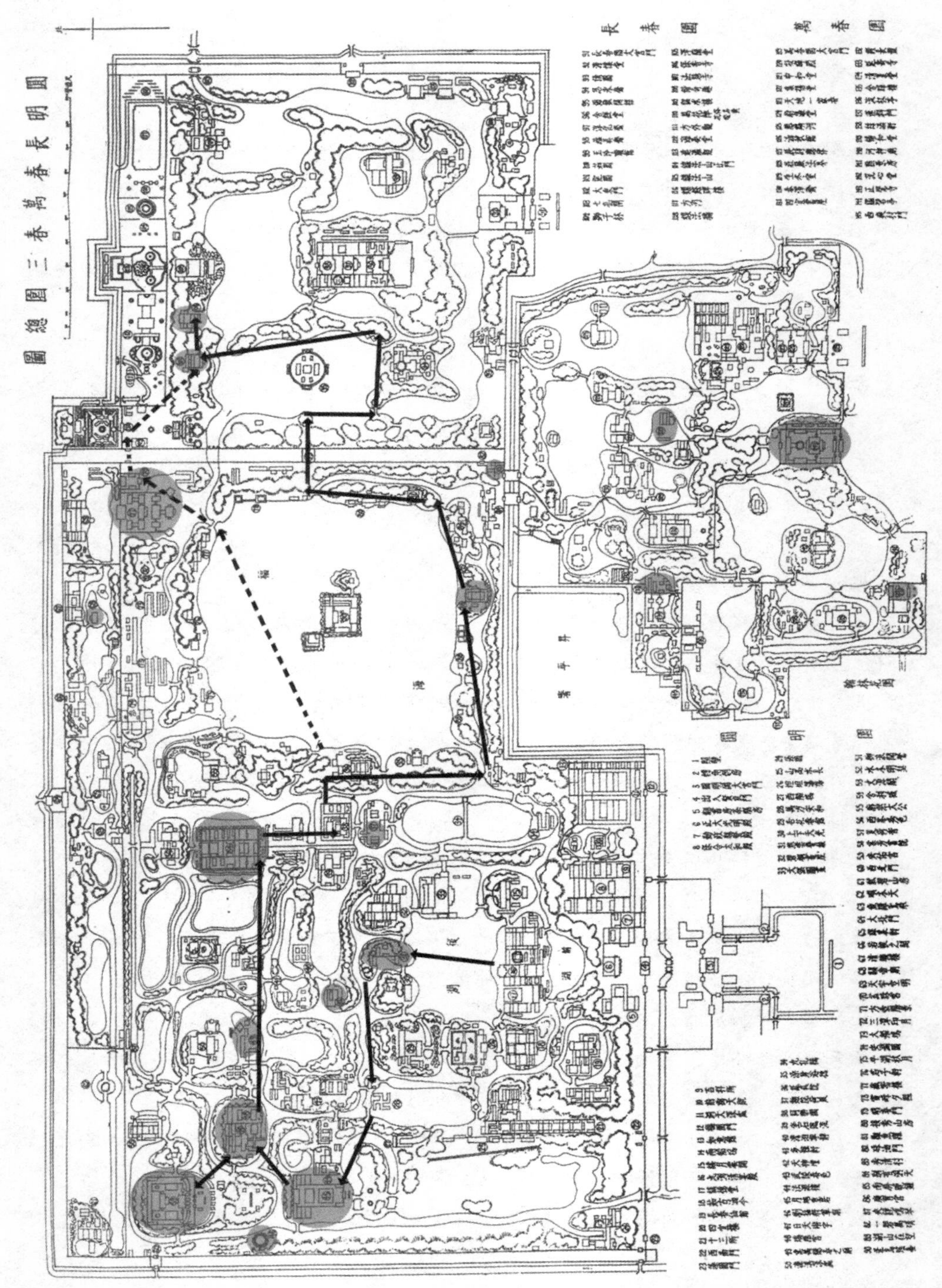

图71　乾嘉时期圆明园三园总平面暨乾隆帝参拜宗教场所流线图（引自刘敦祯所绘三园总图加工。虚线为另一可能路线）

根据上文可以看出，乾隆的宗教活动比较频繁，是年园居共一百六十八日，其中近四十天有各类宗教内容的活动，这还只是他有游幸记录的情况，至于九州清晏里佛堂的使用情况还不得而知，应该更为频繁[①]。比较规律的是年关时候、有关令节（如每月二十七日都至斗坛磕头）和每月朔望（同民间的情况一致，初一、十五都是庙会之日，宗教同生活是紧密相连的，在宫廷之中就表现为游幸了），而每月朔望的行程也相对固定。

第二节　清漪园——颐和园

清漪园是颐和园的前身，其对于本课题研究的独特之处在于这是乾隆帝全面规划设计的一座皇家园林，不同于其他几处，虽然在乾隆时期有不少建设，但都是因袭前朝之旧，在规划、设计方面总是受到限制。从这点来讲，此处是研究乾隆帝对于宗教建筑之设计思想的最好题材。另一方面，清漪园本身所具有的自然条件也十分优越，有山有湖，其大开大阖之气势实在是对皇家气派的最好注解，绝非民间之力可以胜任。

颐和园则是在西郊园林遭到英法联军的毁灭性破坏之后，当时的皇室穷一时之国力勉力为之，掣肘之处颇多，整座园林的功能定位也发生了变化。虽然大的空间格局维持原样，但是这种政治和经济的制约无疑对其中的宗教建筑产生了重大影响，其结果反映了清代盛期到末期之间的宗教政策和思想的变化。这种变化在建筑上是通过建筑的兴废、使用的变化等多个侧面来体现的。

一、历史沿革

（一）独特优越的自然条件

清漪园的主要自然依托是万寿山和昆明湖。北京西郊由于西山的缘故，形胜方面已得先机，更有玉泉山的泉水而水源丰沛，大小水面星罗棋布，山水互衬，成为北方地区难得的山水景观。在建园之前，万寿山自元代起名为瓮山，昆明湖的前身为瓮山泊，在明代改名为西湖。

独特的自然环境造就了这一地段悠久的人文历史，辽金时期自香山而玉泉山就有了皇家行宫别苑的建置。元代营建大都，把西北郊的泉水作为城市生活用水的来源，围绕这一目的展开了一系列的水利建设，瓮山泊由此从一个天然湖泊变成了具有调节水量作用的天然蓄水库，水位得到控制。这一自然条件的改善使得环湖一带出现了寺庙、园林

①乾隆笃好藏传佛教，其幼年同章嘉呼图克图一同学习，成年后章嘉为他灌顶，密宗修为达到相当高的程度。另据穿戴档显示，佩不佩带数珠同是否进行宗教活动大有关系，有待进一步整理。

等人文建设，逐渐发展成为一处观光地。当时的胜迹主要是两处：一为瓮山西面、瓮山泊北岸的“大承天护圣寺”，二为耶律楚材的墓园。大承天护圣寺的规模十分钜丽，寺前在湖中建有水阁，寺后有园林，元代皇帝来瓮山泊观览时常驻跸于此。

（二）明代此处的情况

明代瓮山泊改称西湖，在城市供水系统中的地位更为重要了，同时玉泉山、瓮山、西湖三者之间的借景关系十分密切，在这样的背景下，此地的宗教建筑建设也得到了发展，一时号称“环湖十寺”。其中原大承天护圣寺在宣德二年（1427年）重建后改名功德寺，皇帝常常临幸，成为京都名寺。功德寺共有七进院落，规模宏敞，气势自是不凡。在这样一个同水关系密切的地域，龙王庙就成为必不可少并且地位较高的宗教建筑，这座龙王庙一直得以保存，可以说是一个重要的历史见证。弘治七年（1494年），明神宗朱翊钧的乳母助圣夫人罗氏出资在瓮山南坡的中央部位兴建圆静寺，虽不及功德寺壮丽，但瓮山的面貌得到了改善，也颇得游人青睐。圆静寺“**因岩而构，甃为石磴。游者拾级而上，山顶有屋曰雪洞，俯视湖曲，平田远村，绵亘无际**”[①]，充分利用地形，依山就势，气势同样不凡。宗教建筑由于其规模远较其他类型建筑为大，在景观上的辐射作用明显，一处建筑就带活了一片，圆静寺的建设使得瓮山受到了关注。圆静寺的基址在乾隆时期就成了大报恩延寿寺的基址，后来者未必不是从前人处得到启发。虽然明代这里不是皇家的圈地，但已同皇家发生了千丝万缕的联系。优厚的自然条件吸引了民间的注意，也引起了皇家的关注，皇家的关注也促成了此地风景的一时之盛，并且其中宗教建筑始终扮演着重要的角色。

（三）清漪园的建设

朝代的更替改变了北国江南的面貌，战争和动乱使寺庙、园林的繁盛受到影响，一旦年久失修，有的倾圮，有的处于半荒废状态。清初，这里成了内务府处罚宫监的地方，可见前代的盛况已不再。但是此地优越的自然条件是不会被埋没的，到了乾隆年间，经过近百年的时间，清朝的国力步入了盛期，政治局面稳定，经济实力雄厚，帝王的优游观览之心顿起，西北郊进入了一个空前繁荣的兴园时期，清漪园的建设只是需要等待一个合适的时机。乾隆帝自比明君，虽然好大喜功，土木之兴在清代空前绝后，但都需要师出有名，所谓名不正则言不顺，尤其是游观场所的建设，更是敏感。

这个时机很快就到来了。乾隆十六年为皇太后钮祜禄氏（乾隆帝生母）六十整寿，因此乾隆帝在“以孝治天下”的旗号下为皇太后大张旗鼓地准备祝寿，其重头戏就是在瓮山

①[清]于敏中等编纂，《日下旧闻考》卷八十四，北京古籍出版社，1985年，第1408页。

图72　乾隆时期清漪园总平面图（引自《颐和园》）

圆静寺的旧址上兴建大型佛寺“大报恩延寿寺”，于乾隆十五年开工。同年，瓮山改名为万寿山，万寿山南麓沿湖一带的园林建筑也陆续开工。以太后的名义所进行的宗教建筑的建设在乾隆年间并非鲜见，不过这次的规模最为宏大，影响也最为深远。同时整治西北郊的水系也是兴园的一个契机，通过整治，西湖的水面大大扩张，改名昆明湖，并结合水利工程整治了万寿山的山形。至此，不仅湖山的命名上有所契合，而且山水关系远较其本来的情况大为改善，空间和景观效果都非常出色。原来未行整治之前在湖岸观览，已是“外视波光十里，空灏际天。诸峰在眉睫间，绝无丹青脂粉气”[①]，此时湖面扩大，前湖后山，山正中又有大型佛寺依山而建，体量宏伟，其气势自然更为壮观，的确在西北郊诸园之中卓尔不凡。

（四）颐和园时期

清漪园在乾隆时期完成后经历了嘉庆、道光、咸丰三朝，在咸丰十年（1860年）遭到英法联军的劫掠并被焚。侵略者退出北京后，清漪园仍归内务府原管理机构管理，幸存下来的多为砖石建筑，也有一小部分木结构建筑，其中宗教建筑也占到相当比重。同治时期意欲重修圆明园，因经费拮据，又拆卸了清漪园中的部分残存建筑挪作木料，终因国库空虚，力不从心而作罢。光绪年间，慈禧太后垂帘听政，对经历过西郊园林繁盛期的太后来说，常年困居禁城总是心有不甘，光绪十四年终于开始了清漪园的重建工程，并将其改名为颐和园。此时颐和园的功能也有了变化，不再是圆明园的附园而成为离宫型御园，这一变化也影响到了园内原有的建筑格局。同时，时事变迁，内忧外患的政治局面和捉襟见肘的经济实力也限制了工程的规模，这样的形势下，宗教建筑的建设就大打折扣，同清漪园时期的盛况相比有很大变化，建筑数量减少，规模不再，并且宗教意味也明显减弱。其中最为显著的是大报恩延寿寺，仅恢复了佛香阁，而前部的寺庙建筑变成了以排云殿为主体的朝仪建筑，形成了不伦不类的格局，也从另一个方面反映了当时的真实情况，正所谓国运衰微，礼制废弛。即使如此，建园工程也持续了八年才大体完成。

颐和园命运多舛，光绪二十六年（1900年）再次被八国联军洗劫，虽然建筑物没有焚毁，但各殿宇的陈设、家具大量流失，内外装修受到很大程度的破坏。慈禧太后再次耗费国帑修复御园，清朝末期的园林建设从经费来源上说已是不合旧制，盛期的这部分经费都是从内库划拨，皇家和国家之间有明确的界限。因此，乾隆时期的工程如此浩大却没有引起

①语出《山行杂记》，转引自[清]于敏中等编纂，《日下旧闻考》卷八十四，北京古籍出版社，1985年，第1410页。

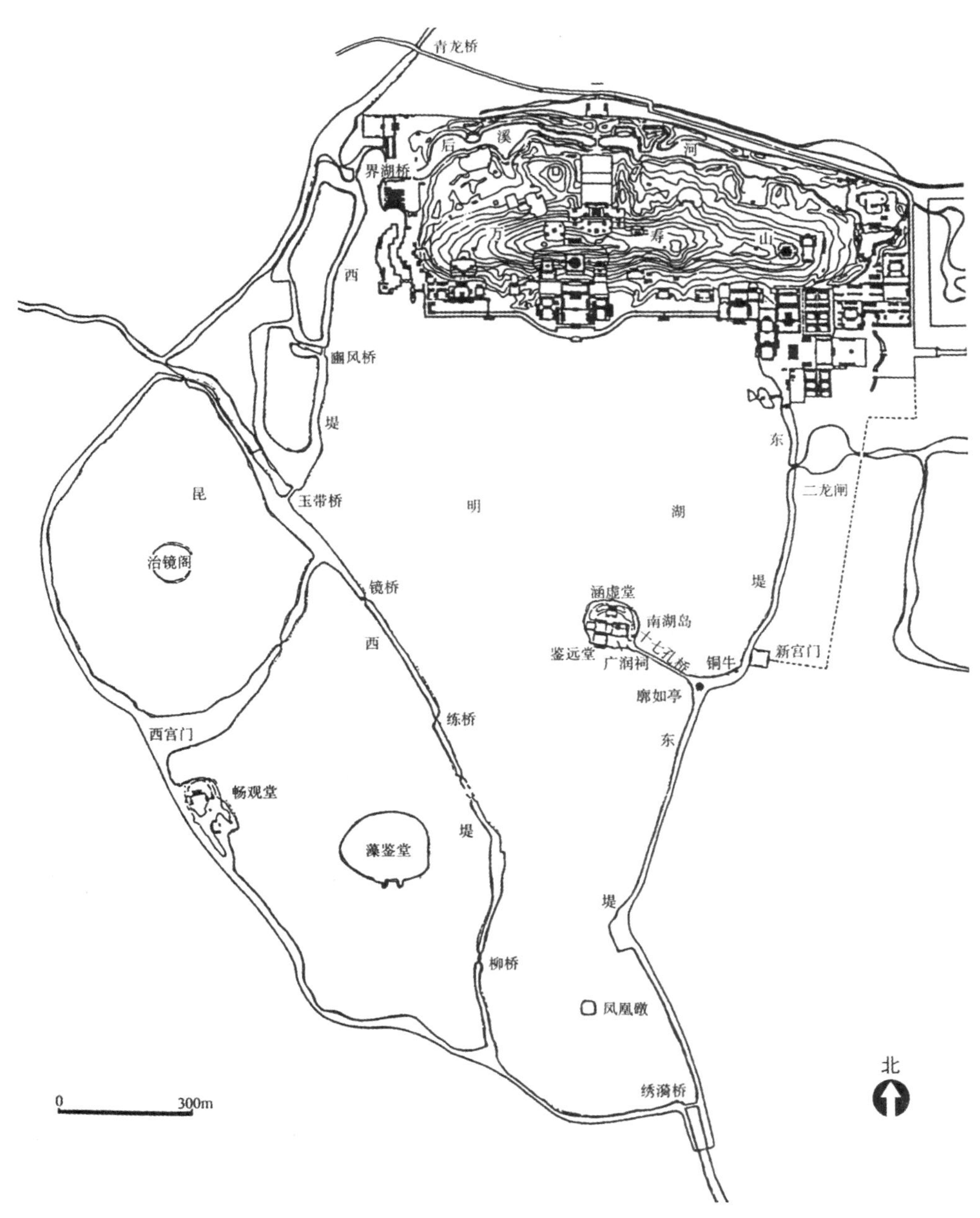

图73　光绪时期颐和园总平面图（引自《颐和园》）

朝野的过多议论，而末期的这种不断挪用国库款项进行享乐性的建设无疑更为加重了当时的危局。经济上的损害是直接的，民心士气的打击则是间接的。宣统帝即位后，隆裕太后和小皇帝也无心再在御园游幸了，移居大内，颐和园作为离宫御园的使命也就结束了。

二、清漪园时期的宗教建筑

清漪园时期由于宗教建筑是兴园的起因，所以从设计思想和建筑形象两方面来说大报恩延寿寺在园中的地位都十分重要，几乎占满了万寿山中段山坡，主体建筑佛香阁更是占据了景观的统领地位，其视觉形象辐射整个园区，宗教建筑成为主角也是清漪园的一个特点。这一结果对于起因来说倒是正常而应该的，从历史的沿革来说也是事出有因，因为万寿山本身山形并不出众，也不高，圆静寺的建设也已提供了一个参考，这一选择是较为自然的。配合祝寿这个主题，且皇家园林本身也有营造理想神仙境界的传统，整个园区还有许多其他的宗教建筑：如须弥灵境是一个密宗坛场、广润祠和治镜阁结合一池三山模式的建设等都是在一个指导思想下完成的，更有许多属于点景式的宗教建筑散布在园林中，加上当时已成程式化的一些宗教建筑如城关上建神祠、寝居空间附属的佛堂等，园中宗教建筑共计二十余处（宗教建筑名录可参见颐和园时期的对照）。宗教建筑在乾隆帝的造园实践中所占有的分量可以想见。宗教建筑在这里不仅因为其形式成为景观构成的重要因素，而且也是丰富景区人文内涵的重要手段，更值得注意的是它反映了乾隆帝的文化趣向。

（一）万寿山中部以祝寿为题的宗教建筑

大报恩延寿寺作为园中主角，最为引人注目的是佛香阁，但其寺庙规模却不算宏大。**“慈福楼西为大报恩延寿寺，前为天王殿，为钟鼓楼，内为大雄宝殿，后为多宝殿，为佛香阁，又后为智慧海。”**[①]毕竟是御园中的皇家寺庙，没有公共活动的需求，也没有频繁的日常佛事活动，因此整个配置突出的是中路常规的寺庙建制，这一格局是否就同原来的圆静寺相似，目前不得而知，很可能主殿的位置等是沿用了旧寺基址。但圆静寺没有塔是可以明确的，所以作为最重要的景观建筑的佛香阁应该是乾隆帝重点经营的杰作，的确是将孝道发挥到极致的一个创作。就这种前寺后塔（其原始建设意图为塔，最终的形式为楼阁，仅是建筑形式的区别，立意应是相同的），寺与塔的规模都比较大的寺庙格局在北京清代皇家宗教建筑中，此处可能是最大的，从当时民间的宗教建筑建设看，如此规模的寺庙往往没有相应的塔或高阁相配，寺塔并重的格局在佛寺建筑这种类型

①[清]于敏中等编纂，《日下旧闻考》卷八十四，北京古籍出版社，1985年，第1396页。

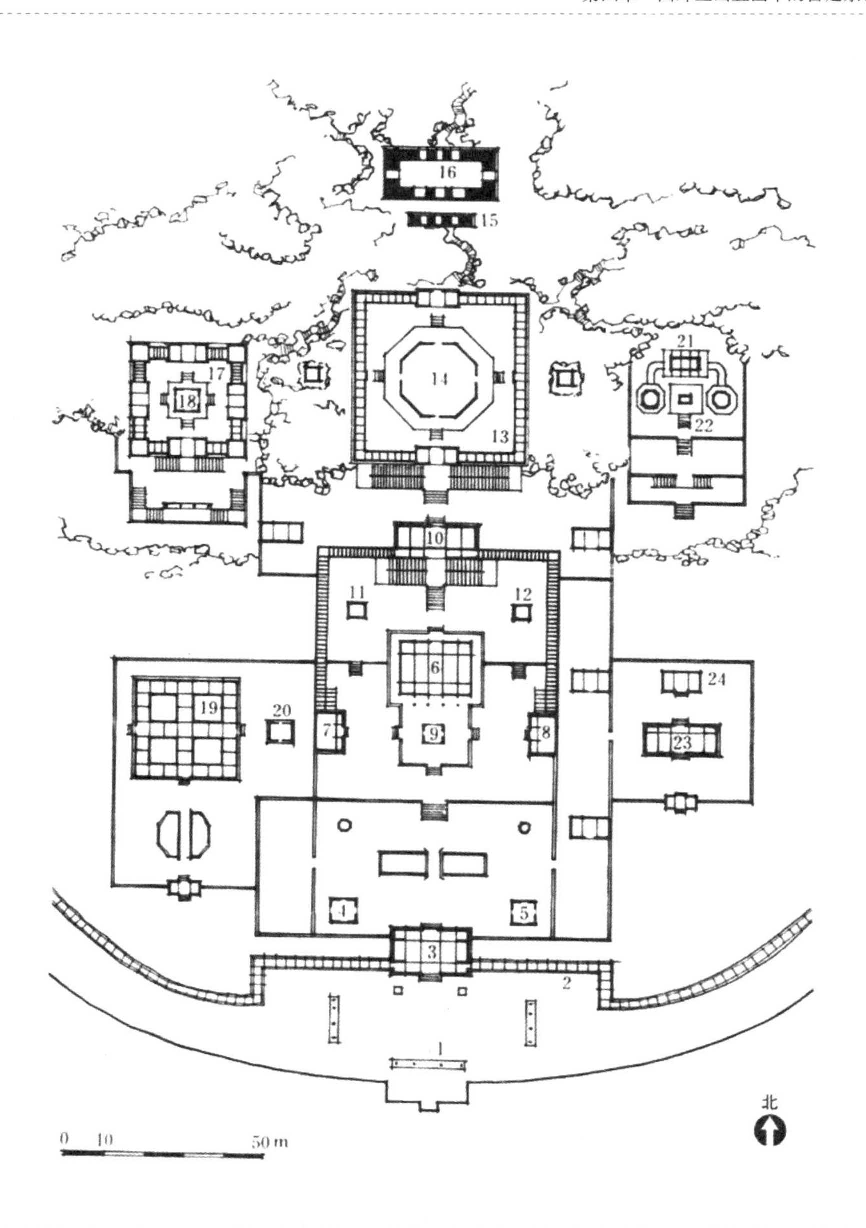

1.牌楼　2.长廊　3.天王殿　4.钟楼　5.鼓楼　6.大雄宝殿　7.妙觉殿　8.真如殿　9.御碑亭　10.多宝殿　11.华严经碑亭　12.金刚经碑亭　13.石台　14.佛香阁　15.众香界　16.智慧海　17.五方阁　18.宝云阁　19.罗汉堂　20.《五百罗汉记》碑亭　21.转轮藏　22.湖山碑　23.慈福楼　24.后罩殿

图74　清漪园前山中路总平面图（引自《颐和园》）

图75　清漪园前山建筑群立面图（引自《颐和园》）

图76　佛香阁外景（引自《颐和园》）

中可以说是最为隆重的了。在这里，建筑仿佛成为孝治政治的一个标志、一面旗帜，述说的内容绝不是宗教信仰或单纯的孝道。正因为有了这样的政治意义，宗教建筑才能占据如此显要的位置，这点我想是理解这组特殊宗教建筑的一个要点。清代皇家宗教建筑中同样的例子还有，比如北海的白塔，同样，它所隐含的意义也不是仅限于宗教，表现君王护国佑民的胸怀是它的主题。清代君王虽不乏热衷佛道者，但始终将宗教置于现实的政治利益之下，同以前各代迥然有异，关键也就在这里，虽然从现象上看颇为相似，但其实质有天壤之别。配合这一点的一个重要特征就是，标志性建筑物的地位要高于寺庙整体，因为宗教活动退为次要，象征意义才是主要的。

前山中部的建筑密集，虽然现存的颐和园总体上已远逊于乾隆时期的清漪园，但这部分的艺术成就至今仍然可以感受。在从山脚到山顶依次排列着天王殿、大雄宝殿、多宝殿、佛香阁、琉璃牌楼和智慧海，它的主轴线两侧，还有转轮藏、慈福楼以及宝云阁、罗汉堂所构成的两条次轴线。中路建筑依山而起，佛香阁雄踞20余米高的高台之上，阁高近40米，加上绵延的爬山游廊、蹬道和配殿，几乎将山体覆盖，建筑全用大式做法，可谓浓墨重彩，以气势取胜。两侧次轴线上的建筑则玲珑多变，形式无一雷同，不以体量见长，而以精巧来衬托中路建筑，深谙众星捧月之真谛。随着山形的走势，建筑形象也逐渐淡化、融入自然的景致之中，主次有序，重点突出，景观设计的手法收放自如。佛香阁的选址也颇见功力，由于万寿山本身的山形并不出众，甚而略显呆板，没有起伏，因此选在山坡的中段建阁，阁下筑起高台，相当于人为地创造出一个山的次高峰，然后台上起高阁，阁顶又高过山顶智慧海，形成一个富于节奏变化的轮廓线，可谓曲尽其妙。

清漪园宗教建筑的另一个重要特点是万寿山中段南北坡的对比，从景观设计方面来看前后山用的是相似的手法，都是在中段山坡比较密集地布置建筑。同南坡一样，北坡也建造了一座大型佛寺须弥灵境，不同的是这是一座藏传佛教寺庙。这座寺庙的形制同承德的普宁寺相近，为同一时期建造的姊妹作品，它们都是汉藏结合的建筑形式，实用空间部分选用汉式建筑，而后半部的以香岩宗印为核心布置的密宗坛城则是选用藏式喇嘛塔。香岩宗印之阁作为整组建筑的视觉中心，象征了须弥山，并以单体建筑来表现密宗坛城——即曼荼罗（Mandala），原型源自桑耶寺，平面为方形，中间一个大屋顶，四角为四个小屋顶，五个屋顶形成一个组合，同北海的小西天类似，不同的是小西天是五

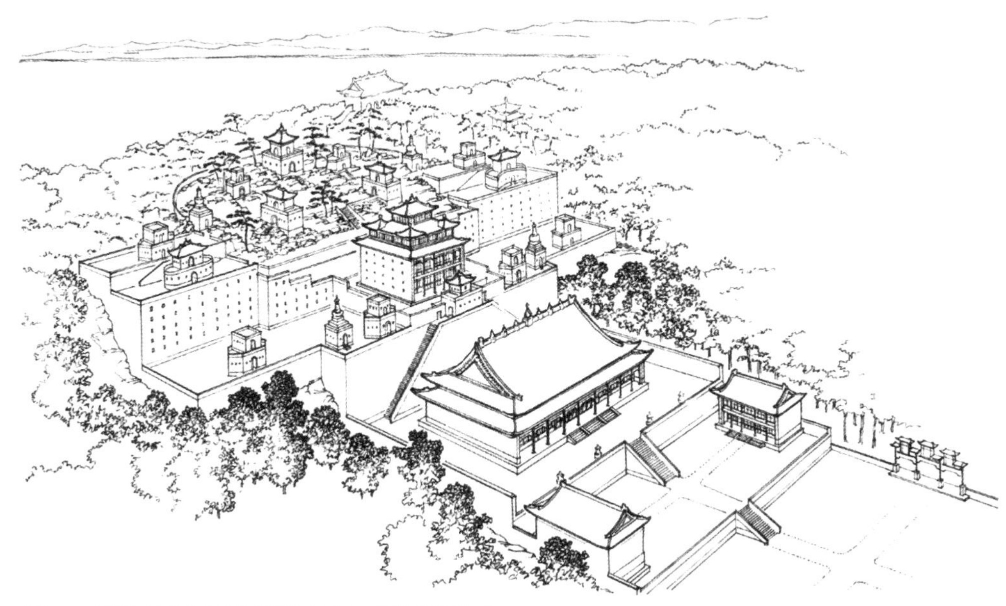

图77　须弥灵境复原鸟瞰图（引自《颐和园》）

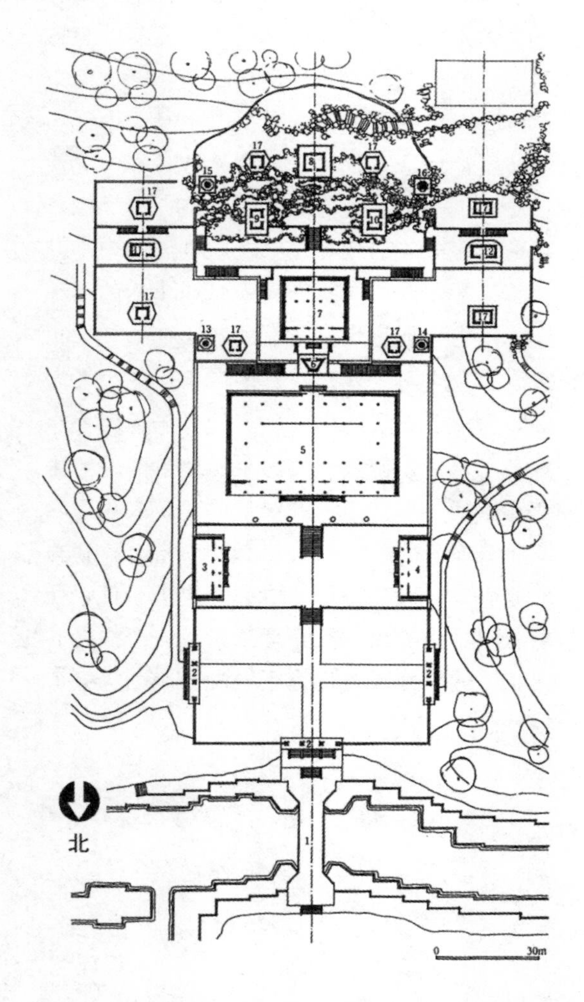

1.三孔桥 2.牌楼 3.宝华楼 4.法藏楼 5.须弥灵境 6.南瞻部洲 7.香岩宗印之阁 8.北俱卢州 9.月殿 10. 日殿 11.西牛贺州 12.东胜身洲 13.绿色塔 14.红色塔 15.白色塔 16.黑色塔 17.八小部洲

图78 须弥灵境复原总平面图（引自《颐和园》）

座建筑形成的建筑组合。香岩宗印之阁分为三层，象征了密教的三部——佛部、金刚部和莲花部①。密宗坛城的本意是诸佛集会的圣坛，根据佛教教义，须弥山四周是海，海外还有一重山包围，海上则有四大部洲和八小部洲为人类居住的地方。因此在香岩宗印之阁的南面布置了梯形的小殿以象征南瞻部洲，北面的正方形殿象征北俱卢州，西面略呈椭圆形平面的小殿象征西牛货洲，东面月牙形平面的小殿象征东胜身洲；另外在四大部洲殿的附近还有八座体量稍小的二层碉房以象征八小部洲。香岩宗印的正东正西还有象征日月的日光殿、月光殿，这些象征性的建筑组合成了一个概念性的世界模型，在这些建筑的外面的围墙则是世界的尽端铁围山。除了模拟世界之外，在香岩宗印的四角分位上还分别建置了白、红、黑、绿四色塔，连同主阁一起象征密宗的“五智”：红为“成所作智”、绿为“妙观察智”、黑为“平等性智”、白为“大圆镜智”、主阁则是“法界体性智”。这是一处充满象征意味的建筑群，调动了多种象征的建筑手法，有抽象的数的隐喻，也有具象的形的表现，就这一手法而言无疑是做到了极致。

①此处据章嘉国师对普宁寺大阁所作的解释推断，参见土观·洛桑却吉尼玛著，《章嘉国师若必多吉传》，民族出版社，1988年，第221页。

本文想要重点阐述的是这座大型佛寺所表达的另一种象征意义。须弥灵境，从命名就可以感受到它是表达理想境界的，这里要说的象征意义是为什么在这里要选用一座藏传佛教寺庙？前人的论述中往往认为这是一种出于治边政策的结果，同普宁寺类似。本人认为正是这种所处位置的不同，相似建筑类型所表达出的象征意义也是不尽相同的。普宁寺是外八庙之一，本身就有接待藏传佛教领袖的功能，其建筑形式可以认为是对自身功能的合理反映，而须弥灵境显然不同，没有这种功能要求。

从立意来说，须弥灵境也是为太后祝寿这一主题服务的，这点从寺前牌楼上“慈福”的题额可以看出；其所处位置又是皇家御园，使用对象显然是以皇室上层人士为主。此地建寺的要求一则同前山有所呼应；二则又要有所区别，选取藏式建筑在这两方面符合要求。但其中隐含的前提是：首先，藏传佛教本身具有传播基础；其次，这种建筑形式为使用对象所喜爱（太后为祝寿对象应是一个重要因素）；再次是政治上有积极意义。前两个条件由于历史的原因已是自然形成，第三个条件则需细细辨明。须弥灵境如此规模的一组建筑，乾隆帝并未像大报恩延寿寺一样撰写长篇记文来说明缘由或写作御制诗来称颂建筑，同别的许多宗教建筑相比，

图79　须弥灵境现状鸟瞰图（引自《颐和园》）

这点同其规模很不相称。这说明其中的含义是颇为隐晦而难以言表的。本人认为这是乾隆帝民族政策的一个象征，同普宁寺不同，这个民族政策针对的对象不是蒙藏而是作为统治阶级的满族，弘扬藏传佛教在这里的重要意义是在文化上保持满族的独立性而不至于完全被汉族文化同化，这对于一直标榜满汉一家的清代帝王来说自然不能明言相告。满族自身的传统文化不发达，其传统宗教萨满教也是处于相当原始粗陋的阶段，虽然在取得政权之后不断地使之经典化、宫廷化，但仍难以在文化中形成一定势力。在这样的前提下，蒙藏地区共同信仰的藏传佛教以其独特的宗教教义和丰富的文化内涵引起了乾隆帝的关注，并且满族也早已有接触藏传佛教的历史经验。借助藏传佛教正可以在强大的汉族文化传统之外，形成有所区别又堪与抗衡的文化势力，最终通过这种文化上的对峙实现民族的独立性。前文在论述满族喇嘛寺院的时候已经说明了这一点，这一文化政策始终没有见之于明确的文字，而是通过各种活动显现出来。事实上，一直被引用来说

明乾隆帝利用藏传佛教维持边疆安定的文字是雍和宫中的《喇嘛说》碑文，但这段文字的成文已是乾隆执政后期的事。乾隆帝利用藏传佛教的行动在其执政初年即已开始，之所以迟迟没有说明其中含义，实际上是另有隐情。在皇家园林中如此大规模地建设藏传佛教建筑，须弥灵境是唯一的一处，这是很说明问题的。对习惯用象征手法进行建筑活动的乾隆帝来说，这样的建设也不会是毫无用意的。从结果来看，也可以明显地感受到这一独特的文化象征，汉传佛教寺庙在前，藏传佛教寺庙在后，都占据了景观的中心位置，但主景在前，象征了汉族文化仍是主导性的文化。但无论从建筑规模还是地段的重要性来说，后者都足以同前者抗衡，形成一种力量相当的对峙，在汉族文化中顽强地加入了少数民族因素。不过需要说明的是，这种文化上的对峙对乾隆帝来说并不希望造成文化上的对立，所以他处理得相当隐晦，不立文字，并且从大局的把握上看也始终以汉式建筑作为主体，全园的文化氛围也是以汉族文化为主，这是清代统治者不同于元代统治者的相当高明的地方。这种符号化的象征手段在别的皇家园林中也可以看到，如静明园中玉泉山山脊上的玉峰塔和妙高塔的对峙，都是这种指导思想下的产物。

（二）神仙境界的描摹

园林艺术从起源看就是对一种理想境界的模仿或再现，由于人对自然认识的限制，其中必然包含着宗教思想，因为宗教综合地概括了人对自然的认识及人对自身的认识。随着时代的演进，园林艺术中的宗教成分不断减少，但传统形成的一些符号化的模式仍然得以流传，在皇家园林中最为典型的是一池三山模式，这一模式已成为一种用以表现神仙境界的符号，水面形成的距离感的确可以激发人的无穷想象。清代皇家园林中同样不乏其例，圆明园中的蓬岛瑶台、方壶胜境都运用了这一模式，清漪园由于其开阔的水面在这一模式的运用上更有气魄，其艺术效果也更为动人。

清漪园的一池三山有别于其他几处的情况，福海由于水面较小，三岛是紧紧相邻的；方壶胜境则是以水面上的三座亭子来指代三山。此处昆明湖水面开阔，由两道长堤分成三块大小不等的水面，在每个水面中都有一个小岛，分别统领一片水域，成为三个中心。从历史沿革可知，湖中原本无岛，三座岛是有意规划形成的。其中南湖岛本是湖岸龙王庙的所在地，在湖面扩大的时候保留了龙王庙，形成水中小岛，并有长桥相通，是一个相当巧妙而富有趣味的设计，龙王庙现身水中也比在岸上更添情趣。

一池三山模式本身不能算作宗教建筑，只能说是有宗教意味、受神话传说影响的形式，但清漪园的三山中有两处是宗教建筑，一是南湖岛的广润祠（即原龙王庙改名），二是治镜阁。这样的配置使得三山的缥缈之气愈加充分，水面所形成的距离感和宗教建筑的超世精神彼此互补、相得益

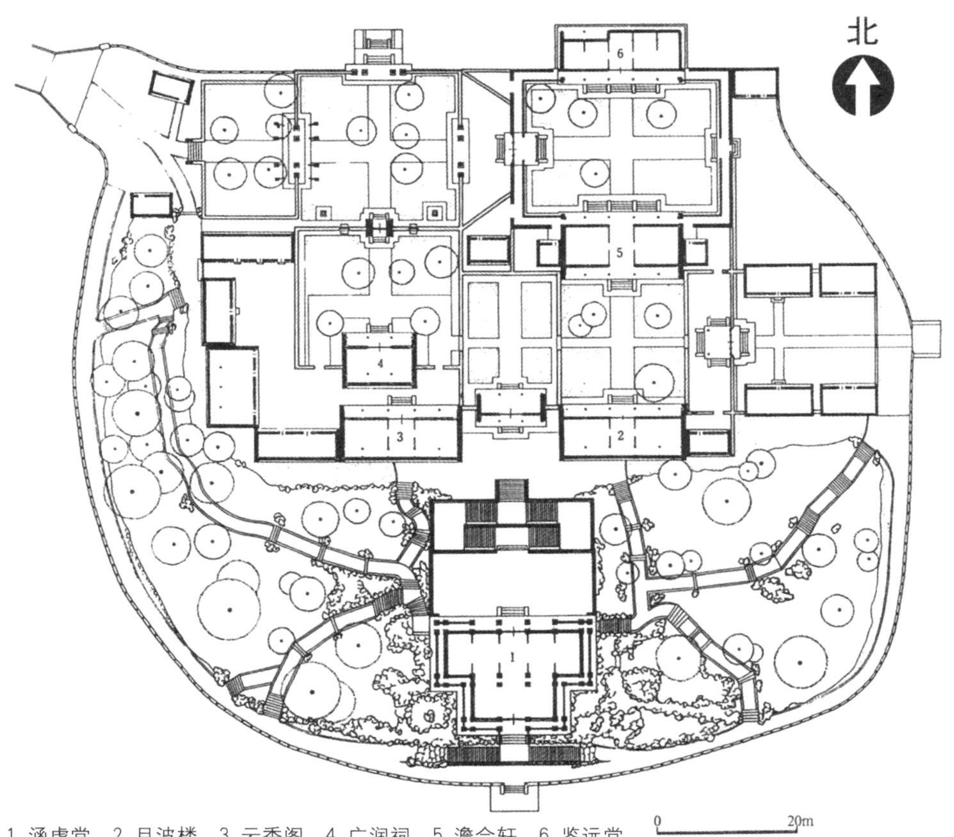

1.涵虚堂　2.月波楼　3.云香阁　4.广润祠　5.澹会轩　6.鉴远堂

图80　南湖岛总平面图（引自《颐和园》）

彰。就宗教题材而言，龙王庙是在这里必不可少的一项内容。龙王相当于神界的水利部长，以水著称或与水关系密切的地方都需要他的护佑。从此地的历史可知，元明时期这里的水域就得到了治理，作为当时的传统，在治水之后必定要兴建龙王庙（若治河则是河神庙），因此龙王庙同时也是治水的见证。清漪园的建园同治水是一体完成的，所以重加修饰、崇祀以求佑民就是必然的举动。乾隆帝改其名为广润祠更是从命名上寄予了美意。另一处宗教建筑——治镜阁形制特殊，下为圆城上为正四边形平面每面出抱厦的治镜阁，阁的建筑形象十分繁复华丽，同紫禁城角楼有相似之处。关于这座建筑的详情所知不多，被毁之后也未能得到重建，文献中也没有详细介绍其中的供奉陈设。不过从形象上看，这是一座标志性很强的建筑，其平面形式也是很经典的一种，同长春园中的海岳开襟相仿，圆中见方，应该也是传统宇宙观的反映。乾隆帝喜欢重复建设他所喜好的某一种

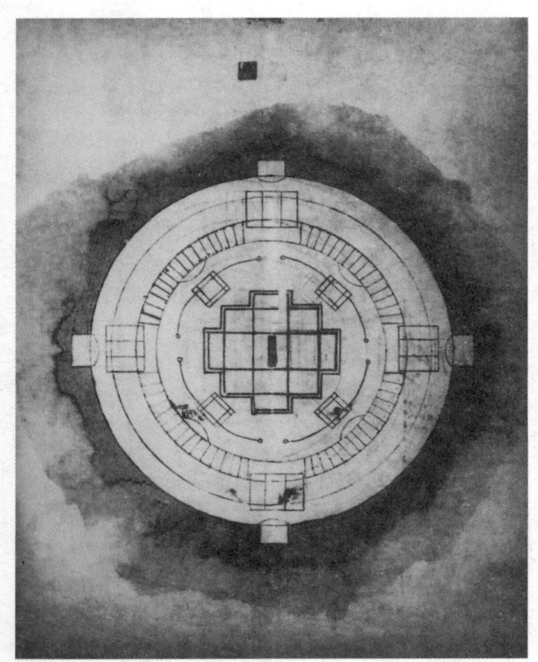
图81　光绪拟建治镜阁平面图（引自《颐和园》）

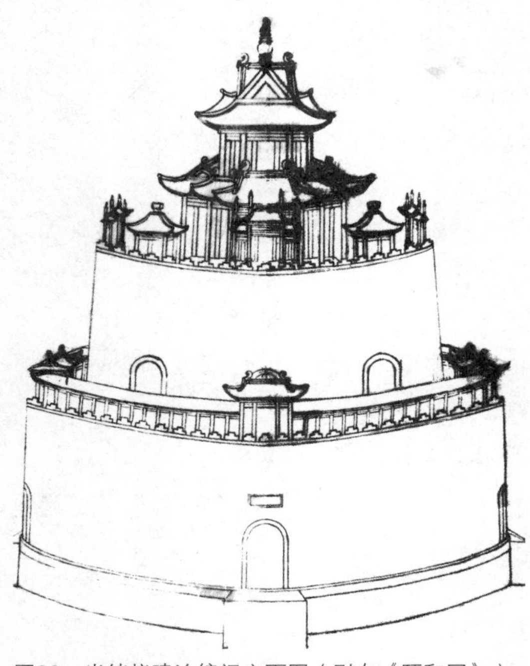
图82　光绪拟建治镜阁立面图（引自《颐和园》）

类型或形式的建筑，如多宝琉璃塔、坛城，治镜阁看来也是有所本。从结果看，这种形式同三山题材结合倒是非常贴切的做法，无疑对于塑造神仙境来说是有说服力的。

（三）程式化配套的宗教建筑

所谓程式化配套的宗教建筑是指下列两种情况。一是同帝王寝居空间紧密相连的宗教建筑或空间，如园中的乐寿堂、乐安和等处；二是根据当时传统必定附属于某种建筑形式的宗教建筑，如城关上的文昌阁、宿云檐上的关帝祠，包括耕织图中的蚕神祠。这些宗教建筑或空间的出现已成为一种必然的现象，所以可以说是一种程式化的配套建筑。当然比较谨慎的说法应当在这之前再加上时间限制，就是乾隆时期。因为乾隆帝的宗教活动比较频繁，宗教生活已是其日常生活的一部分。而清漪园完全是在乾隆时期完成，故而如此说法尚称合理。

（四）用于园林点景的宗教建筑

园中大量的宗教建筑规模不大，体量较小，属于为组景配合以点景为目的的。如大报恩延寿寺两侧的罗汉堂、宝云阁、转轮藏、慈福楼等；须弥灵境两侧的云会寺、善现寺；后湖苏州街一带的妙觉寺和后山东段沿游览路线间隔布置的花承阁、昙花阁等都是这种情况。此类建筑强调的不是象征意义或宗教虔诚，突出的是其在景观中以丰富的建筑形象起到的点缀作用，同时这些宗教建筑的存在也增添了景区的文化韵味，使得整个园区的空间氛围更加细腻和富于层次变化。这一点对于理解中国传统文化中宗教同园林之间的关系倒是大有裨益，很形象地反映了当时人们比较普遍的一种园林审美观。

这些宗教建筑的建筑形式十分丰富，以大报恩延寿寺两侧的建筑来说，罗汉堂是田字形平面，可能同碧云寺的罗汉堂类似，形制特殊；宝云阁为铜质建筑，材质富有特色，平面形式如坛城之制；转轮藏的屋顶形式是三个攒尖顶毗连勾连搭，形象别致；慈福楼的造型是常规形式。如此则四处景点各不相同，虽然是对称布置在主景的两侧，但由于形式各异而克服了这种布置方式常见的呆板感，因为此处毕竟是园林，追求气势是一方面，生动活泼也是必须考虑的。这样，总体上就兼顾了气势的庄重和园林所应有的景象生动这两个方面，同时这些建筑形式同其内容之间也存在着有机的联系而无生硬之感。乾隆帝的建筑创作大多有所本，博采众长也就成为皇家建筑的一个特点，作为模仿对象的民间宗教建筑也是形式多样，上述的建筑形式在民间都可以找到相应的例子。宗教为建筑创作提供了一个广阔的舞台。

图83　铜殿宝云阁（引自《颐和园》）

图84　转轮藏南立面图（引自《颐和园》）

妙觉寺出现在苏州街则是为了营造一种更为生动的俗世景象，因为在民间这是相当普遍的现象，商埠街市之中、街衢要冲之地若无寺庙反倒是怪事，此处造景的目的就是模拟江南水镇以取悦皇太后，从尽心模仿的角度看这一处寺庙简直可以说

图85　花承阁复原透视图（引自《颐和园》）

是必不可少。这是点景的又一种情形。

宗教建筑点景的另一种情况就是沿着游览路线间隔布置，在建筑密度很低的区域形成一些点，将游线穿连起来，花承阁和昙花阁是这方面的典型例子。花承阁是一处小园林同佛寺混合的建筑，建在一个直径约60米，依山而筑的半圆形平台上，中轴线线上是坐南朝北的三合院型佛寺“莲座盘云”，此院落据山势分为两层台地，高台外缘建通长三十七开间的弧廊，廊西段接花承阁。花承阁坐东朝西，就山势建为东面一层、西面两层的楼阁，阁南面的塔院内即为八面七重檐的多宝琉璃塔。多宝塔色彩斑斓，造型华丽，工艺精湛，与周围的一片绿色形成强烈对比。由于其本身处于建筑群的高位，加之塔高近二十米，自然就成为后山东区的控制性景观，乾隆帝的御制诗文中称此处有仙家之气，并非虚言。昙花阁位于万寿山山脊的最东端，东、南、北三个方向都有开阔的视野，也是景观的要点。阁高两层，平面为六角花瓣形，形如其名，非常别致。昙花同莲花一样也是佛教中的圣花，阁内供奉佛像，宗教气氛很是浓郁。昙花阁整体造型突出图案化，富于装饰性，重檐攒尖顶，檐口下还有垂柱装饰（转轮藏檐口下也是同样做法，可以作为参考来判断其效果），基座也是相同的六瓣昙花花瓣形状，形成一种向外扩张的空间态势，作为景观建筑十分合宜①。

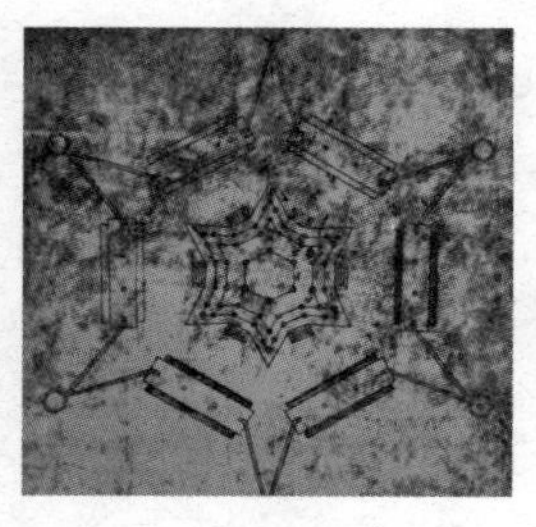

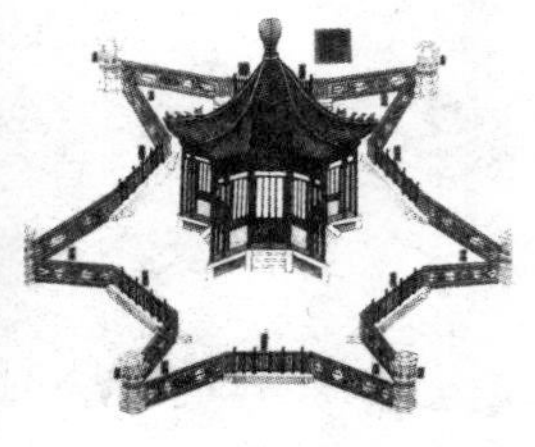

图86　光绪拟建的昙花阁平、立面图（引自《颐和园》）

虽然点景的建筑未必一定就是宗教建筑，但在这座以为太后祝寿为目的、以宗教建筑为主景、宗教气氛浓郁的皇家园林中，选择宗教建筑为题材布置点景建筑也是有其必然的逻辑性的，统观整座园林，主题明确，线索清晰，从主景建筑

①本段花承阁、昙花阁分别参考《颐和园》一书第七章第二小节、第十六小节的介绍材料。参见清华大学建筑系著，《颐和园》一书由当时清华大学建筑系集体测绘编撰而成，中国建筑工业出版社，2000年，第118—119、143—144页。

的营造到配景建筑的选择，题材和建筑形式丰富多变，构成了细腻的层次，同时在总体上形成彼此和谐的氛围，不得不说乾隆帝对于运用宗教建筑进行园林造景在手法上相当纯熟，在文化的理解上有其独到之处。其中一是对于宗教文化的理解，二是对于园林艺术的理解，这两方面都建立在对中国传统文化理解的基础上，因此取得的成就是相当辉煌的。相比之下，光绪时期的颐和园在这方面要逊色很多。

三、颐和园时期的宗教建筑

（一）清漪园、颐和园两个时期宗教建筑对照

颐和园是在清漪园的废墟上建造起来的，并且面临着内忧外患的政治局势和捉襟见肘的经济实力，这些条件决定了其同盛期的清漪园相比有很大的差距，这方面在宗教建筑的建设上体现得尤为明显。这个时期的宗教建筑的特点简单说的话就是大为减少，而保留下来的有很大一部分是劫后余生的砖石建筑，真正重建恢复的宗教建筑屈指可数。通过下列表格可以更为清晰地感受到清漪园同颐和园之间在宗教

清漪园、颐和园宗教建筑一览表[1]

序号	清漪园的宗教建筑	颐和园的宗教建筑	备　注
1	乐寿堂佛堂	无佛堂	劫后有陈设
2	乐安和佛堂	—	没有恢复
3	大报恩延寿寺	排云殿一路	功能变为朝会建筑
	天王殿	排云门	重建，改变功能
	钟鼓楼	东西朝房	重建，形式功能都改变
	大雄宝殿	排云殿	幸存，有陈设，改建
	东、西配殿	东西配殿	重建，改变功能
	多宝殿	德辉殿	幸存，改建，改变功能
	延寿塔（佛香阁）	佛香阁	重建，维持原功能
	智慧海	智慧海	砖石建筑，幸存

①本表据《清漪园、颐和园建筑名录对照一览表》编制，并参考了表前的说明文字，参见清华大学建筑系著，《颐和园》一书由当时清华大学建筑系集体测绘编撰而成，中国建筑工业出版社，2000年，第31-48页。

续表

序号	清漪园的宗教建筑	颐和园的宗教建筑	备 注
4	宝云阁	宝云阁	铜殿，幸存
	五方阁	五方阁	重建
5	罗汉堂	清华轩	改变功能
6	转轮藏	转轮藏	劫后幸存
7	慈福楼	—	没有恢复
	后罩殿	—	没有恢复
8	重翠亭（佛堂）	重翠亭	劫后幸存
9	山色湖光共一楼（佛堂）	山色湖光共一楼	建筑幸存
10	五圣祠	五圣祠	是否重建不详
11	宿云檐，城关上为二层阁（内有神祠）	宿云檐，城关上为单层阁（无神祠）	重建
12	妙觉寺	妙觉寺	是否重建不详
13	须弥灵境	—	没有恢复
	须弥灵境殿	—	没有恢复
	东、西配殿	—	没有恢复
	香岩宗印之阁	香岩宗印之阁	重建，形象改变
	四大部洲殿	—	没有恢复
	八小部洲殿	—	没有恢复
	日、月殿	—	没有恢复
	四色塔	—	没有恢复
14	云会寺	云会寺	
	香海真源	香海真源	幸存
	清音山馆	清音山馆	幸存
15	善现寺	善现寺	

续表

序号	清漪园的宗教建筑	颐和园的宗教建筑	备 注
	三摩普印	三摩普印	幸存
	法藏楼	法藏楼	重建
16	花承阁	—	没有恢复
	莲座盘云	—	没有恢复
	多宝塔	多宝塔	砖石建筑，幸存
17	昙花阁（佛堂）	景福阁	重建，功能、形式均改变
18	蚕神祠	—	附属耕织图，没有恢复
19	凤凰楼（兼作佛堂）	—	没有恢复
20	广润祠	广润祠	幸存
21	治镜阁	—	没有恢复
22	文昌阁，城关上为双层阁（内有神祠）	文昌阁，城关上为单层阁	重建

建筑方面的巨大差异。

从上表可以看到颐和园时期的宗教建筑大致可以分为如下几类。一类是劫后余生的宗教建筑，这部分建筑自然以恢复或保持原貌为要务，但基本上没有进行新的工程完善这些景点，如花承阁的多宝塔、须弥灵境后半部分的坛城（香岩宗印之阁并没有恢复原貌）；一类是在景观上具有重要作用的宗教建筑，其形式意义远大于内容，如佛香阁，虽然大报恩延寿寺已被废弃，改作他用，但佛香阁在景观上的重要作用使得必须恢复其建筑形象，由于其形式的特殊性，所以在内容上也延续了原先的内容，尽管如此做法造成了新的问题也在所不惜；还有一类是有残迹或幸存了一部分，稍加新的工程以完善整个组团，如同宝云阁一起的五方阁属于这种情况，同样情况还有善现寺。总体来看，颐和园的兴建工程中在宗教建筑方面着墨不多，这同宗教建筑的性质有关。宗教建筑从功能来说并非生活必需，而同个人信仰有关，在经济条件受到极大限制的时候，是首先遭到裁汰的对象。但是宗教建筑在景观上又具有十分重要的意义，所以适当地保留或恢复也是在所难免，毕竟乾隆时期清漪园中宗教建筑之盛也超出了一般正常的程度，反映的是乾隆帝个人的文化偏好，可见他在

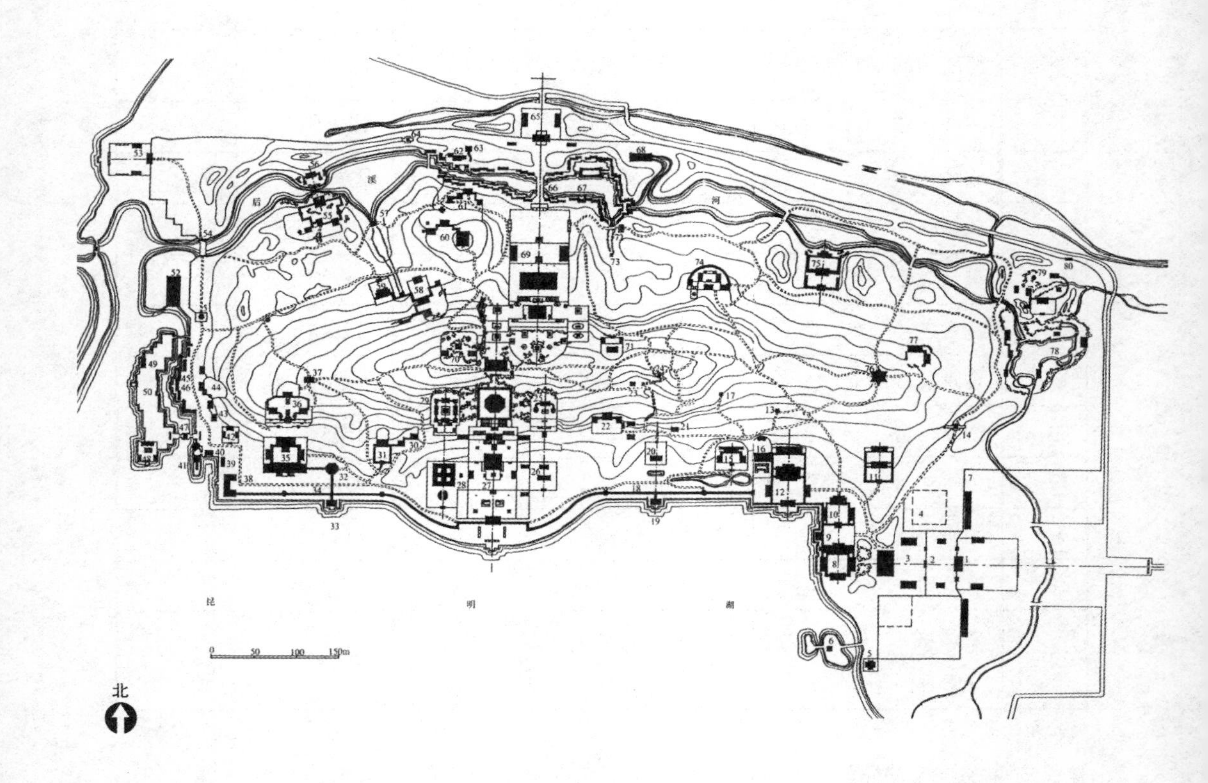

1.东宫门　2.二宫门　3.勤政殿　4.茶膳房　5.文昌阁　6.知春亭　7.进膳门　8.玉澜堂　9.夕仕楼　10.宜芸馆　11.怡春堂　12.乐寿堂　13.含断亭　14.赤城霞起　15.养云轩　16.乐安和　17.餐秀亭　18.长廊东段　19.对鸥舫　20.无尽意轩　21.意迟云在　22.写秋轩　23.重翠亭　24.千峰彩翠　25.转轮藏　26.慈福楼　27.大报思延寿寺　28.罗议堂　29.宝云阁　30.邵写　31.云松果　32.山色湖光共一楼　33.鱼藻轩　34.长廊西段　35.听鸥馆　36.画中游　37.湖山真意　38.石文亭　39.浮青绯　40.寄澜堂　41.石舫　42.蕴古室　43.小有天　44.延清赏　45.西所买卖街　46.旷观堂　47.荇桥　48.五圣祠　49.水周堂　50.小西泠（长岛）　51.宿云楼　52.北船坞　53.如意门　54.半壁桥　55.绮望轩　56.看云起时　57.澄碧亭　58.赅春园　59.味闲斋　60.构虚轩　61.绘芳堂　62.嘉荫轩　63.妙觉寺　64.通云　65.北宫门　66.三孔桥　67.后溪河买卖街　68.后溪河船坞　69.须弥灵境　70.云会寺　71.善现寺　72.云辉　73.南方亭　74.花承阁　75.云绘轩　76.昙花阁　77.延绿轩　78.惠山园　79.霁清轩　80.东北门

图87　乾隆时期万寿山总平面图（引自《颐和园》）

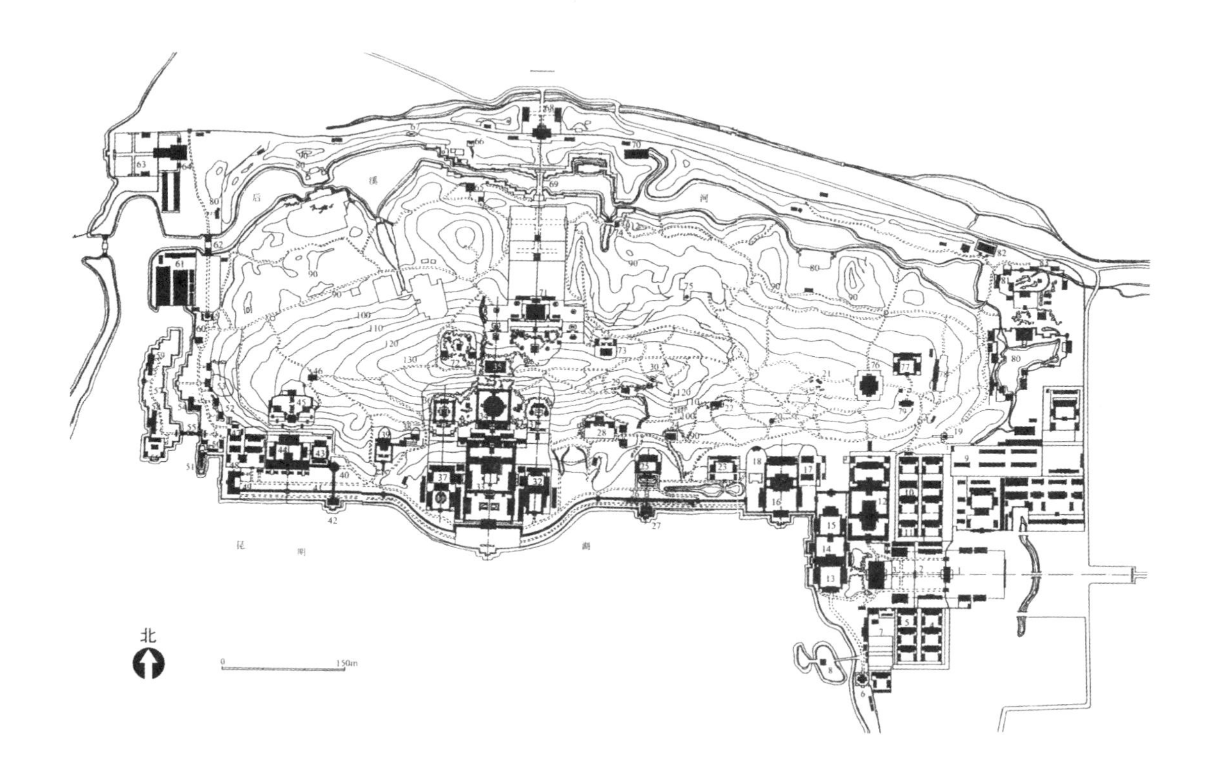

1.东宫门　2.仁寿门　3.仁寿殿　4.奏事房　5.电灯公所　6.文昌阁　7.耶律楚材祠　8.知春亭　9.杂勤区　10.东北所　11.茶膳房　12.德和园　13.玉澜堂　14.夕仕楼　15.宜芸馆　16.乐寿堂　17.永寿斋　18.扬仁风　19.赤城霞起　20.含断亭　21.荟亭　22.福荫轩　23.养云轩　24.意迟云在　25.无尽意轩　26.长廊东段　27.对鸥舫　28.写秋轩　29.重翠亭　30.千峰彩翠　31.转轮藏　32.介寿堂　33.排云殿　34.佛香阁　35.智慧海　36.宝云阁　37.清华轩　38.邵窝　39.云松巢　40.山色湖光共一楼　41.长廊西段　42.鱼藻轩　43.贵寿无极　44.听鹊馆　45.画中游　46.湖山真意　47.西四所　48.承荫轩　49.石丈亭　50.寄澜堂　51.清晏舫　52.小有天　53.延清赏　54.临河殿　55.荇桥　56.五圣阁　57.小西泠（长岛）　58.迎旭楼　59.澄怀阁　60.宿云檐　61.北船坞　62.半壁桥　63.如意门　64.德兴殿　65.绘芳堂　66.妙觉寺　67.通云　68.北宫门　69.三孔桥　70.后溪河船坞　71.眷岩宗印之阁　72.云会寺　73.善现寺　74.云辉　75.多宝塔　76.景福阁　77.益寿堂　78.乐农轩　79.自在庄　80.谐趣园　81.霁清轩　82.眺远斋　83.东北门　84.国花台

图88　光绪时期万寿山总平面图（引自《颐和园》）

清代帝王之中也是极为特殊的一位。

（二）排云殿改建的得失

讨论颐和园的宗教建筑不得不涉及这一时期最大的变化，即将原大报恩延寿寺改为朝会建筑排云殿。正是这一变化使得整座园林的功能定位为之一变，成为离宫型御园。从当时的条件分析其中确有合理的成分。首先，东宫门一区的用地有限，难以向纵深方向拓展，并且建筑朝向也不是最佳；其次，朝会建筑不得不考虑到一定的皇家气派，就全园范围看此处无疑是最有气势的地方，建筑本身成规模，周围的环境配置也十分理想；最后，同样重要的一个因素是，根据当时的档案显示此处的大雄宝殿、德辉殿等建筑还得以保存，由于中国传统建筑的适应性很强，只要稍加改动即可安排新的功能，显然成本较低，以当时的经济状况，这点显然意义也很大①。从结果看，排云殿的确也气派不凡，虽然单体建筑的体量不如仁寿殿，但总体的气势要压过仁寿殿，这也是太后在晚清政治地位的一个象征吧。

但是这一变化带来的问题也是极为明显，且与传统礼制多有抵触。首先，朝会建筑深入园林腹地，在空间流线的组织上多有不便，路线过长。同圆明园、畅春园或避暑山庄等离宫型御园相比，就可看出问题。其次，其他园林都有明确的朝寝分区，不同分区之间有空间界限，彼此不干扰和穿插。其次，路线经过的是长廊，在空间氛围的营造上显然不利，仪式本身所要求的严肃性、庄重感同周围环境的生活化情调之间存在着明显的冲突。最后，排云殿所倚靠的是宗教建筑佛香阁，从景观和空间序列看，附属于佛香阁，这点在原大报恩延寿寺来说是正常而合理的，但对朝会建筑来说，则是大不相宜。朝会建筑在礼制中属于最高等级的建筑，它的等级体现虽然不一定用绝对最高级的建筑形式，但在同一区域之中总要维持最高的等级，即相对程度的最高是必须保证的，这一点在此处显然不能实现，可以说是于礼不合，属于致命伤。所以这种情况也只在此处出现，成为一个罕见的孤例，反映了晚清政治局面的混乱，最高统治者对于封建传统赖以维系的礼制制度或者是不甚了了或者是没有给予高度的重视，即使从封建的历史观来说，其灭亡也是必然的结果。不过这也从反面论证了中国传统建筑，虽然个体的形式差异不大，有极强的适应性，但是环境配合的总体关系却是有着很严格的规范，建筑的个性往往在这些方面得以体现，同时其中也包含了很强的科学性、实用性。如果随意将就的话，其结果十分尴尬。排云殿是个反面教材，同乾隆盛期相比，建筑艺术和统治者的学识都有天壤之别。

①同治三年（1864年）《陈设清册》中载有大雄宝殿名字，光绪十二年在德辉殿举行“水操内学堂”的“供梁”仪式，可知此两处建筑在园工重开之前已存。参见清华大学建筑系著，《颐和园》一书由当时清华大学建筑系集体测绘编撰而成，中国建筑工业出版社，2000年，第36—37页。

第三节　畅春园

畅春园为清代建设的第一座离宫型御园，建于康熙年间，其址原为明代的“李园”，在康熙二十九年前建成。畅春园在建成后康熙帝常年居此，但由于雍正帝即位后以圆明园为离宫，畅春园的地位有所下降，其建设基本上就限于康熙一朝。从本课题的研究角度看，畅春园是宗教建筑数量最少的一处皇家园林。仅有的几处宗教建筑中，如恩佑寺、恩慕寺等还是雍正、乾隆年间所建，其关帝庙、娘娘殿等究竟是原来就有还是康熙帝建园时所建也不能确定，因此不难看出，康熙帝对宗教建筑的建设没有什么太大的热情。这是一个值得注意的现象。当然纵观其一生并非完全没有宗教建筑的建设，但在其常用的离宫御园之中几乎没有什么此类建筑的建设，确实不同于其他帝王。

在畅春园的宫廷生活区也未见有关于佛堂的文字记载，联系别处的情形看，以康熙帝的宗教观，没有此类空间是完全有可能的事情。康熙年间园中仅有的两处宗教建筑就是关帝庙和娘娘殿了：“无逸斋后循山径稍东有关帝庙，东过板桥方亭为莲花岩，对河为松柏闸，关帝庙后为娘娘殿，殿态方式建于水中。(畅春园册)……关帝庙额曰忠义，圣祖御书。”[①]由于畅春园在1860年毁于英法联军的焚烧，其中建筑的详情已是无可考察了，从上述文字看，这两处建筑的规模不会大，并同环境融合，是相当园林化的处理手法，从关帝、娘娘这样的内容来看，是明清时期相当普遍的崇拜偶像，因此很有可能是利用了原来的遗存，而非康熙时新建。同样的情况还有藏辉阁阁后的府君庙：“阁后临渊鉴斋东过小山口北有府君庙。……府君庙神像如星君，旁殿奉吕祖像”[②]。这些内容都是民间常有的崇拜对象，若是康熙时刻意为之，倒应该留下一些文字来说明缘由。

恩佑寺是雍正帝为康熙帝荐福所建，“恩佑寺建于苑之东垣内，山门东向，外临通衢，门内跨石桥，正殿五楹，南北配殿各三楹。(畅春园册)[臣等谨按]恩佑寺，世宗宪皇帝为圣祖仁皇帝荐福，建于畅春园之东垣，正殿内奉三世佛，左奉药师佛，右奉无量寿佛。山门额曰敬建恩佑寺。二层山门额曰龙相庄严，正殿额曰心源统贯。皆世宗御书。殿内龛额曰宝地昙霏。联曰：万有拥祥轮，净因子福；三乘参惠镜，香界超尘。皆皇上御书”[③]。比较特殊的是该寺朝向为东西向，可能是后世所

①[清]于敏中等编纂，《日下旧闻考》第二册，北京古籍出版社，1985年，第1281页。

②[清]于敏中等编纂，《日下旧闻考》第二册，北京古籍出版社，1985年，第1276页。省略号前为引《畅春园册》文，后为按语。

③[清]于敏中等编纂，《日下旧闻考》第二册，北京古籍出版社，1985年，第1277页。皇上者，乾隆帝也。

建，碍于地势的缘故，不然空间无法展开，就失去了皇家起码的气派。其内容并不多，空间规模也相当有限，不过从现存的山门看，建筑的规制还是颇为正式的，有别于园林建筑。

恩慕寺的情况同恩佑寺基本相同，“恩佑寺之右为恩慕寺，殿与规制与恩佑寺同。（畅春园册）[臣等谨按]圣祖仁皇帝为太皇太后祝釐，建永慕寺于南苑，世宗宪皇帝为圣祖仁皇帝荐福，建恩佑寺于畅春园。乾隆四十二年，皇上圣孝哀思，绍承家法，于恩佑寺之侧敬构是寺，名曰恩慕寺，为圣母皇太后广资慈福。正殿奉药师佛一尊，左右奉药师佛一百八尊，南配殿奉弥勒像，

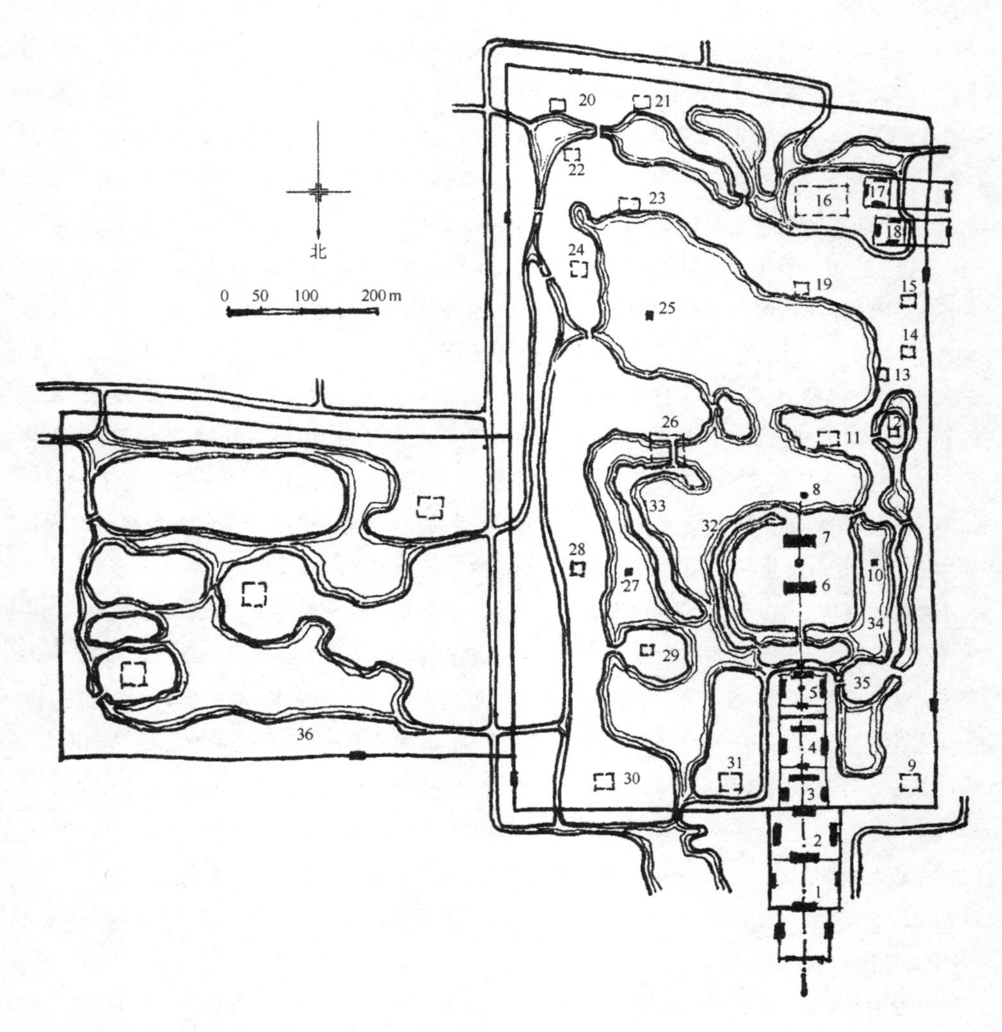

图89 畅春园总平面示意图（引自《中国古典园林史》）

北配殿奉观音像，左右立石幢一，刻全部药师经，一勒御制恩慕寺瞻礼诗。山门额曰敬建恩慕寺。二层山门额曰慈云广荫，大殿额曰福应天人，殿内额曰慧雨仁风。联曰：慈福遍人天，祥开佛日；圣恩留法宝，妙现心灯。皆御书。”①从上述文字看，不仅建设动机因袭前朝，甚而建筑形制也是颇为雷同，如此则此类建筑渐有模式化的倾向。

第四节　静明园

一、静明园的历史

静明园在玉泉山的南侧。玉泉山本为京郊之胜地，留下了许多文人墨客的诗词篇章，早在金章宗时期就在此修建了行宫芙蓉殿作为避暑地。明代西郊一带皇家贵族建园之风日盛，玉泉山显得更为突出，明正统年间英宗敕建上、下华严寺于山南坡（毁于明嘉靖二十九年瓦剌军之手）。清代顺治二年开始在上、下华严寺的旧址上兴建了澄心园，康熙年间加以扩充②，“静明园在玉泉山之阳，园西山势窈深，灵源浚发，奇征趵突，是为玉泉。山麓旧传有金章宗芙蓉殿，址无考，惟华严、吕公诸洞尚存。康熙年间创建是园，我皇上几余临憩，略加修葺。”③康熙三十一年改名为静明园。一旦为皇家所占据，则与百姓无缘，寂寞胜迹与三两人遣怀，至今已数百年。乾隆年间再度扩建增饰，园景由十六景增至三十二景。

玉泉山呈南北走向，延伸1300米，东西展宽约450米，主峰海拔100米，相对高度为50多米。静明园的范围包括了整座玉泉山和山脚下的多处湖泊、溪流，面积约65公顷。静明园的园林建筑以寺院道观及石洞众多而闻名，独标于京畿。玉泉山以泉水闻名，奇石幽洞配灵山妙境，自然引发人们的无穷想象，寺观应运而生，洞也被赋予神仙故事，自然与人文互长，名山遂成。

二、围绕趵突泉的宗教建筑

静明园的景观主体在山的南坡，前以玉泉湖为核心建设了主体建筑群，背景则是玉泉山和山顶的玉泉塔，皇家气派借助这种得天独厚的自然景观配置得以充分地展现。

玉泉山既以泉著称，则趵突也就被推为

①[清]于敏中等编纂，《日下旧闻考》第二册，北京古籍出版社，1985年，第1277–1278页。

②据[清]朱彝尊《日下旧闻》原文尚无御园之记述，可见康熙初年还未建园。据《日下旧闻考》载园中城关建于康熙二十年，由于其时园中建筑规模不大，则以此判断，静明园始建年代应在康熙二十年前后。

③[清]于敏中等编纂，《日下旧闻考》第三册，北京古籍出版社，1985年，第1412页。

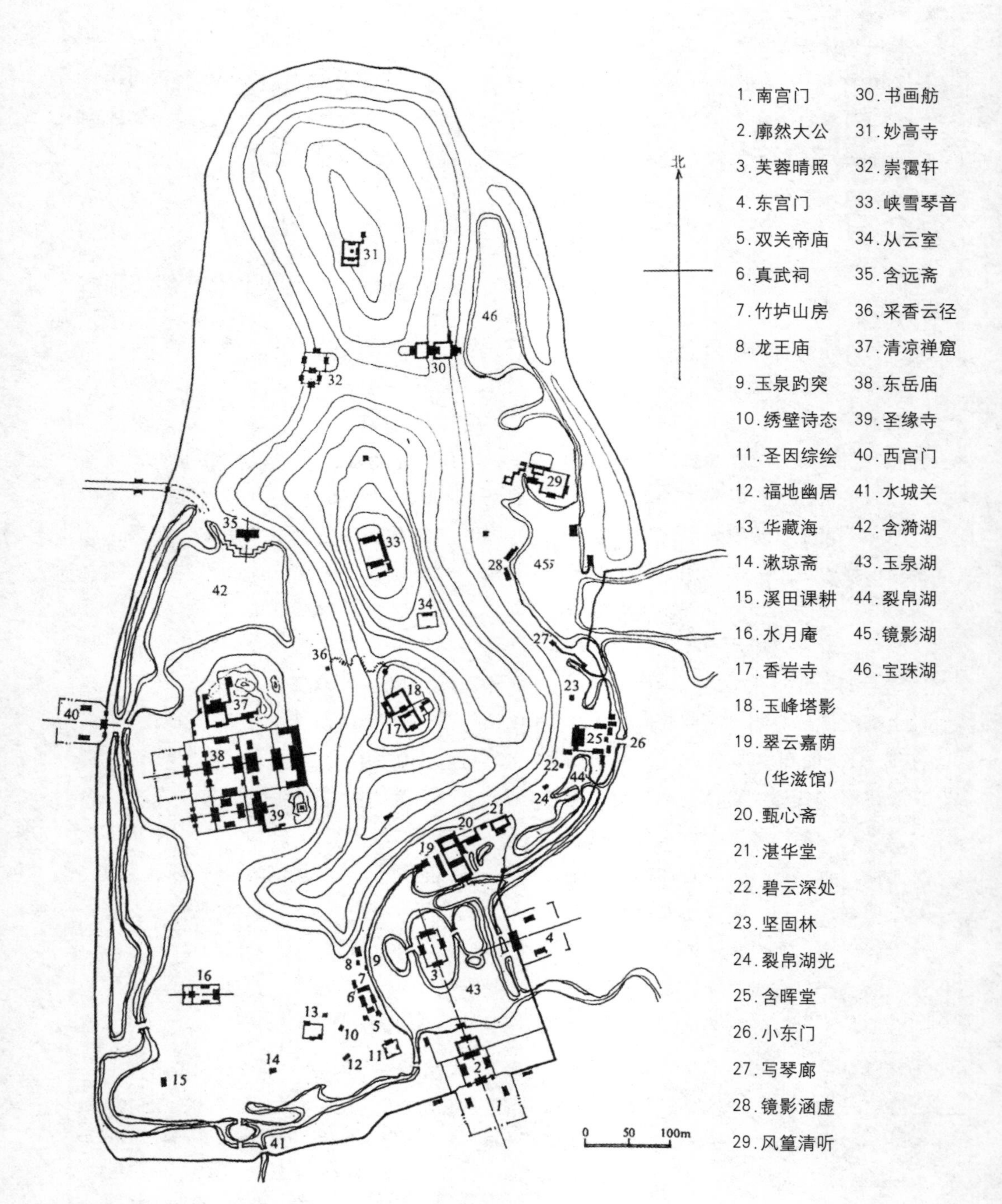

图90　静明园总平面图（引自《中国古典园林史》）

第一景，围绕趵突欲长气势，乾隆帝的拿手好戏就是盖房子——修庙。“虚受堂之西，山畔有泉，为玉泉趵突，其上为龙王庙”[①]。乾隆对此有谕旨：“京师玉泉，灵源浚发，为德水之枢纽。畿甸众流环汇，皆从此潆注。朕历品名泉，实为天下第一。其泽流润广，惠济者博而远矣。泉上有龙神祠，已命所司鸠工崇饰，宜列之祀典。其品式一视黑龙潭……”[②]黑龙潭为清代皇家祈雨的场所，有一定的地位，龙神祠建筑等级同其一致，并将祭礼列入祀典，这是相当高的待遇了，可见乾隆帝对这处水源的重视。“乾隆十七年御制玉泉山天下第一泉龙神祠落成诗纪其事：功德无双水，名称第一泉。合教崇庙貌，用以妥神筵。方落临佳令，肇禋卜吉蠲。瓣香亲致敬，清酒命申虔。灵贶时旸雨，鸿庥利涧瀍。黄图佑千载，壬养纪今年。”[③]水源之于一个城市的重要性是毋庸赘言的，乾隆帝也深明其中道理，尤其对于北京西郊乃至城中的皇家园林来说，水更是命脉所系。因此，乾隆帝虽然对道教没有太大兴趣，但在这里也不得不表现出一些虔敬来，这已经同宗教立场无关

图91　玉泉趵突龙王庙速写（引自《圆明园园林艺术》何振强绘）

①[清]于敏中等编纂，《日下旧闻考》第三册，北京古籍出版社，1985年，第1413页。原书文引《静明园册》。

②[清]于敏中等编纂，《日下旧闻考》第三册，北京古籍出版社，1985年，第1414页。

③[清]于敏中等编纂，《日下旧闻考》第三册，北京古籍出版社，1985年，第1414页。

了。再看围绕着趵突泉有一连串的宗教建筑：“观音洞之南为真武庙，后为吕祖洞，旁为双关帝庙。”[①] 三座建筑的题额都是乾隆御书，颇有皇家色彩，“真武庙额曰辰居资佑，吕祖洞额曰鸾鹤悠然，双关帝庙额曰文经武纬”[②]。乾隆作

图92　吕祖洞速写（引自《圆明园园林艺术》何振强绘）

图93　玉峰塔影速写（引自《圆明园园林艺术》何振强绘）

①[清]于敏中等编纂，《日下旧闻考》第三册，北京古籍出版社，1985年，第1415页。原书文引《静明园册》。

②[清]于敏中等编纂，《日下旧闻考》第三册，北京古籍出版社，1985年，第1415页。

为一个封建帝王，总是不忘标榜自己，御制诗中此类现象比比皆是，此处有一句吕祖洞的诗句堪称典型：“云鹤仙仪为重整，祇求岁美不求仙。”[①]句中有注曰：“年来祈祷雨雪屡应，特为重加庄严。”[②]宗教活动也必须纳入国家利益的范围，则名正言顺，也可视为一种可以公之于众的宗教态度，虽未必真实，但也反映了一个方面。

三、玉泉山山顶宗教建筑

玉泉山不仅有寺庙、道观等宗教建筑，山上多石洞也是一个特点，这些石洞结合神话传说不仅使登山的过程富有情趣，也使整座山林沉浸在一种悠远的文化传统之中，“由心远阁折而北为罗汉洞，又上为水月洞，又西山麓为古华严寺，寺后为云外钟声，东为伏魔洞。”[③]从这段文字中可以感受到这种文化氛围，前有古寺，后有伏魔洞，两者之间的这种呼应，是一条精神纽带将自然和人文景观穿联在一起，形成一种总体的印象，这里的建筑或景观既是有宗教意味的，又是富含园林景观因素的构成，这是中国传统文化中宗教同自然山水结合的典型手法，皇家园林的建设充分吸收了这方面的养分，同样取得了很高的成就。

图94　妙高塔速写（引自《圆明园园林艺术》何振强绘）

①[清]于敏中等编纂，《日下旧闻考》第三册，北京古籍出版社，1985年，第1416页。

②[清]于敏中等编纂，《日下旧闻考》第三册，北京古籍出版社，1985年，第1416页。

③[清]于敏中等编纂，《日下旧闻考》第三册，北京古籍出版社，1985年，第1425页。原书文引《静明园册》。

当然，石洞不能成为主要的内容，而只是登山过程中的铺垫，静明园中统领全局的建筑自然是山顶的玉峰塔影一景。“峡雪琴音迤南山巅为玉峰塔影，前为香岩寺，右为妙高室”[①]。这组佛寺建筑群依山就势，层叠而起，居中的是八面七层琉璃砖塔玉峰塔。塔的形制仿镇江金山寺塔，各层供铜制佛像，中间有旋梯可以登临。从景观上讲，玉峰塔的意义不仅是静明园的主景，也是西郊诸园的借景对象，是相当精彩的一笔。同时也可以看到，香岩寺的规模不大，这也不仅是地形使然，更重要的原因在于这组宗教建筑的建设最重要的目的不是宗教而是景观，从宗教角度分析这组建筑实在乏善可陈。周维权先生在《中国古典园林史》中指出：“塔与山相结合的构图形象是成功的、予人印象是完美的，但这种做法亦得之于江南风景的启迪。江南的长江下游一带冲积平原上，常有小山丘平地隆起，每多在山的极顶建制置塔。这种以塔嵌合于山丘所构成的景观十分优美，往往成为江南大地风致的重要点缀，也是江南风光的特色之一”[②]。从塔的选址来说，丘陵地带的选址不同于山地的选址，后者往往不会选择极顶而是次高峰。这种模仿江南景致的手法在清代皇家园林中不乏其例，同清代帝王多次南巡大有关系，从中也不难理解为何说这组建筑的宗教意味远逊于景观意味，从建设的动机来说，就是出于造景的需要而不是宗教的需要。此处玉峰塔的建设同清漪园大报恩延寿寺塔的建设虽然在景观上有相似的功能，但始建动机还是有区别的，其宗教的意味自然也大相径庭。

乾隆帝将整座玉泉山都圈入了静明园的范围，在景观处理上自然也要有通盘的考虑，其方法是利用山脊做文章。山脊为大轮廓之所在，也是视觉形象的脉络所在。玉泉山北峰上另一组宗教建筑群妙高寺就是又一处点景之作，“玉峰塔影之后，北峰上为妙高寺，殿后为妙高塔，又后为该妙斋”[③]。妙高塔、玉峰塔南北呼应，有主有次，以点成线，构成了总体景观上的一条主轴，从而控制了整座园林。妙高塔是一组喇嘛塔，其形制也属于金刚宝座塔，一大四小五座喇嘛塔位于方形的坛基之上，同西黄寺的金刚宝座塔有类似之处，但体量要小。选用这种塔的形式应该是有所考虑的。一则此塔的形象不能与玉峰塔雷同以免单调；二则此塔的体量不能

①[清]于敏中等编纂，《日下旧闻考》第三册，北京古籍出版社，1985年，第1422页。原书文引《静明园册》。

②周维权著，《中国古典园林史》（第二版），清华大学出版社，1999年，第374页。

③[清]于敏中等编纂，《日下旧闻考》第三册，北京古籍出版社，1985年，第1422页。原书文引《静明园册》。

过大以免喧宾夺主；三则此塔作为景观建筑必须有自己的形象特点。从妙高塔的结果看，无疑是能满足上述三方面的要求的，当然并不是说除了这种形式就别无他法，最终选择喇嘛塔来同玉峰塔对应，背后显然还是有文化上的考虑，可以将其理解为乾隆帝的文化政策的象征。乾隆帝笃好藏传佛教自然是一方面的原因，但在静明园整座园林中别无类似形式建筑的情况下有此一笔，若无一种价值取向上的想法，则实在显得突兀。纯从景观考虑的话，汉式建筑中楼阁建筑也完全可以满足要求，并有更好的总体效果，显然此处的喇嘛塔形式别具一种文化上的象征意义，是乾隆帝民族意识的一种体现。藏传佛教已经被乾隆帝用来作为一种文化上的工具，以此同强大的汉族文化抗衡，借以保持满族作为一个统治阶级的民族独立性，这一思想在很多方面影响了皇家建筑的建设，静明园的妙高塔是其中的一个例子。用符号学的方法来分析的话，这一象征意义是十分有趣的，玉峰塔为主，妙高塔为次，象征了汉族文化为主，少数民族文化为次，但在彰显汉族文化的同时，也彰显了少数民族文化，虽有主次之分，但各自占据了相对平等的地位，相互之间有对立的因素，也有配合的因素，共同组成了一幅富有张力的文化图景。同样的手法在清漪园中也可以看到，万寿山的前山以汉式建筑为主，后山出现了藏式建筑占据主导地位的景观，静宜园中的碧云寺虽为改建，但这种文化上的象征意味也非常相似。可见这绝非偶然现象，而是一种文化思想在建筑上的具体体现。妙高塔虽小，在全园的建筑中所占比重也是很轻，但是乾隆帝将其放在了一个特殊的位置上之后，就具有了深远的文化意义，这也可以说是一处相当精彩的点睛之笔。

四、玉泉山西麓宗教建筑

玉泉山山麓以西是一片开阔平坦的区域，乾隆时期在这里建设了园中最大的一组建筑群，包括道观、佛寺和小园林。道观东岳庙又名仁育宫，居中而建，坐东朝西，成于乾隆二十一年。“仁育宫门外建三面方楔，中曰瞻乔门，二层曰岳宗门，宫内奉东岳天齐大生仁圣帝像，御题额曰苍灵赐禧。碑二，左勒御制东岳庙碑文，右勒御制仁育宫颂。左曰佑宸殿，右曰翊元殿，又左为昭圣殿，右为孚仁殿，正点后为玉宸宝殿，奉昊天至尊玉皇大天尊玄穹高上帝像。又后为泰钧楼，左为景灵殿，右为卫真殿。”①道观本身的规模颇为可观，乾隆帝在《玉泉山东岳庙碑文》中解释了为什么要在此建设东岳庙的原因，“东岳为五岳宗……去京师千里而远。岁时莅事，职在有司。方望之祀，非遇国家大庆及巡狩所至，未尝辄举。是以郡邑都会往往崇庙貌以奉苾馨……固非特岩岩

①[清]于敏中等编纂，《日下旧闻考》第三册，北京古籍出版社，1985年，第1418页。

具瞻，表望齐鲁而已。京师之西，玉泉山峰峦窈深，林木清瑟，为玉泉所自出。滋液渗漉，泽润神皋。与太山之出云雨，功用广大正同。爰即其地建东岳庙，凡殿宇若干楹，规制崇丽，以乾隆二十有一年工竣。……东岳之为泰岱，人皆知之。而不知山岳之灵，不崇朝而雨天下，其精神布濩，固无不之。譬夫山峡出泉，随地喷涌，导之即达，固不可谓水专在是，则东岳之祀于兹山也固宜。是为记。”[①]从碑文中可知，兴庙的关键还是在于水，正是水使得泰山所出的云雨同玉泉山所出的泉水联系起来，所谓功用广大正同。乾隆帝是颇为重视礼制的皇帝，与祭祀有关的事宜都要有理论依据，而在玉泉山建东岳庙有点儿于礼无据的感觉，

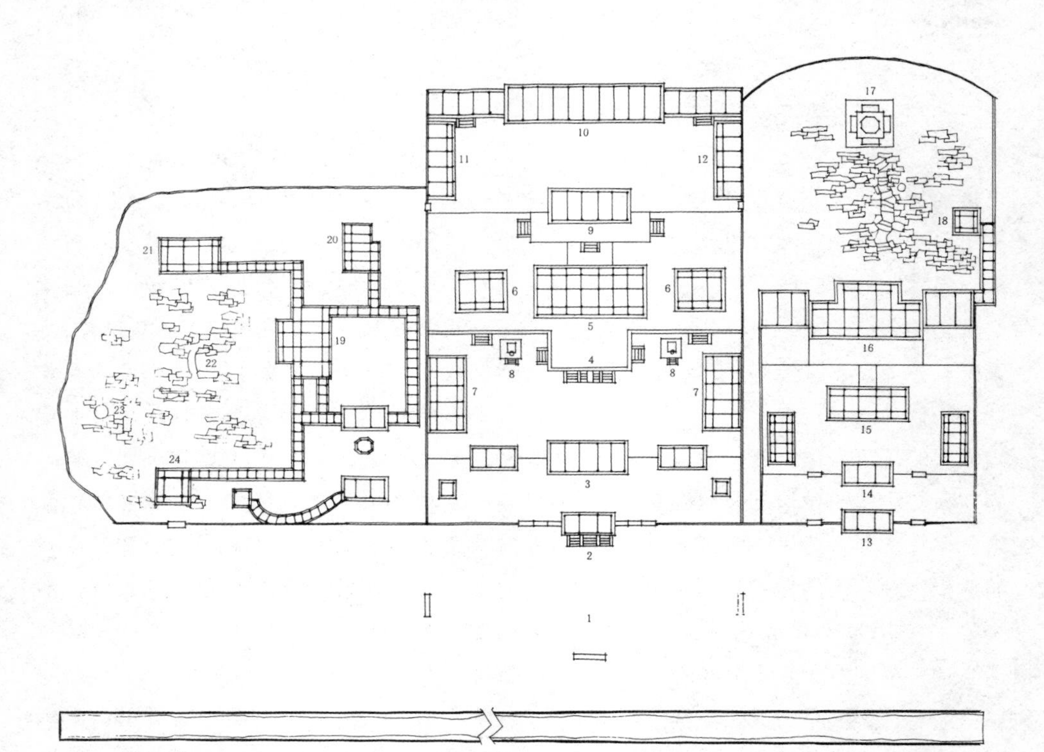

1.牌坊；2.瞻乔门；3.岳宗庙；4.月台；5.仁育宫；6.孚仁殿；7.昭圣殿；8.石碑；9.玉宸宝殿；10.泰钧楼；11.卫真殿；12.景灵殿；13.圣缘寺；14.天王殿；15.能仁殿；16.慈云殿；17.琉璃塔；18.四方亭；19.清凉禅窟；20.挹清芬；21.霞起楼；22.仙桥；23.仙岩；24.犁云亭

图95　玉泉山西麓仁育宫一区总平面图（引自《圆明园园林艺术》）

①[清]于敏中等编纂，《日下旧闻考》卷八十五，北京古籍出版社，1985年，第1418-1419页。

所以不得不如此，从中倒也可以看出清代帝王比较重视实际的作风，对经典的理解不太死板，重视精神上的共通，要点还是玉泉之水的作用太大。至此，关于玉泉山的水，不仅兴建了龙王庙，又增加了东岳庙，此地的灵魂得以确立，这里的宗教建筑也显出了与别处大不相同的特色。相似的例子在民间也有，山西晋祠的整个建筑群所围绕的主题也是水，虽然各个小组的建筑群各有名目，但其灵魂是崇奉水神这点是无疑的。在自然条件得天独厚的胜地进行崇奉自然神灵的宗教祭祀活动，也是非常自然的事情，正所谓得其所也。

东岳庙之北紧邻的是一组小园林，名为清凉禅窟，是静明园十六景之一。其正厅坐北朝南，周围有亭台楼榭通过曲廊相连，同假山叠石结合，确是幽静所在，其北为一片水面——含漪湖，湖对岸有含远斋相望。从其命名也可知，此处虽不是宗教建筑，但宗教气氛浓郁，乾隆帝称之为“佛火香龛，俨然台怀净域”[①]，五台山为佛教圣地，台怀之自然环境尤为独特，为高山上一平台，四面环山，气势磅然，此处更多的是表明一种钟爱之情，自然环境略有相似而已。清代帝王多次巡游五台山，当地的风情和建筑也有在北京被模仿的例子，此处并不典型，在其他地方还可见到。

东岳庙之南是一组佛寺建筑，名为圣缘寺，虽然规模不大，但也有四进院落，“正宇为能仁殿，后为慈云殿，左为清贮斋，右为阆风斋”[②]。其最后一进院落为塔院，建琉璃塔，就是乾隆时期所建的五座琉璃宝塔之一。综合起来看东岳庙、清凉禅窟和圣缘寺这一组建筑群所形成的宗教氛围是有相当典型意义的一个空间组合，佛道并存，园林同寺观结合，建筑形制遵循各自的特点，寺观建筑有较为严整的格局，轴线明确，以院落为空间组合的单元，园林建筑则随宜而建，形成了一个有张有弛的整体。

园内宗教建筑还有多处，在南山景区之西、东岳庙之南这片较为开阔平整的地段有几处规模较小的宗教建筑，如“福地幽居之西梵宇为华藏海”[③]，华藏海之西北为水月庵等。这几处宗教建筑的来历不明确，不知是原有的遗迹还是乾隆时期或康熙时期新建或重建的，其中的详情也不得而知。园中玉泉山东麓的建筑多为园林建筑，在山水之间其地势也比较逼仄，规模和体量都是较小的，这里原本有上、下华严寺，但后来就只剩下华严洞了。静明园中的宗教建筑的一大特点

①《乾隆十八年御制清凉禅窟诗》，引自[清]于敏中等编纂，《日下旧闻考》卷八十五，北京古籍出版社，1985年，第1420页。

②[清]于敏中等编纂，《日下旧闻考》卷八十五，北京古籍出版社，1985年，第1418页。

③[清]于敏中等编纂，《日下旧闻考》卷八十五，北京古籍出版社，1985年，第1417页。

是主题明确，基本都是围绕玉泉山的泉水做文章，虽然看上去名目繁多、各不相同，但通过各种联系，最后都落在水字上。的确，玉泉山的泉水不仅水质优良，而且水源丰沛，是西郊乃至京城的水源重地。这水造就了京郊北方江南的景致，也给都城增添了不少生机和活力。因此，帝王崇奉这一方水土也是自然而然的行为，这一行为形成了此地独具特色的人文景观，“园内共有大小景点三十余处，其中约三分之一与佛、道宗教题材有关，山上还建置了四座不同形式的佛塔，足见此园浓厚的宗教色彩。可以设想，乾隆当年建园的规划思想显然在于摹拟中国历史上名山藏古刹的传统而创造一个具体而微的园林化的山水风景名胜区。”[①]其实在中国的文化传统中，形成这样的结果未必是刻意的追求，自然是人文的依托，人文为自然增彩，相互配合，相得益彰。在康熙帝建园之前，这里已经有了相当深厚的宗教文化基础，乾隆帝是在前人的基础上又加了一笔。真正的名山风景区是不大可能在一个较短的时期内形成的，以园中各种名目的宗教建筑而言，没有时间的积累，仅凭个人的想象是不可能形成的。考察此处的宗教建筑应该注意到此处成为皇家园林之前的民间传统，这是一个重要基础。

第五节　静宜园

静宜园成于乾隆年间，主体是香山，属于天然山水园，相对来说，人工的经营要少一些。其中的宗教建筑大多是成园之前就已存在的百年古刹，历史悠远，气势雄浑。碧云寺在乾隆年间得到拓展，从而形成特殊的汉藏结合的建筑风格，其他寺庙则没有大的变化，因此碧云寺就成为静宜园范围内考察清代宫廷宗教建筑的重点。而其他寺庙由于因袭故旧，同民间寺庙无异，其对于本课题而言的特殊性就乏善可陈了。

一、静宜园的历史概述

香山是西山的一脉，绵延约六公里，重峦叠嶂、清泉潺潺、古木苍郁、繁花缀景，更有红叶胜景堪称一绝。自金历元、明而至清，历代帝王都在香山营建行宫。乾隆十年大兴土木，一下建成了二十八景，定名为静宜园。乾隆帝亲为之记：“乾隆乙丑秋七月，始廓香山之郛，薙榛莽，剔瓦砾，即旧行宫之基，葺垣筑室。佛殿琳宫，参错相望。而峰头岭腹凡可以占山川之秀，供揽结之奇者，为亭，为轩，为庐，为广，为舫室，为蜗寮，自四柱以至数楹，添置若干区。越明年丙寅春三月而园成，非创也，盖因也。昔我皇祖于西山名胜古刹，无不旷览。

①周维权著，《中国古典园林史》（第二版），清华大学出版社，1999年，第371页。

1.东宫门　2.勤政殿　3.横云馆　4.丽瞩楼　5.致远斋　6.韵琴斋　7.听雪轩　8.多云亭　9.绿云舫　10.中宫　11.屏水带山　12.翠微亭　13.青未了　14.云径苔菲　15.看云起时　16.驯鹿坡　17.清音亭　18.买卖街　19.璎珞岩　20.绿云深处　21.知乐濠　22.鹿园　23.欢喜园（双井）　24.蟾蜍峰　25.松坞云庄（双清）　26.唳霜皋　27.香山寺　28.来青轩　29.半山亭　30.万松深处　31.宏光寺　32.霞标磴（十八盘）　33.绚秋林　34.罗汉影　35.玉乳泉　36.雨香馆　37.阆风亭　38.玉华寺　39.静含太古　40.芙蓉坪　41.观音阁　42.重翠亭（颐静山庄）　43.梯云山馆　44.洁素履　45.栖月岩　46.森玉芴　47.静室　48.西山晴雪　49.晞阳阿　50.朝阳洞　51.研乐亭　52.重阳亭　53.昭庙　54.见心斋

图96　静宜园总平面图（引自《中国古典园林史》）

游观兴至，则吟赏托怀。草木为之含辉，岩谷因而增色。恐仆役侍从之臣或有所劳也，率建行宫数宇于佛殿侧。无丹雘之饰，质明而往，信宿而归，牧圉不烦。如岫云、皇姑、香山者皆是。而惟香山去圆明园十余里而近。乾隆癸亥，予始往游而乐之。自是之后，或值几暇，辄命驾焉。盖山水之乐不能忘于怀，而左右侍御者之挥雨汗而冒风尘亦可廑也。于是乎就皇祖之行宫，式葺式营，肯堂肯构。朴俭是崇，志则先也，动静有养，体智仁也。名曰静宜，本周子之意，或有合于先天也。”[①]从文中可知，康熙时此地已有行宫，而乾隆帝是利用了原有建筑又别有新筑，峰头岭腹的观景佳处都有所兴建，建筑形式不拘一格，但没有主导性的景观建筑。康熙时的香山已是“佛殿琳宇，参错相望”，可见宗教建筑在香山的风景构成中所占据的重要地位。名山有大刹，这是中国文化中宗教与风景不可解的缘。但总体来说，整个景区还是以自然胜景为主，也是清代皇家园林中比较独特的一座，可惜的是静宜园在英法联军的入侵中遭到了彻底的劫掠和破坏，如今已难以想见当时的情形了。

静宜园中的宗教建筑主要是碧云寺、香山寺和昭庙这几处，其中碧云寺年代最为久远，香山寺本为行宫，昭庙则是为六世班禅进京而建，此时已是乾隆四十五年，为成园之后的事了。

二、碧云寺

碧云寺形成今天的格局是经历了乾隆时期大规模修整和扩建之后的结果，并且从一座汉传佛教寺院变成了藏传佛教寺院。“西山佛寺累百，惟碧云以闳丽著称，而境亦殊胜。岩壑高下，台殿因依，竹树参差，泉流经络。学人潇洒安禅，殆无有逾于此也。自元耶律楚材之裔名阿勒弥者，舍宅开山，净业始构。”[②]至顺二年经僧人圆通的修整重建，改名为碧云寺，同时规模略具。明朝时两位太监于经、魏忠贤先后在此有所兴建，鼎盛一时。后国势转弱，屡遭异族入侵、劫掠，受到一定程度的破坏。清初此地受到皇家的青睐，乾隆时期一方面出于笼络蒙藏少数民族之目的；另一方面也是在文化上寻找本民族的立足点，开始了大规模的兴建藏传佛教寺庙，并在满族内部推行藏传佛教信仰（参见前文正觉寺与满族喇嘛寺院一节），其中也不乏改建，碧云寺即为一例，由汉传佛教名寺而成藏传佛教重镇，其文化政策的用心昭然若揭。

碧云寺的建筑格局由于乾隆时期

①乾隆帝《御制静宜园记》，引自[清]于敏中等编纂，《日下旧闻考》第三册，北京古籍出版社，1985年，第1437–1438页。

②乾隆帝“御制碧云寺碑文”，引自[清]于敏中等编纂，《日下旧闻考》卷八十七，北京古籍出版社，1985年，第1459–1460页。

的改建而具有了一些特殊之处，藏汉融合，前半部分是典型的汉寺格局，在南跨院增建了田字形平面的罗汉堂，后半部分增建了喇嘛教特有的殿宇和主体建筑金刚宝座塔，称为前汉后藏的格局，倒是反映了碧云寺的历史。金刚宝座塔是乾隆时期经营的重点，这种塔的形式“西域流传，中土希有”，时逢“乾隆十有三年，西僧奉以入贡，爰命所司，就碧云寺如式建造。尺寸引申，高广具足。”[①]其建筑上匠心独运的地方是极力加高金刚宝座塔的高度，使其成为在景观上统领全局的控制性建筑。

这一手法不仅符合碧云寺本身依山就势的布局逻辑，而且使得增建的部分同原来的建筑浑然一体而没有冲突的感觉。金刚宝座塔本身有基座，这一形式传入中国之后已经经过了改造，加高了基座，并且基座上的五座塔在体量上的差异减小，在正前方又增加了亭殿式的建筑。碧云寺的金刚宝座塔在自身的基座之下还有两层大平台，使得塔座都要高出前面所有建筑的屋顶，这样，金

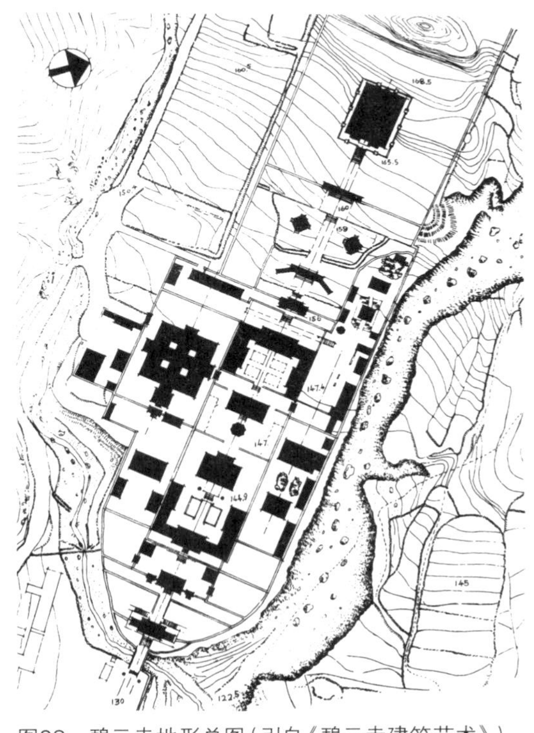

图98　碧云寺地形总图（引自《碧云寺建筑艺术》）

图97　碧云寺纵剖面图（引自《碧云寺建筑艺术》）

① “御制金刚宝座塔碑文”，引自[清]于敏中等编纂，《日下旧闻考》卷八十七，北京古籍出版社，1985年，第1460页。

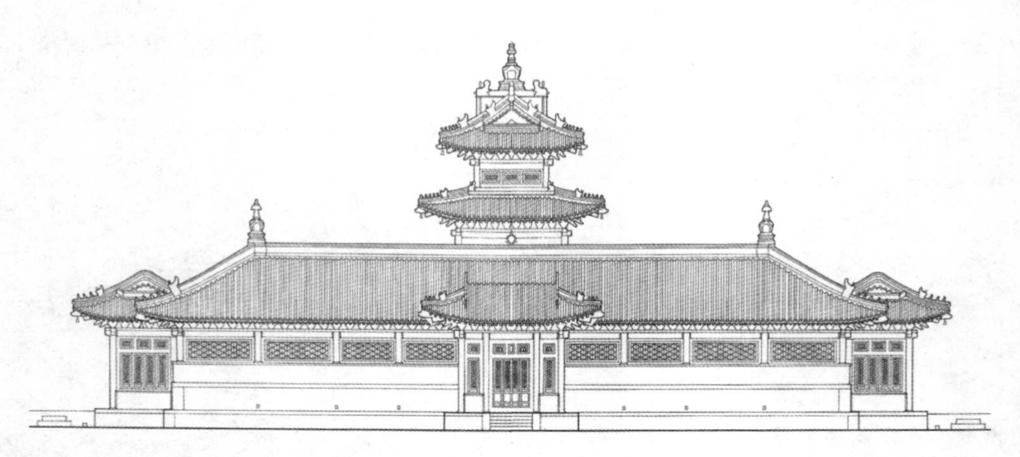

图99　碧云寺罗汉堂立面（引自《碧云寺建筑艺术》）

图100　罗汉堂屋顶塔楼（引自《碧云寺建筑艺术》）

刚宝座塔的景观地位就通过高度的经营而得以奠定。同样，在空间处理上也是颇费心思，乾隆时期增建的部分除了金刚宝座塔、罗汉堂之外并没有什么功能性强的建筑，大量的空间被用来营造环境、烘托气氛。由于金刚宝座塔同前部原有汉寺部分之间的差异，故在塔院和原寺之间又布置了一系列的前导空间，一方面渲染气氛，另一方面也使得两者的衔接不至过于突兀。最后的目的是通过金刚宝座塔这座标志性的建筑，一举改变碧云寺的宗教属性。乾隆帝在这方面可谓用心良苦，由于碧云寺划入了静宜园的范围，成为皇家所有，这种改变自然也就无人可以置评了，不过从中也得以一窥宗教在皇权面前是如何的唯唯诺诺。

碧云寺改建过程中，另一座有特色的建筑就是罗汉堂，“堂内奉五百罗汉，仿杭州净慈寺像，额曰海会应真，前宇曰鹫光合印”，建于乾隆

图101　金刚宝座塔立面（引自《碧云寺建筑艺术》）

十三年（公元1748年）。虽称仿建，但建筑上有自己的特点，吸收了藏式建筑的一些做法，可称为汉藏结合的一座建筑。其平面长约60米，宽约50米，田字形平面，中间四个小天井用以采光通风。其南立面建有一个小前殿，殿内立四大天王像，形成主入口，其他三面只设便门。罗汉堂的中央屋顶上架起了一座采光阁，阁顶十字交脊处安设了覆钵式喇嘛塔，其余各角屋脊相交处都是这样安设覆钵式喇嘛塔，而不是普通的做吻兽。这个建筑细部的处理应当是同碧云寺宗教属性的改变相关联的，建筑整体上以汉式为主，但加上了一些藏式建筑的装饰手法和细部处理。当然，采光阁在功能上也是有其合理性的，尤其是在田字形平面的中间部位正是采光最差的区域，辅以采光阁，无疑大大改善了室内的效果。同样的手法让人想起了雍和宫中的法轮殿，不同的是法轮殿在屋顶上做了五个采光阁，但总体上的印象是类似的，两者的建设时期也是相近，属于同一指导思想下的产物，形成了当时在建筑上体现汉藏结合的典型手法。

三、其他寺庙

在静宜园中，除碧云寺外，还有香山寺、洪光寺、昭庙、玉华寺等寺庙，另外一些宗教意味浓郁的景点建筑散布在寺庙附近，共同构成了一个意蕴悠长的风景名胜区。

香山寺是园内规模最宏大的一处寺院，历史悠久，并且是一个区域的景观中心，左右都有景点相配。“香山寺在璎珞岩之西。前建枋楔，山门东向，南北为钟鼓楼，上为戒坛，内正殿七楹。殿后厅宇为眼界宽，又后六方楼三层，又后山巅楼宇上下各六楹。”[①]内供燃灯古佛、观音、普贤诸菩萨，有乾隆帝御制赞语。“寺建于金世宗大定间，依岩架壑，为殿五层，金碧辉映。自下望之，层级可数。旧名永安，亦曰甘露。予谓香山在洛中龙门，白居易取以自号，山名既同，即以山名寺，奚为不可？”[②]可见寺名

①[清]于敏中等编纂，《日下旧闻考》卷八十六，北京古籍出版社，1985年，第1446页。

②“乾隆十一年御制香山寺诗”序，引自[清]于敏中等编纂，《日下旧闻考》卷八十六，北京古籍出版社，1985年，第1446页。

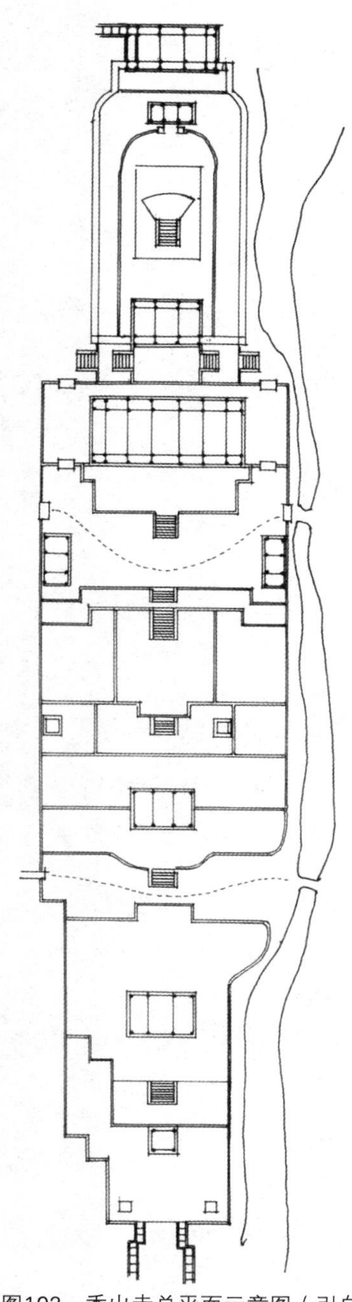
图102　香山寺总平面示意图（引自《碧云寺建筑艺术》）

是在乾隆年间改为香山寺的。除此之外，乾隆帝对寺没有大的改动，仍是一座古刹，寺中娑罗树深得康乾两代帝王赏识，以为珍奇，也是重要的景观。香山寺北有无量殿，乾隆帝御笔题额“楞伽妙觉”，可能是一座无梁殿。寺北还有观音阁，这些建筑同寺庙相配，丰富了园林的景观层次和文化底蕴。

“香山寺西北，由盘道上为洪光寺，山门东北向，内建毗卢圆殿，正殿五楹，左为太虚室，又左为香岩室。”①寺占据了香山东岭，“仙阜崇高异，神州览眺殊”，其境界空渺，“始静恰宜听，既远犹堪睹”。洪光寺“明成化中中官郑同重修。同，高丽人，相传寺毗卢圆殿即枋其国金刚山为之者，未知可信否也？”②毗卢圆殿显然是此寺的一个特色建筑，仍然保持明代的形制而无变化。

昭庙全名“宗镜大昭之庙”，是一座汉藏结合式的大型佛寺。“门东向，建琉璃枋楔。前殿三楹，内为白台，绕东南北三面上下凡四层。西为清净法智殿，又后为红台，四周上下亦四层。”③建于乾隆四十五年，“昭庙缘何建？神僧来自遐”④，其始建目的是为纪念六世班禅进京祝寿

①[清]于敏中等编纂，《日下旧闻考》卷八十六，北京古籍出版社，1985年，第1449页。

②[清]于敏中等编纂，《日下旧闻考》卷八十六，北京古籍出版社，1985年，第1450页。语出“乾隆十一年御制香岩室诗”序文。

③[清]于敏中等编纂，《日下旧闻考》卷八十六，北京古籍出版社，1985年，第1458页。

④“乾隆四十五年御制昭庙六韵”，引自[清]于敏中等 编纂，《日下旧闻考》卷八十六，北京古籍出版社，1985年，第1458页。

之重大历史事件，形制同承德须弥福寿雷同，都是模仿西藏日喀则的扎什伦布寺。扎什伦布寺为班禅坐床的寺庙，所以仿建扎什伦布寺是切题之为。乾隆时期这种同一形制重复使用的现象屡次出现，是一个特点，也可以看作是一种皇家气派，因为只有皇家才有财力和能力重复建设，所谓“移天缩地在君怀”就是如此吧。清漪园的须弥灵境同承德的普宁寺雷同，也是同样的情况。碧云寺罗汉堂同清漪园的罗汉堂也是如此，只是规模大小不同罢了。

园中尚有玉华寺、龙王堂、精舍等宗教建筑，规模较小，多为景点点缀。这些宗教建筑连同香雾窟、朝阳洞等自然景观，构成了人工到自然之间逐渐过渡的层次，宗教内容成了彼此之间呼应、联系的纽带，拱卫着园中主要的几座大寺，烘托了整座园林的宗教气氛，使得这篇山水文章脉络清晰，有一个明确的主题，虽着墨不多，但气势天成，通篇读来也是津津有味。

图103 昭庙后琉璃塔（引自《碧云寺建筑艺术》）

第五章　清代宫廷宗教建筑的空间特性和艺术特点 >>

前几章对清代宫廷宗教建筑的个体基本情况有了交代，这些基本情况包括了建筑的始建年代、始建原因、风格成因或者是否为因袭旧物等多个方面。本章拟在此基础上进行深入探讨清代宫廷宗教建筑的空间特性和艺术特点，在总体上把握其建筑特征，并为下一章文化层面的探讨做好准备。

第一节　地偏心自远——总体布局的趋势

陶渊明有诗“结庐在人境，心远地自偏”，这是中国传统文化中讲求心性、闹中取静的一种意境。本节标题调换了后一句的文字顺序，并非文字游戏，而是综合了前文的基本事实之后得出，清代宫廷宗教建筑中从紫禁城到西北郊皇家园林这个空间距离上逐渐远离政治中心的过程反映出一个整体趋向。

在心理学上空间距离影响人的心理已经得到证实，现代旅游中也有利用这种心理特征进行有目的的旅游开发的实例。这种宗教建筑布局的变化趋势具体反映在不同的空间区域内所包含的宗教建筑内容上的不同。在位于最中心的紫禁城中，象征权力的宗法性宗教建筑、标志民族的萨满教空间、为太后服务标榜孝治思想的宗教建筑等门类齐全、数量众多，并且占据了非常重要的位置；随着空间位置的变化，西苑中就已经少了许多内容，但仍有先蚕坛这样的宗法性宗教建筑和大量为太后服务的宗教建筑；圆明园由于其离宫型御园的地位，同样有安佑宫这样的宗法性宗教建筑，但少了许多标榜孝道的宗教建筑。作为使用频繁的一处重要场所，萨满教的内容也有出现（其实萨满的祭祀活动不仅限于孟春孟秋和其他重要时节，而是每天都有）；而到了静明园、静宜园这样的皇家园林中，只剩下佛、道的建筑了，既没有宗法性宗教的内容，也没有为太后服务的内容，甚至护国佑国这样的表面文章也未提及，完全体现的是享受山林之乐的优游思想，同时宗教在这里反映的是一种审美上的情趣。从上述这些宗教建筑内容的变化中，不难体会出清代帝王这种随着空间位置变化所反映出的心理变化。

另一方面，宗教建筑的规模、命名也随着宗教建筑所在空间位置的变化而随之有所区别。在紫禁城这个政治中心，没有以寺、观名目出现的宗教建筑，同时宗教建筑的规模都不大，体量最大的是祭祖建筑——奉先殿。同时也没有具有寺庙规制的建筑群出现。然而其他地方都有以寺庙名目同时具有寺庙规制的宗教建筑群组出现，如圆明园中的法慧寺、宝相寺、正觉寺，清净地虽没有寺庙之名但寺庙规制已具；北海中则有永安寺、阐福寺等建筑群组；清漪园、静明园都是以宗教建筑作为控制性景观，宗教建筑在其中所体现的重要性远远超过了其他任何类型的建筑，静明园虽然没有这种景观控制性的建筑；其中规模最大的是碧云寺、香山寺等纯粹的寺庙，这其中自然有因袭的因素，不过，之所以选定因袭对象，本身也是颇可说明问题的。

从建筑形制来看，同样具有这样的特点。紫禁城、圆明园中没有出现非汉式传统的建筑形式，以正觉寺这样的满族喇嘛寺院来说，其形式仍是汉地建筑；雨华阁虽然是按照密宗四部来经营，但建筑形式基本上也是沿用汉式传统形式而没有突破；北海的永安寺，虽然白塔为喇嘛塔，但寺院建筑也都是汉式建筑。在清漪园、静明园、静宜园之中都出现了藏式建筑，其中尤以清漪园为最。这些建筑形式的选择，必然是有一定原因的，结合上述的内容看，空间位置的区别显然是其中一个较为重要的因素。

大内是封建中国最为核心的区域，包括了紫禁城和西苑、景山。从清代的情况看，大部分时间，清代的帝王并不使用这里，使其成为一个巨大规模的象征物。这个巨大的象征物由一些规模较小的象征物集合而成，其中散布的宗教建筑也是重要的组成部分。

这些建筑在当时作为个体已被分别赋予了明确的象征意义："我朝宫殿制度，自外朝以至内廷，多仍胜国之旧，而斟酌损益，皆合于经籍所传，以为亿万年攸芋攸宁之所。煌乎盛哉！且夫治莫隆于孝，政莫重于农桑，事莫大于祭祀，功莫钜于拓疆绥远。洪惟我世祖章皇帝肇立奉先殿于宫左，庸展孝思。圣祖仁皇帝经始丰泽园于西苑，敦重田功。世宗宪皇帝缔建斋宫于大内，虔恭祀事。皇上觐扬谟烈，堂构光昭，懿夫孝奉慈宁，爰葺寿安宫，躬舞称觞，以介万寿。粤若平定西域，丰庸显铄，乃扩紫光之阁，用庆武成。而且斋观春耦，坛祀先蚕，皆太平本计之所寓，鸿规美胜，超轶前古。"①这是《国朝宫史》外朝部分的开场白，中国传统是凡事立意为先，这段话很好地体现了这一点。对这些建筑来说，功能要求是建筑的一个原因，使建筑所具有的象征意义。大内作为整个国家的中心，其中需要表达的思想远较其他空间复杂，可谓包罗万象，上述文字只涉及较为显著的建筑，其中还有更为丰富的内涵。

第二节　皇家宗教建筑的空间结构系统

在强调象征意义的文化传统中，宗教建筑的空间位置不同带来了不同的指向，犹如对人的管理，数量众多的宫廷宗教建筑被置于一种空间秩序之下，上文提

①[清]鄂尔泰、张廷玉等编纂，《日下旧闻考》，北京古籍出版社，1985年，第177页。

及的由政治中心转向有关场所的空间位置差异所带来的建筑情况的差异，是这种秩序的一个宏观表述。可视为尺度巨大的空间结构系统，这是指空间位置跨度大，建筑背后的意义是把看似相互之间没有关联的空间位置、存在很大差异的各个宗教建筑，使宫廷的总体空间框架内联系在一起，形成一个独特个性的空间系统。

一、皇家宗教建筑空间结构系统的特点

第一，如果把视线稍稍越过内宫的界限，把朝寝两个空间领域做个简单的比较，那么一个明显的特点是：朝、寝两大区域的宗教建筑有重要的分类和区别。在朝的部分虽没有涉及道教、佛教的任何建筑，但太庙、社稷坛分列在中轴线的两侧，附会“左祖右社”的古制，其作用显然非一般的宗教建筑可比。太庙、社稷坛一个重要的功能就是说明政权的合法性，这两个建筑表明了政权的性质，从这个意义上讲，政治和宗教在此处是合一的，也表明了中国是一个政教合一的国家。同时也可以看出不同宗教之间的相互关系，尽管中国是多种宗教共生，但是不同宗教之间的地位是有明显区别的。在后宫的范围内有大量的佛教、道教的建筑，包括皇家的园林里，但象征国家政权的场所是不可能出现这些建筑的。同样在后宫的范围内，很少有同中国正统宗教相关的建筑，不同的宗教建筑各有自己统领的场所，“在朝”“在野”之分赫然。这种区别正好可以用来解释宗教之间的包容问题，从本质上讲，宗教必然是排他的，中国历史上也发生了多起宗教斗争，最终形成了儒、释、道并存的局面，表面上体现的是一种包容性。实际上，从朝野之分来看，排他是通过较为缓和的改造手段实现的。儒家的道德价值标准是至高的，佛道是在其整体价值统领下的补充，中国宗教的结构框架不是简单的三教并存，而是一个小小的金字塔结构，儒家是站在上面的。

第二，在中国传统的空间经营活动中，如何使用空间的秩序来体现等级秩序是重要的手段，其中中轴线是一个非常敏感的位置。能够位列轴线之上或轴线两侧的建筑显然具有较高的地位。我们把眼光再回到内廷，奉先殿是作为帝王家庙的宗教建筑，这一类似太庙性质的建筑，反映了中国正统宗教中对祭祖的重视，体现了儒家思想在古代帝王的家国精神体系中占有支柱地位。同样的情况还出现在紫禁城轴线的延长线上——景山上的寿皇殿。祭祖在宗法性宗教体系中已经不是简单的祖先崇拜可以解释的，“礼之大者，莫重于祭”。在一条中轴线上，相似内容的建筑一再重复，本身就是很有特点并能说明问题的。

第三，从后宫众多的宗教建筑看，宫制规定皇帝必到的宗教场合，一年之中合计至少有20次，这些场合较为重要，主要在坤宁宫、钦安殿两座位于中轴线上的建筑进行，可见坤宁宫、钦安殿在年节活动中的地位是

相当重要的。从宫制规定的仪式安排可以大致地看出这些仪式涉及的人员范围，如钦安殿每月朔望要求宫殿监敬谨拈香。坤宁宫的浴佛和吃肉、吃缘豆的活动涉及的人员范围较广，带有一定的随意性，其含有的节日意味浓重。中正殿的念经和跳布札在节日的宗教生活中的比重大，这些建筑中进行的宗教活动面对的人员的范围也较大，不唯宫廷中的最上层人物，也包括了地位较低下的女眷。而本身仪式的举行就意味着将宗教活动放入更为开放的空间，受其影响的不仅是参与者，也包括旁观者，从这个意义上讲，这时的宗教活动是由整个内宫的节日组成，直接涉及了内宫大部分人的生活。

第四，在研究宫廷宗教建筑时，可以感受到不同的空间之间有序地存在着一种关系，也可以称之为一种结构，将宗教空间组成一个层次分明的系统。这个系统由几方面的因素决定，宗教建筑所具有的象征意义是其一，空间属性是其二，具体的使用是其三，这三个因素相互作用，总体上形成了一种分层的结构形式。

表层是政治上具有积极象征意义的宗教建筑，如奉先殿、寿皇殿、安佑宫、传心殿等祭祖、祀孔建筑；恩佑寺、恩慕寺、福佑寺、大报恩延寿寺、小西天、阐福寺、德寿寺、雍和宫等表现孝道思想的佛教建筑；永安寺、仁育宫等反映护国佑民思想的佛道建筑；体现民族性的萨满祭祀宗教建筑以及像宗镜大昭之庙、须弥灵境这样通过建筑的民族形式来表达民族性的宗教建筑。这是最为彰显的一类，大多占据了空间领域中的显著位置，且规模较大，形制等级高，公共性也最强。它们在使用上不是最为频繁（有的虽然形式上活动颇多，但宫廷上层参与并不多，其中萨满祭祀最为典型）。所谓象征意义可以理解为在建筑的原始功能之上被赋予了其他的特殊含义，如孝道思想、护国佑民、兴国广嗣、民族性等这些概念都超越了宗教的原始教义，使其成为宫廷宗教建筑的一个特点。

这层宗教建筑下面是一批具有明确功能指向的宗教建筑，这是一个内容丰富的层次，在这一层内若细分还可分出若干层次。其一是钦安殿、英华殿、玄穹宝殿、春华门内雨花阁至中正殿一路、舍卫城、广育宫、永佑庙、刘猛将军庙、关帝庙、城隍庙、土地庙、文昌阁、娘娘殿、花神庙、观音阁、先蚕坛等五花八门的宗教建筑，或与同年节风俗密切相关、或供奉有专长的偶像以在特定事项上有所祈佑；其二是一批在园林中配合景观需要而建设的宗教建筑，其功能在于从视觉形象和文化内涵两个方面为所属空间增色，如宝云阁、昙花阁、花承阁、妙高塔等；其三是表达一些特殊宗教思想的建筑，如方壶胜境、日天琳宇、治镜阁等表现神仙境界的建筑以及运用坛城模式表现黄教中理想天国的建筑；其四是宫廷小型园林中存在的为数不少的宗教建筑，如御花园、慈宁宫花园、宁寿宫花园等处的宗教建筑，在这些空间领域内，宗教氛围同游赏的行为交织在一起，体现了当时的一种生活方式；其五是独特的舍卫城，以模拟的城市作为一个大型公共活动空间的背景，在设计思想上同第四类有相似之处，但更为戏剧化。总体上看，建筑除舍卫城和表现神仙境界的建筑外（这些群组的个体建筑尺度不大，舍卫城仁慈殿的明间是一丈四尺开间，方壶胜境哕鸾殿明间开间是一丈三尺，但整个群组的规模较有气势），但有一定的公共活动空间，建筑形式异彩纷呈，这些建筑构成了宫廷宗教建筑的主干，最为真实地反映了当时实际生活中的宗教文化。帝王在经营这些建筑的时候，更多的是考虑建筑的实际功能，形式同实际功能之间有明确的对应关系。而对于那些承担装点功能的建筑来说，形式就是功能。它们的实际使用对象自有相关人群，仪式性相对表层结构而言较弱，更注重实用，建筑的公共性随特定功能的变化而变化。

最核心的是同宫廷上层的起居空间紧密相连的宗教建筑，如养心殿、乾清宫、皇极殿、宁寿宫、养性殿、九州清晏、含经堂、慈宁宫等处附属的佛堂。其主要用途是满足皇帝和皇太后的个人宗教生活的需要。这部分建筑日常使用的频度最高，用于个人修炼，最为真实地反映了使用者的宗教信仰，没有公共性，空间的规模和形式完全从宗教教义和实际使用的角度出发。

这个由表及里的结构真实地反映了宗教在政治重压之下的生存状态，在宫廷中也没有例外，尽管最高统治者从个人角度来说不

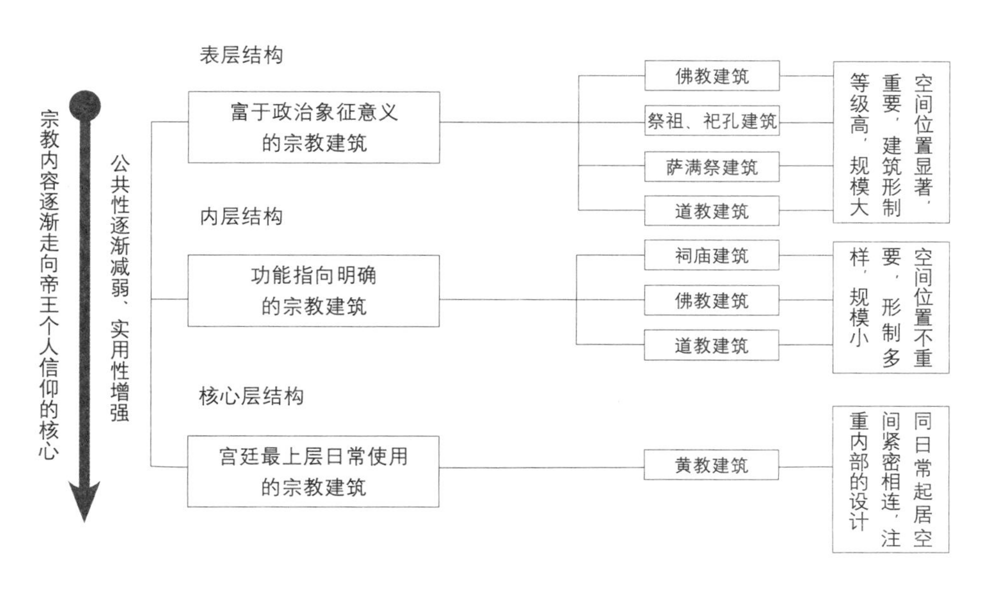

图104　清代宫廷宗教建筑空间系统结构图

乏崇信。而从正宫到离宫再到行宫这一政治性逐渐减弱的空间序列中，宗教建筑在这些空间领域中也发生了相应的变化，宗教内容的选择随之调整，同上述情况相映成趣，并可视之为一个尺度更大的空间结构系统。需要说明的是，分类只是为了认识上的方便，不同结构层之间并不是截然分明，而是有一个交叉过渡的空间，并且对个体建筑来说，也可能兼具了不同层次的功能。

这些宗教空间的层次构成正同整个宫殿的空间构成层次相契合，彼此存在着对应的关系。以最具代表性的紫禁城为例，主轴线上的坤宁宫、钦安殿以及轴线附近的奉先殿等担负了在年节期间举行重大宗教仪式的功能（主轴线上的交泰殿和乾清宫都有举行仪式的功能），日常宗教活动频繁举行的雨花阁至中正殿一路，以及英华殿和玄穹宝殿在平面上则紧挨着东西六宫，其余层次宗教氛围相对较弱的建筑和空间则散布在花园和寝宫之中，同日常生活关系密切，体现了“娱”。而核心区域的宗教建筑则承担了国家政治和帝王家政的重要功能，体现了“治”的特点。如此，则宫廷内部的各种宗教生活需要可以在不同的层次上展开，有张有弛，有公共的，有私密的，这些宗教建筑和空间彼此互补形成了宫廷内部的一个完善的宗教空间系统。

二、皇家宗教建筑空间结构系统的成因

宫廷宗教建筑的空间系统结构逐渐明晰之后，就要探究其形成的原因。上面对于宫廷宗教生活的大致描述和功能结构的分析可以给出部分答案。至于文化上深层的原因，我想需要更多学科的参与，共同挖掘。宗教生活不是中国特有的，宫廷宗教建筑也不仅仅出现在紫禁城中。但是中国宗教文化的许多特点都同多种宗教并存有关，在此可与相近时期欧洲的宫廷宗教建筑做一个简单的粗线条的比较，或许能给我们一些启示，因为那里都是信仰唯一神，并有明确的占据主导地位的宗教。例如选取英国和法国的一些宫殿建筑，先以都铎（Tudor)时期的英国宫殿为例。都铎王朝（1485—1603年 ）处于英国资产阶级革命前夕，封建制度成熟，宗教势力强盛，宫殿建筑的形制趋于完备，在功能和空间的组合方面与后世的差异不大。法国的凡尔赛宫(Versailles)是路易十四的得意之作，其代表的时期也正是法国大革命的前夕，但君权仍强盛。

在英国**“自早期的国王皈依基督教之后，小教堂始终是皇家居所的基本附属物”**。[①]宫廷的人员组成中有皇室教会（the Chapel Royal），这一小型教会伴随国王巡游，并不固定在某处宫殿，职责主要是满足整个宫廷的日常宗教需要，每日在

①The Royal Palaces of Tudor England, p195.

教堂为整个宫廷人员做弥撒，国王则在自己私人的祷告室(closet)祷告。亨利三世时期的教堂建设者将皇室教堂变成了两层高的建筑，皇室成员由二层进入教堂，神职人员和内廷人员由首层进入。教堂的上层部分经常直接同国王和王后的生活单元相连，如在Clarendon和Havering-att-Bower两处。不过，在西敏斯特(Westminster)，由于宫殿的地位，需要一座更精美的教堂——圣斯蒂芬教堂(St. Stephen Chapel)，它的位置紧挨着大厅，国王和王后各有自己宽敞的自用礼拜堂。①到了亨利七世时，建造里奇蒙德(Richmond)和格林威治(Greenwich)的平面中打破了以前的布局，教堂在内院里被对称地放在同大厅相对的位置上，这样的布局并未为后世延用。②亨利八世的做法改变了以后皇家教堂的布局和皇家教会的组成。首先他使教会的人员固定下来，建筑上在次要的宫殿就不设教堂了，其后建造的教堂平面在总体关系上往外推移，建在了外院，面对大厅，并且增加了教堂前厅，前厅内有螺旋楼梯连接上下两层，在重要的场合，国王和王后由上面下来。前厅的增加为数目庞大的宫廷人员提供了更大的空间，也使唱诗班得以在教堂内有更宽裕的空间。最早的带前厅的教堂在Beaulieu,里奇蒙德和格林威治的也是如此。③亨利八世更在White Hall内庭立起了讲道坛，这一露天讲道坛的巨大优越性不仅在于它比教堂能容纳更多的人，而且在此能看见圣保罗教堂的十字架，同时亨利八世也在这里监视宫廷内的宗教生活和言论。④

法国的凡尔赛宫的教堂同音乐厅一起构成了完整的北翼，紧邻其核心院落Marble Court，这同亨利七世时期建设里奇蒙德和格林威治的情形相似。由于凡尔赛宫的建筑群庞大，建设周期漫长，在教堂建设未完成时，曾先后利用皇后单元的大会客室和现在的Hercules沙龙作为教堂，从中也可看出宗教空间在宫廷生活中是须臾不可少的。

从上述的历史进程中可以看出，功能上教堂是为整个宫廷人员服务而不唯国王和王后。其次在宗教空间公共性层次上大致分为三级，一级是教堂，属公共性空间；一级是私人祷告室，同国王和王后的生活单元紧邻，属个人化空间；位于两级之间的是教堂附属的祷告室，这些空间在使用上属于国王和王后，空间关系上同公共空间只一墙之隔，在这些空间里实际使用的场合有为皇室新生的婴儿洗礼、举行国王婚礼等，兼具了

①The Royal Palaces of Tudor England, p195.

②The Royal Palaces of Tudor England, p196.

③The Royal Palaces of Tudor England, p196、197.

④The Royal Palaces of Tudor England, p200.

多方面的功能，[①]属于中间层次。由于整个宫殿建筑布局的演化，国王和王后的生活单元日趋完善独立，国王只要在他的单元之内即可解决所有问题，其在日常宗教生活中对教堂的依赖性越来越小。教堂的平面位置也由原来的紧邻国王和王后的生活单元向次核心的院落推移，由内院再向外推至和大厅并列的位置，成为完全的公共空间。国王在教堂的出现往往不是由于信仰的原因。[②]

从宗教空间的数量上看，英法两国由于共同的基督教背景，其唯一神论的教义使宗教氛围在整个宫廷之中很统一，空间数量相对较少，空间性质相对明确。中国宫廷中的宗教空间的数量较多，空间的形态和性质变化较大，两者间的差异是明显的。但从空间结构、层次来看仍有相似之处（主要表现在空间三个层次的划分及宗教空间和日常生活空间的平面关系上）。宗教空间作为宗教生活的载体渗透进生活的不同层面，组合成自己独立的系统。很难想象一种只在特定的地点进行特定的行为的宗教生活，宗教生活的要求必然是表现在不同的层面上，并且渗透进日常的生活中。宫殿作为一个满足帝王政治和生活需要的自足的系统，其空间必然需要在各个不同的层面展开，宗教生活作为其生活整体的一部分，也必然需要有不同层次的内容和形式，如此，则宫廷生活的不同方面依据各自的需要在不同的空间中进行，从而构成各自的系统，这些子系统依据一定的关系构成了整个宫廷生活的大系统。从宗教空间的空间层次中也可以看出宫廷生活的等级秩序，宗教空间虽有对多数人的针对性，但只有最高统治者拥有最多的宗教空间和最丰富的宗教生活层次。从宗教生活的管理上看，英国的宫廷教会直接隶属国王和内廷大臣而同其他教会无涉；[③]紫禁城的宗教空间没有以寺、观命名的，日常维持的人员都是太监——“俱充喇嘛”“俱充道士”[④]（其实质是太监，一个“充”字道出了宫廷宗教生活中扭曲的一面），这些相近的地方无不体现了宫廷生活中君权至上的特点，无论表面上的宗教行为多么虔诚、空间的宗教氛围多么强烈，宗教在宫廷之中的合理位置仍不过是从属的、服务性的，甚至成为满足帝王精神需要的宫廷戏剧。

宫廷中公共的宗教空间对帝王自足的生活系统而言并不是必需的，帝王独立的生活单元中其私有的宗教空间已可满足其需求。在西方，基督教文化使宫廷中的教堂易于为人理解；

①The Royal Palaces of Tudor England, p199 .

②The Royal Palaces of Tudor England, p199 .

③The Royal Palaces of Tudor England , p195.

④〔清〕鄂尔泰、张廷玉等编纂，《国朝宫史》第465、470页；〔清〕庆桂等编纂，《国朝宫史续编》第690页。

紫禁城中除了中轴线上的宗教建筑担负了礼仪空间的功能外，如英华殿、中正殿、玄穹宝殿等空间的存在是不能用满足帝王个人生活需要来解释的。上述这些空间在现实使用中主要是为女眷服务的，而宫殿监等在钦安殿敬谨拈香则揭示了宗教生活对于内宫管理的实质。内宫作为自足的生活系统也是一个复杂的小社会，妃嫔、皇后和太后等众多女眷同帝王的日常联系并不紧密，在深宫内院中，她们的活动范围极其有限，如何使她们平静地在后宫生活？钦安殿在七夕祭牛女的宗教仪式则更是别有意味。宫廷之中的太监喇嘛和道士的主要职责是维持宗教空间的整饬和日常事务，真正讲经的喇嘛和做道场的道士往往是外请的。每月讲经的次数相当频繁，皇帝本人是没有那么多工夫听经的，外来喇嘛、道士的服务对象仍是女眷。如此频繁的讲经和宗教活动正可以帮助她们打发光阴且保持后宫的安定。

因此，不难看出，宫廷宗教建筑存在的理由是多方面的，但都同宫廷生活密切相关，无论是从信仰的角度、管理的角度、生活方式，甚或是从装点的角度，正是这些富有层次的生活行为影响了宫廷宗教建筑的空间性质，配合着生活的秩序，这些建筑也形成了一个井然的空间结构体系。其中功利性的需求对建筑的影响，最终要超过信仰、教义对建筑的影响。中国的三教体系、多神信仰本身已构成了纷繁复杂的文化格局，加上现实的功利因素，则使宗教建筑在形态上更趋多样。但是，一只看不见的手，通过空间的支配权以及政治意义的表述将它们整合进了由表及里的空间系统。

第三节 宫廷宗教建筑的几种空间模式

宫廷宗教建筑的空间类型极其丰富，尺度的跨度很大，从小的如佛堂、一殿一院式的空间到大的三跨七进的院落，各不相同。表面上看似乎没有规律可循，但从空间的服务对象入手，从其中的行为模式来考察，不难发现这些建筑在空间性质上存在共性。这种共性决定了宫廷宗教建筑的特点，并且从中可以归纳出一些空间模式，这些模式根据功能要求的变化可供选择，显示了宫廷宗教建筑已是一个比较成熟的体系。

一、宫廷宗教建筑的空间特性

宫廷内的宗教建筑，其使用对象是皇室中的上层人员，这是一个相当狭小的范围，因此它所体现出来的空间特性最为显著的就是非公共性。民间的宗教建筑的显著特点是公共性，不仅是宗教活动的场所，同时也是社会交往的场所，这两种活动都是在公共参与的前提下完成的，必须有较大的从事参拜活动的场所和供人际交往的场所。在财力许可的情况下，建筑物的体量一般都较大，与之配套的院落空间也具有相应的规模。而宫廷宗教建筑面对的使用对象是帝王个人或太后、后妃女眷等，是一个比较小的群体，宗教生活是一种特权的象征，这一点同欧洲的情况很不一样，在英、法等国宫廷中的宗教建筑，其使用对象是整个宫廷的成员，包括服务人员，在那里，宗教生活是每个人生活的必需，宗教建筑是必要的功能组件。在那里，宗教建筑承担了一些小范围的社会功能，而在中国的宫廷宗教建筑中则较少这种社会性。这个特点反映在建筑上，除个别寺庙（雍和宫①）外就是建筑物的体量不大，院落规模较小，总体布局的规制相对简化，往往只重视中路主殿的建设和营造气氛的前导空间的经营。由于僧人或道士较少，有的甚至只是让太监在一定的时间内充当一下，所以缺乏一般寺院必备的修行人员的生活和修行空间，因此也就缺少了空间内自发的活力。这个特点必然导致空间内的行为模式相对简单，只是一小部分人的参拜和在一定时间段内举行一些宗教仪式，仪式的规模也不是很大。其中最为显著的例子是紫禁城中的奉先殿，由于它是宫中的祭祖建筑，所以建筑等级很高，建筑本身的体量也不小，但是它的院落空间极其狭小，从月台到围墙只有20米的距离，同建筑的尺度不相匹配，这并不是像有的学者所说的通过这种空间的对比来彰显建筑的气度，实际上是院落的尺度真实反映了使用的情况，而建筑为了等级的缘故夸大了尺度。祭祖在当时是同权力紧密联系在一起的，所以祭祖的人员有严格的限制，真正能进入建筑内部行礼的更是只有个别人，但中国有事死如生的传统，所以为了表示祭拜对象的地位尊崇，建筑的尺度很大，并仿照前朝后寝的规制而有前堂后室。院落空间则是为活人的活动所准备的空间，由于能够参与其中的人数有限，所以不必很大，在使用的时候也没有出现局促的情况。同样值得注意的是圆明园月地云居中对于流线的控制，由前院进入后院一条途径，后院的空间个性也十分封闭，这些手法都强烈地显示了这一领域的私有性，尽管从形象上看这是一组同寺庙非常相像的建筑，但实际的空间感受迥异。

造成宫廷宗教建筑体量较小的原因，除了功能定位之外，还有文化上的因缘。在中国的文化传统中，宗教建筑同居住之间有着紧密的关系。一方面，最早的宗教建筑往往是贵族士绅舍宅为寺，造成了宗教建筑的格局同居住建筑之间没有明显的区别；

①雍和宫在清代的宗教生活中占有极为重要的地位，是联系京师与蒙藏地区的纽带，其功能超越了单纯的宗教。雍和宫从使用上说是典型的学经寺庙，其任务是培养蒙藏地区选送的僧人，同时这些僧人也可为宫廷宗教活动服务。因此，雍和宫是这些宫廷宗教建筑中的特例，它同民间的大寺在规制上没有区别。

另一方面，宗教建筑往往可以理解为“偶像居住的场所”，寺庙宫观的主体建筑都供奉着神像，而神像的大小往往决定了建筑的尺度。在雍和宫，流传的一句话是“**先有大佛，后有雍和宫**”[1]，反映的就是建筑物是根据其中要供奉的神像的尺度来设计的。寺院也往往以拥有大尺度的神像作为夸耀的资本，在中国的宗教建筑中，参拜活动都是面对偶像来完成的，所以神像具有非常重要的意义。宫廷中一般没有这种巨大尺度的神像，因此建筑的体量也就没有必要大了。清漪园的佛香阁中，虽然没有供奉大尺度的神像，但是为了配合其园林造景的需要，其主体建筑佛香阁、香岩宗印之阁仍然是体量较大的建筑，也同为太后祝寿这一主题有关，是个特例。宫廷内很少出现大佛的事实，可以说明帝王对于宗教持有的一种比较克制的态度，因为这完全是他们能力范围内的事，是不为也，非不能也。因为没有大佛，宗教建筑的内部空间就没有了那种近观大佛所形成的压迫感，这可能是帝王希望的一种空间感受。一般的楼阁建筑内都是每层供奉不同的神像，神像的尺度一般不超过一丈，并没有两三层楼高的神像出现。

神像体量不大的另一方面的结果是神像数量多，作为其宗教热情的补偿，神像的数量极多，形成了尚多不尚大的局面。方壶胜境宜春殿一座殿内就有神像两千多尊[2]。舍卫城也是收藏历年各地进贡帝王、太后神像的场所，其中数量更须以万计。紫禁城中慈宁花园内的宝相楼、吉云楼、咸若馆等建筑内也都是满布佛龛，数量惊人。乾隆时期创造的六品佛楼中，每一品的布置也需要大量的神像，这也同密宗的教义有关。神像作为贡品，显然不仅是为了宗教的热诚，这里神像更多的是物质价值的象征、异化为钱的代用品[3]。概观中国历史，造像艺术往往同宗教联系在一起，宗教成了造像艺术最主要的推动力。皇家在这方面具备了民间所无法比拟的条件，拥有专门的造办处设计、铸造佛像，长期为帝王服务，而造办处的匠人又都是经过选拔的高手，因此神像不仅数量多，而且工艺精湛，由这样密集而精致的神像所限定的室内空间，自然不同于一般的宗教建筑室

①这是民间流传的话语，确切地说，雍和宫中体量最大的建筑万福阁的成因的确同达赖进贡的白檀巨木有关，这根巨木被用来雕成了巨大的宗喀巴像。整座楼阁恰似巨像的匣子，其功能就是容纳巨像并供人参拜。乾隆帝为北海阐福寺所作的碑文也说明了这一点，先有营造巨像的意图，然后“构层檐以覆之”（参见第三章阐福寺条）。

②国家图书馆所藏的《雷氏样式房档案》中有详细的方壶胜境各座殿宇的神像数量统计。

③《国朝宫史续编》中所载太后的寿礼中包括了佛像等宗教用品，而在皇后的寿礼中就没有这些，一方面说明这是物质价值的代表，另一方面也说明同等级有关。

内，当然并不是胜在宗教气氛上，而是对财富的占有上，同皇家的审美观正好契合。皇家审美观的心理基础就是占有欲和表现欲，“移天缩地在君怀”说的是园林艺术，实际上推广开来，在别的方面莫不如此，这是皇家文化的一个共性。

承续上述几个方面的特点，自然形成的另一个特点是宫廷中宗教建筑的室内空间以陈列为主，这点在六品佛楼这种类型中表现得最为突出，一般七开间的建筑，每个开间除了为了交通留出的大约90cm宽的过道外，其余空间都为陈列空间，按照每一品的要求布置相应的宝塔、唐卡、佛经和佛像等。在这样的空间里，连一般宗教建筑中起码的参拜空间都不明显了，因为这样的宗教建筑其服务对象是帝王、太后等宫廷中最上层的个别人，而这种类型更多的也只是一种象征，所以这样的宗教建筑从使用上来说更像是一个博物馆，陈列的作用大于参拜或修炼。同样的情况还可以在圆明园的方壶胜境的宜春楼中看到，一座楼中陈列着大大小小达两千多尊佛像，其室内的陈列方式也以一排排的架子为主，神像排列在一起，犹如在一次神仙聚会后正准备合影留念。

当然，由于宫廷宗教建筑的数量很多，类型也极其丰富，所谓特点并不一定在所有建筑上都能反映，根据使用的不同、服务对象的不同，它们之间也存在着差异。上述特点是其中不少建筑所共同拥有的，也是宫廷宗教建筑作为一个大的类型来说，不同于民间宗教建筑，也不同于宫廷中其他类型建筑的地方，通过这些特点的总结，可以更为清晰地认识、理解宫廷宗教建筑。在此基础上，我们再深入探讨其中的几种空间模式，它们同上述的空间特点之间也存在着对应的关系。

二、日常使用的宗教建筑的空间模式

所谓日常使用的宗教建筑包含两种情况，一种是为宫廷中较为多数的人服务的宗教建筑，一种是为个别人日常使用服务的宗教建筑。前者具有一定的公共性，后者重在私密性。将宗教放在当时的语境中，我们就可以理解它是大多数人所日常接触的东西，对宗教的信仰具有普遍性，绝不是个别人的特殊爱好和追求。宗教经过千百年的生存和发展已渗透到文化的各个层面，同时也担负了许多社会功能。比如宫中太监捐助寺庙的目的是为了将来有个养老的安身之所；女眷则是借以打发时光、调整心态；就是作为最高统治者的帝王也希望拥有一个不同的空间，感受不同的领悟并从中得到慰藉。大量的宗教建筑存在的事实告诉我们，精神需求同样是宫廷中一项重要的内容。

满族统治者作为异族入主中原，经历了一个文化上学习、同化的过程，宗教作为文化中的一项重要内容，在这个过程中发挥了重要作用。从结果看，顺、康两朝，在宫廷宗教建筑的建设方面，动作较少，但完成了祭祖建筑，园林中也有一些略具公共性的宗教建筑。在个人化的宗教建筑方面，基本上是空白。一则朝代更迭，百废待兴，正寝的确立都比较晚；二则宗教作为一种生活习惯尚未形成（这一点同幼年即位可能也有关系）。雍、乾两朝在这方面的建设就已经规制化了，因为雍正帝或乾隆帝在即位以前已经有了宗教生活的习惯，在他们的潜邸中都有日常使用的宗教空间存在，一旦入继大统，很自然地就要根据业已形成的生活习惯布置起居空间，引入日常使用的个人化的宗教空间。雍正帝在即位之初就把养心殿改为正寝，同时在殿的西暖阁布置佛堂，并将殿前的东西配殿也作为佛堂，正式形成了最高统治者日常使用的宗教空间模式，一直得到沿用。在圆明园的九州清晏中又重复这一模式，乾隆帝在改建宁寿宫一区的时候再次重复，包括经营含经堂时也是如此，甚至在宫城中行大礼之前暂住的斋宫里也按照相似的模式布置佛堂，显示了宗教生活对帝王个人而言的必需性。

这一模式的室内空间很有特色，称为仙楼佛堂，其使用融燕寝、读书和礼佛为一体，有床、炕、供桌、佛龛和宗教题材的绘画等装饰，东、南、西三面做二层，有万字栏杆，北壁为上下通体的大玻璃，作为整个佛堂的采光。乾隆帝即位后对佛堂进行了改造，中间通高的空间中供着无量寿宝塔，宝塔成为整个空间的核心。楼上绕塔的东、南、西三面供奉以五方佛为中心的组合唐卡，并设供桌，上供铜佛像、佛龛和供器。供桌上正面供铜质五方佛、八大菩萨等像[①]。整个佛堂又形成了一个坛城格局，这同乾隆帝进行密宗修炼有关，而雍正时期的具体布置目前还不得而知。可以知道的是其中有不少道教题材的内容，布置了一些符板等，整体上三教的内容都有。

慈宁宫的大佛堂作为太后日常使用的宗教空间显然也是其中的一种情况，遗憾的是大佛堂的陈设都已迁移到白马寺，没有留下太多的信息可供追寻，不然是很有价值的一个实例。

宫廷中还有一些公共性强一些的宗教建筑，但规制相当简单，往往是一殿一院，即只有一座正殿外加围墙围成院落，这方面的实例有紫禁城中的英华殿、钦安殿和玄穹宝殿。这种模式主要出现在正宫之中，其原因可能是正宫的用地较为紧张，并对宗教题材多有约束，而在园林中一方面用地可以展开，另一方面整个空间的氛围要松弛一些，所以寺庙规制的宗教建筑就较为普遍。紫禁城中最为接近寺庙模式的是春华门内雨华阁至中正殿一路，但显然不是按照严格的寺庙规制来建设的，没有山门、钟鼓楼、天王

①参见王子林著，《仙楼佛堂与乾隆的“养心”“养性”》，载《故宫博物院院刊》2001年第4期，紫禁城出版社，第33-40页。

殿、大雄宝殿等，只是有多进院落，规模上较其他正宫内的宗教建筑大一点儿罢了。明代时，此地是嘉靖帝个人玄修的场所，建筑尺度也都不大，还是属于日常使用、个人化的宗教建筑。清代乾隆帝改建了雨华阁，形式上较为特殊，但使用还是个人化的。倒是中正殿的功能有所变化，成为宗教事务的管理机构并设有造办处，年关的时候，正殿前还有仪式，略具公共性。

总的来说，日常使用的宗教建筑在外部空间的处理上是相当简单的，就是最简单的形式了，建筑本身的尺度一般也较小，中轴线上的钦安殿也不大，英华殿的尺度同居住用地宫室无异。奉先殿尺度较大，慈宁宫佛堂的尺度也较大，这两座殿宇都同孝道思想有关，实际上在使用功能之外别有一定的象征意义，其他日常使用的宗教建筑从空间布局看完全是从实用出发，比较低调，既不突出建筑，也不铺张外部空间，基本上没有大型仪式的需要。这也反映了宗教活动在宫廷中已经比较生活化，而且宗教建筑在总体上属于从属性的建筑，只有同传统的孝道思想有关的建筑才得以彰显。

三、寺庙规制的宗教建筑模式

这里所谓的寺庙规制是指从命名上有寺庙之名、形式上同寺庙相仿、使用上其中可能还有常驻的僧人或道士。寺庙规制对于宗教建筑来说是最为常见的一种模式，应该说是宗教建筑的类型特点。其中有一部分是因袭故旧，本文不做讨论。由于宫廷之中需要考虑的政治因素，这一模式的宗教建筑都出现在政治中心之外，正宫紫禁城中没有、离宫圆明园中也没有出现以寺观命名的宗教建筑，在其他皇家园林中则多有出现。但是这类建筑的目的并不是为了让宗教人员有修炼的场所，而只是为了满足宫廷上层人员的宗教生活需要，或被赋予了一定的象征意义，所以其修炼空间是不发达的，专业宗教人士的人数也十分有限，其所起的作用更多的是日常维护。当然，在特定的场合也需要主持或参与宗教仪式。

这些建筑中属于表层结构的宗教建筑一般都有较为完备的寺庙格局，主体建筑的尺度也较大。如北海的永安寺是清代满族入关后宫廷中建设最早的一处宗教建筑，建于顺治亲政之际，有明显的象征意义；白塔成为控制性的景观，但寺庙的规模不大，并且也只是突出中路大殿，格局并不完备。西天梵境和阐福寺的规模较大，真如殿明间开间两丈有余，通进深近四丈，柱径两尺，建筑体量明显大于常规的建筑，阐福寺虽无实物，但从其模仿隆兴寺大悲阁的情况看，建筑体量必定宏大，这几处规制严整，空间敞豁，更为接近民间寺庙。西天梵境是继承了明代的大西天经厂，其功能是储藏经板。阐福寺则是为太后祝釐，有宣扬孝道的政治意义，所以规模上不受拘束，这是一种类型，如清漪园的大报恩延寿寺也是如此，主体建筑佛香阁通高近四十米，成为中国北方地区第二高度的建筑，说明被赋予超越宗教本身意义的寺庙建筑都得到了彰显，那一层象征意义仿佛是一张通行证，可以解除制约宗教建筑建设的政治障碍。再如绮春园的正觉寺是一座满族喇嘛寺院，不仅为皇家园林中的宗教活动服务，也为了培养满族喇嘛，使黄教在满族生根。同样的情况还出现在静宜园的昭庙，是为了六世班禅进京觐见而建设，同重要的历史事件相关联。

除了这些比较显著的建筑外，还有许多有寺庙之名，但规模很小的寺庙，如云会寺、善现寺、法慧寺、宝相寺、五圣祠、关帝庙、城隍庙、花神庙、广育宫、龙王庙等，几乎就是最为简单的单进院落，规模无从谈起，这些建筑或为有特殊的祈愿功能，或是为了配合主要景观的建设而设置的园林配景，以增加园林的文化氛围。

稍稍放宽一下标准的话，还有一类虽无寺庙之名，但规制相仿的宗教建筑，如紫禁城中的雨华阁至中正殿一路、圆明园中的月地云居（清净地），尤其是月地云居钟鼓楼齐备，又有按照藏传佛教都罡法式建造的大殿，比之一些只有寺庙之名的建筑更接近常规的寺庙规制。这些建筑都是乾隆时期兴建的，也为乾隆帝所钟爱，同他的宗教活动有较为密切的联系，那么何以回避寺庙之名呢？可能同它们所处的空间领域有关系，它们分别处在正宫和离宫之中，都是政治氛围浓厚的区域，作为一个非常重视制度建设、以明君自居的帝王，非常不愿意背上佞佛倖道的名声，因为历史上沉溺佛道的帝王都招致了当时和后世的舆论批评，尽管本质上建筑是否具有寺庙之名并无区别，但作为一种姿态仍然要进行回避，这实际上是一种政治忌讳。就连明代崇信道教达到无以复加程度的嘉靖帝，在紫禁城、西苑内建设了大量的宗教建筑，后期以宗教建筑作为朝会场所，但这些建筑无一被冠以寺庙、宫观之名，这不是历史的巧合，而是反映了当时对待佛、道二教一种普遍的心态。这些建筑同冠名寺庙的建筑相比，在空间特性上要内敛得多，这可能也是它们没有被冠名寺观的一个原因吧。

寺庙规制的宗教建筑在数量上并非最多，但影响力要超出其他形式的宗教建筑，是帝王在表述宗教态度时采用的一种高级形式，比较直观地反映了帝王的宗教思想。这一模式是宗教建筑的正统，但它的使用有着严格的限定，体现了当时的宗教心理，这正是我们理解当时宗教文化的一个重要契机。

四、园林化的宗教建筑模式

所谓园林化有两种情况，一种是建筑群本身布局严整，但在环境处理上突出自然、活泼，而在总体气氛的营造上形成园林氛围，这是应用较多的模式。中国有寺观园林的传统，这方面有极为成熟的经验。另一种就是布局的自由，不拘泥于轴线、对称等较为严整的手法，同时注重同环境的结合，建筑形式也相对生活化、活泼。总而言之，园林化的一个重要特征是自由，这种自由是多层次的，可以是布局的自由，也可以是建筑形式的自由即造型自由，更有使用上的自由和最高层次的精神上的自由。中国园林正是通过种种形式的自由，形成了同日常生活的对比，抚慰当时的人在严格的宗法等级制度中备受约束的心灵，是一种有效的补偿方式。

宫廷中的宗教建筑除了一些宗法性宗教的祭祀建筑外，其余的由于其功能要求同正规的宗教建筑相比要简单得多，所以其布局相对也要自由得多，往往从园林的景观要求出发来布置个体建筑。大量的宗教建筑本身就是身处一个园林的环境中，如紫禁城御花园、慈宁宫花园、宁寿宫花园等，虽然建筑布局对称，但通过花木、山石、水面等众多配景的经营，突出的还是园林的氛围。再如北海的西天梵境、阐福寺、小西天和万福楼等，从建筑群本身的布局看也是较为严整的轴线对称格局，但在总体环境的处理上，或以小山半隐、绿树相拥，或以曲水环绕、五亭为障，将规整的建筑格局完全融于一片自然的环境中。北海琼华岛上的永安寺更是将建筑同山势结合，寺中的行进路线把逐进的参拜同登山观景融为一体，并相宜地构筑观景平台和观景建筑，配合山林苍郁、小径蜿蜒，在观景和景观两个方面都有很好的效果。

皇家园林中存在着大量作为园林点缀的宗教建筑，这些建筑的手法往往比较自由，追求变化，尽量不落入俗套，所以给人耳目一新的感觉，这也是这些建筑作为景点所要达到的效果。清漪园中的花承阁是个典型例子，山坡上出现一个半圆形的平台，楼阁偏于院落一侧并依山势跌落，西侧塔院中的多宝琉璃塔高高地穿出院子，成为整个景点的标志。整组建筑不是通过对称来求得均衡，而是使用异形的平面和富于装饰效果的建筑形象来装点园林，精巧别致。花承阁相去不远的昙花阁则是通过特殊的建筑形象来点缀，这也可视为是一种建筑上的园林手法，类似花瓣的平面极富装饰性，这时的建筑形式就是功能，充分体现了设计者精神上的自由，在技术上也富有挑战性。园林建筑的重要特征就是拉开与日常生活的距离，并追求形式上的美感。美感有时是通过新奇来实现的，昙花阁便是个很好的诠释。

圆明园主要成于雍正帝之手，许多地方体现了雍正帝的审美情趣，其中给人印象深刻的是慈云普护、蓬岛瑶台、日天琳宇等几处，尤以慈云普护为最，不强调轴线和院落空间。慈云普护根本就没有形成院落，几座建筑完全是配合地形、水道的情况进行布置，自然地形成了穿联这些建筑的线索，而不是常见的轴线和围墙，建筑形式也是各自成趣，总体上突出的是一种散淡的情韵，禅宗的气息很浓。联系到其中的内容也是儒、释、道并存，雍正帝着力调和三教，就觉得从内容到形式确有呼应，强调的是精神上的联系，所谓形散而神不散正是如此，似乎在用一个形象的建筑实例来说明其思想。这种布局手法同整个园林的设计思路保持了一致，尽管圆明园是一座集锦式的园林，它仍然具有较为统一的设计思想和手法。其中也有比较规整的鸿慈永祜、月地云居等。鸿慈永祜由于其家庙的性质属于特例，月地云居边上相邻的套院就采用了比较自由的布局，整个景区的面貌仍是比较自由的。宗教建筑在园林中服从整体，体现出了极大的灵活性，也创造出特殊的情致。

舍卫城在烘托气氛方面成为最好的例证，它是一组规模较大的建筑群体，其本身的规制较为严谨，但是舍卫城在圆明园中不仅仅是作为宗教建筑存在的，舍卫城、同乐园和两者之间的买卖街共同构成了圆明园中的一个公共生活的空间。在这个大的公共空间中，舍卫城是一个重要的背景。舍卫城采取了模仿城市的手法，周以城墙，南北设城门，门前立牌坊，门上又有楼阁，可谓惟妙惟肖，一丝不苟。但是其表现出的气氛、情绪却是相当轻松、活泼的，从当时使用的情况看，这里是宫中别出心裁地以娱乐的方式来实施民生教育的场所，是个大舞台。舍卫城通过新的围合形式和新增加的功能，巧妙地将市井生活融入其中，有别于其他所有的宗教建筑，体现了一种精神上的自由。从这个方面来理解，这正是在设计中不拘泥于某种类型、某种形式、某种手法的体现，可以称为是最大限度的自由。由此可见，舍卫城连同买卖街、同乐园构成了圆明园中最有活力的一个区域，不仅给偶得一窥的外国传教士留下了深刻的印象，也是帝王和宫廷成员乐于流连的所在。

第四节 皇家宗教建筑的艺术特点

宗教建筑作为一种建筑类型有其特殊性，它的功能往往不是生活所必需或不可或缺的，宫廷之中修建宗教建筑更是如此，帝王或皇室眷属参拜民间寺观甚而将现有的民间寺观改为御用，都是可行的。因此，尽管历代帝王中崇信佛道的不乏其人，但大兴土木者是要具备一定条件的，首先是经济的因素，必须是在国库或内库有余力的情况下，才有条件兴建；其次是政治的因素，帝王以治国为先，政治清平然后可以考虑兴建。开国之君往往没有此举，其原因就在于此。反过来，具备了这样的条件之后再来兴建，则建筑必极尽铺张之能事，宫廷之中的宗教生活本身就是一种奢侈品，为其服务的建筑自然要适应这种需要，配合这种需要，皇家宗教建筑的艺术特点也就蕴含其中。

一、多民族融合的建筑形式

这是清代宫廷宗教建筑所表现出的最为显著和重要的特点。值得注意的是，它没有单纯沿用任何一种民族的形式，而是不断地试图结合不同民族的建筑特点，体现了一种融合的态势，实际上是创造出了一些别具特

图105　雍和宫殿彩画

图106　雨华阁首面梁头（引自《雨华阁探源》）

图107　雨华阁檐口的“曲扎”（引自《雨华阁探源》）

色的宗教建筑形式，也在如何融合不同民族的建筑特色方面摸索出了不少经验，手法多样，形式多变。

不过，这个特色的形成是在乾隆时期。早期，一方面是宫廷宗教建筑的建设量不大；另一方面在文化上表现的多为因袭汉族文化，只是在局部体现满族传统，在这方面的经验未成系统。单从宫廷宗教建筑而论，乾隆时期可视为满族统治文化的成熟期，在前代不断汉化的基础上，对汉文化的理解和自身修养都达到了能够自如运用的程度，同时深刻地认识到少数民族统治所必然带来的民族矛盾，于是采取了一种既强调“满汉一体”的融合思想，也不愿丧失满族自身民族特点的文化政策，利用黄教在文化上结成少数民族联盟。这些都在宫廷宗教建筑的建设上得以体现。

首先，汉族文化占据了主要的地位，这是基础。不仅汉式建筑在总体上数量多，而且在表现民族特色的宗教建筑内，其寺庙的格局、建筑的大体形制、命名题额等多个方面都是运用了汉族文化，如北海永安寺、清漪园须弥灵境、静宜园昭庙、碧云寺等；其次是利用少数民族建筑装饰或形式形成明显的建筑特点，如碧云寺的罗汉堂、雍和宫的法轮殿、紫禁城中的雨华阁等；最后，在景区的控制性景观方面，往往形成汉式建筑同异族建筑并峙的格局，以汉式建筑为主，但在景观效果上又足以平衡，如清漪园前山的佛香阁同后山的香岩宗印之阁、静明园的玉峰塔同妙高塔等。

从结果看，民族融合主要体现在两个方面，即满汉融合、汉藏结合。汉式建筑始终是结合的主体，这也是汉族文化比较发达在建筑上的自然反映。满汉结合的主要例子是坤宁宫、宁寿宫为萨满祭祀进行的改建，表现为空间布局的变化，遵从的是满族传统的口袋房形式，大门偏离正中而在东次间，门前增加了萨满祭祀的立杆，室内则布置了宰牲和灶台空间。萨满祭祀比较粗陋的地方就在于这样将不同行为放在一个大的空间中完成，没有像汉族祭祀一样放在一个分别承担部分功能的空间组合中。但出于民族立场的考虑，尽管粗陋也不会改变，而是顽强地改变了原有建筑。宫廷总体使用上，清代同明代有很大变化，后寝中路的功能基本上都改变了，成了仪式空间。另外，乾隆时期对养心殿进行了改建，将入口的台阶也按照满族传统的形式改造，更是体现了民族特色对于清代帝王的重要性。

汉藏结合主要运用在黄教寺庙上，并集中在乾隆时期的建筑上。其最早的例子是雍和宫改庙，相当于舍宅为寺，增加了前导空间，还是典

图108 颐和园智慧海南立面图（引自《颐和园》）

型的汉寺格局，但将六字真言引入彩画，室内陈设包括佛像的供奉按照藏传佛教的习惯布置，最为出彩的一笔是法轮殿，屋顶上的五个采光小阁一下子赋予了建筑浓郁的异族特色，可谓小处入手，但成效卓著。同样的手法在碧云寺的罗汉堂上也得以运用。紫禁城中的雨华阁则是通过四条屋脊上富有动感的龙使一座汉式楼阁建筑具有了异族风情，同时在一些建筑构件上如檐口、梁头等位置引入一些做法，檐口做成藏式建筑中常用的“曲扎”，梁头则做成兽面，这些都是四两拨千斤的手法，可见乾隆帝深谙造型艺术，知道关键所在，所以点睛之笔频出。

另一种手法则体现在空间布局上，一些寺庙采用前汉后藏的布局，寺庙的主要使用空间采用汉寺格局，有山门、钟鼓楼、天王殿、大雄宝殿、配殿等，甚至还有碑亭。后半部模拟藏式建筑，或建大红台、或建坛城。在以藏式建筑为主的区域内，仍然保留了许多汉式建筑的做法，如须弥灵境中的香岩宗印之阁，阁的做法还是汉式建筑的做

法，但立意是追随桑耶寺，形象特征是一个大屋顶统领四个小屋顶，仿若坛城。这在大型藏传佛教寺庙中得到广泛运用，承德的外八庙多为此类。圆明园月地云居则是在汉式建筑的院落中引进了一座藏式都罡殿，而北海小西天则是完全使用汉式建筑，但立意追随的是坛城模式。这些手法，给人的印象深刻，但人们往往容易忽视汉族文化在这些建筑（或单体、或群组）中的本体地位，控制性的要素仍是汉式传统，这是汉地建筑在艺术和技术上都具有成熟的经验和较高的成就所决定的，尤其是这些寺庙还包括了一定规模的园林，其中的园林艺术基本都是汲取了汉族文化。

二、丰富多变的建筑形式

宫廷宗教建筑在建筑形式方面多姿多彩，体现在以下几个方面。

其一，类型极其丰富，从殿堂、楼阁、塔到小品、城关、无梁殿等，几乎包罗了当时建筑形式的全部，加上前文论述的民族特色，使得宫廷宗教建筑的形式比宫廷中任何其他类型的建筑都要多，这是建筑类型之间相比的特点。而以宫廷与民间的比较看，显然也是无可比拟的，没有一个区域的民间建筑能够如此集中地包容这么多的建筑形式。这同皇家所具有的经济实力有关，也同皇家特殊的审美趣味有关，强烈的占有欲和表现欲使得宫廷宗教建筑争奇斗艳、无奇不有。

其二是每个建筑类别之中也是精彩纷呈。殿堂是最为常见的类型，本不出彩，但细细看来，如雍和宫的法轮殿、两处罗汉堂也是曲尽其妙；奉先殿兼顾气势与实用的工字形平面；圆明园清净地模仿藏传佛教空间的都罡正殿，等等，也能在严整之中力求变化。以楼阁而论，紫禁城的雨华阁、雍和宫的万福楼、颐和园的佛香阁、转轮藏、宝云阁、香岩宗印之阁和昙花阁这样的异型建筑以及圆明园慈云普护中的钟楼等，各具特色，绝无雷同；以塔来说，北海永安寺覆钵式白塔、静明园香岩寺砖塔玉峰塔、金刚宝座式喇嘛塔妙高塔、静宜园碧云寺金刚宝座塔和几座园子都有但各不相同的多宝琉璃塔，加上室内供奉的大大小小制作精巧的塔，不胜枚举。小品之中包括了各种牌楼：木牌楼、琉璃牌楼、石牌楼，具体数量、形式已是难以统计；形态各异的钟鼓楼和各种平面形状的碑亭、宰牲亭等，配合主体建筑，丰富了建筑群整体的形式构成。还有一些特殊的结合城关的宗教建筑，如清漪园的文昌阁、治镜阁、宿云檐等，更为奇特的是圆明园中的舍卫城，把一座寺庙建成一座小城，而这座小城又成为买卖街的背景，标新立异，构思奇巧。

其三，建筑材质也几乎穷尽了当时所有的可能，常见的木质结构和装饰虽然占据了主流，但砖石建筑的数量也是不少；华丽的琉璃用在了牌楼、无梁殿、宝塔和门楼等建筑上，色彩斑斓；比较少见的金属材质虽无大量应用，但宝云阁这样的铜殿无疑会使人过目难忘。

其四，建筑的尺度从小到大层次很丰富，最大的佛香阁是中国北方地区第二高的建筑，又耸立在二十余米的高台之上，气势巍然；小的吉云楼、宝相楼、佛日楼、梵华楼等建筑开间都不过一丈，小的通进深只有四米多。建筑尺度同建筑所在的空间区域的属性密切相关，配合着总体的空间氛围，表现出极大的自由度，而尺度的变化自然地影响到了建筑形象的视觉感受，丰富的尺度变化同样是形成丰富的建筑形象所不可忽视的一个重要因素。

其五，建筑的组合模式丰富多变。单体建筑的形象多变是一方面，不同单体建筑的组合方式也是影响空间和视觉感受的重要因素，尤其是在中国传统的建筑文化中，通常不注重单体建筑的个性而是在院落构成上做文章。在宫廷宗教建筑中，有寺庙格局的形式，也有园林化的布置方式（前文论述空间模式时已有涉及，不再重复）；有追求神仙境界而使建筑纵横毗连以达到繁盛艺术效果的日天琳宇、方壶胜境等，也有表现散淡情韵、讲求疏落的慈云普护。总之，上述类型、形式、材质、尺度、组合模式等五个方面的因素相互配合，综合在一起所形成的纷繁景象是极其生动的。

究其原因，一方面是宗教建筑的特殊性对建筑形式本身就有较高的要求，建筑作为一种形式语言要表达宗教教义、虔敬崇奉以及借助宗教手段表现其他含义等多种内容；一方面，皇家建筑在夸饰财富、炫耀威严上具有极大的热情；另外，如此众多的宗教建

图109 蓬岛瑶台四十景图 局部（引自《圆明园四十景图咏》）

筑也是历史积淀的结果。经历了几代帝王的苦心经营，帝王的审美趣味自然会在建筑上留下印记，而宗教建筑在艺术上所具有的自由度为帝王准备了较大的发挥空间。同时，从档案记载所反映的情况看，宗教建筑一旦建成，较少更动，皇家御苑中其他类型如日常寝居、勤政用途的建筑则免不了随帝王的更替而有所兴废，这一点也为风格的累积创造了条件。若不是帝国主义者的暴行，今天我们可以继承更为多姿多彩的文化遗产。

宫廷宗教建筑中就特殊性而言，有一类建筑占据了重要的地位，即表现理想境界的建筑。现在看来，把理想境界当作一个独立的表现内容进行大规模的兴建，除了皇家，其他人都没有这个可能。理想境界在不同的宗教里有不同的表现，道教为神仙境

图110　方壶胜境四十景图（引自《圆明园四十景图咏》）

界，佛教则是极乐世界。民间道教宫观中显然有关于神仙境界的内容，但其表现形式往往是壁画、彩塑等室内工程，建筑上没有脱离总体的设计为表现神仙境界而单独造景，其中经济因素的制约可能还是很重要吧。私家园林肯定缺乏场地的条件和财力，从设计思想看也没有这样的推动力。

圆明园中的蓬岛瑶台、方壶胜境、日天琳宇以及清漪园中的须弥灵境、昆明湖三岛、北海的小西天等都是营造理想境界的产物，取材的样本有“一池三山”的模式，也有坛城模式，但落实到具体的设计，各自都有鲜明的特点，体现了不同的设计思想，反映在这一模式下的对理想境界的不同理解。对这一模式的详细论述能加深我们对宫廷宗教建筑丰富多彩的建筑艺术的感受。

蓬岛瑶台是福海景区的视觉中心，其设计考虑的是从福海四岸观看的视觉形象，这里的一池三山表现为由西北至东南走向的斜向布置，而福海的形状基本为正方形，这样的布局可以照顾到各个方向的观景效果。三座小岛有主有次，以中岛为主，建筑多在其上。整个景点的造型同福海景区的整体非常协调，没有追求高峻的效果，而是以恬淡的园林景致通过水面的距离感来表现其可望而不可即的神仙境界。方壶胜境所极力营造的是华美和崇峻，完全是以一种建筑的语言来表达对神仙境界的理解。这里一池三山被抽象成了伸入水面的三座建于高台之上的亭子，这一手法使三山同较小的水面和其后的两组建筑所形成的整体形象保持了和谐。在这组比较密集的建筑群中，舒朗的三山同后面紧凑的建筑之间拉开了空间层次，疏密有致；同时，通过不同标高的地形，形成了层台叠起、重楼比肩、飞阁相连、勾心斗角的繁复华丽的建筑景象。方壶胜境无疑是圆明园中最具世俗审美标准的景点，它完全通过建筑的语言描绘了一幅人间天堂的华美图案；而蓬岛瑶台则是借助于福海的水面，通过距离感表达神仙境界中的缥缈意境。两者正好反映了世人对神仙境界理解的两个不同侧面：一个用园林手法，一个用建筑的语言，都取得了很好的景观效果，尤其是方壶胜境创造性地对一池三山模式做出了新的注解。

清漪园中的“一池三山”又是另一番景象，昆明湖的水面开阔，北有万寿山，山水相配的气势在诸园之中为最胜，两道长堤将水面分成大小不等的三块，在每块水面中都有一个小岛，分别统领一片水域，成为三个中心。其中两座岛上分别建有广润祠和治镜阁。这样的配置使得三山的缥缈之气益加充分，水面所形成的距离感和宗教建筑的超世精神彼此互补、相得益彰。龙王庙本身同水关系密切，另一处宗教建筑治镜阁则形制特殊，下为圆城，上为正四边形平面，每面出抱厦，阁的建筑形象十分繁复华丽，无疑对于塑造神仙境界是有说服力的。这里由于自然环境的尺度不同，设计运用的也是大手笔，更有皇家的气派，担得上是乾隆盛世的代表作。

日天琳宇是雍正时期在圆明园中建设的一处“极乐世界”，其特点在于平面形式，两组共四栋七开间的楼房毗连并列，前后楼都有穿堂楼相接，南楼前出抱厦，又有敞厅、连廊、灯亭、太岁坛等形式各异的建筑点缀，虽然建筑本身的装饰语汇不多，但仍给人留下深刻的印象；建筑密集，同样营造了繁盛的天国景象。当时的人们称之为“大佛楼”，其实建筑的尺度并不大，最大的开间只有一丈一尺，恐怕是这种建筑密集组合的形式使建筑的尺度在人们的视觉感受上有所夸大的关系。同时，日天琳宇的艺术风格明显地同乾隆时期表现理想境界的风格不同，建筑立面的处理十分朴略，灰瓦卷棚屋顶，没有斗拱、没有彩画，只是通过不同寻常的组合方式来表现这个不同寻常的主题，同万方安和、澹泊宁静等建筑有异曲同工之感，充分反映了雍正帝的审美趣味，同乾隆帝富丽堂皇的建筑风格形成了鲜明对比。

须弥灵境、小西天是从藏传佛教的教义出发，通过坛城模式来表现理想境界，用得较多的是象征手法（这一点将在下文探讨），虽然都是为太后祝寿，但两处的具体处理大异其趣，规模不同，风格的取向不同，透过建筑想要表达的思想也不尽相同。须弥灵境大量采用藏式建筑的语汇，大红台、碉房、喇嘛塔，这些形式同内容之间有密切的关联；而小西天则是除了坛城的平面形式来源于藏传佛教之外，其余都是汉式建筑的传统语汇，从建筑的结构到装饰无不如此。相似题材的多种表现，体现了设计者的艺术修养，对建筑语言的掌握已是从心所欲而不逾矩，取得了很高的艺术成就。

三、强调象征的建筑手法

这个特点主要集中表现在乾隆时期的宗教建筑上，也是整个乾隆时期建筑的一个特点，它并不局限在宫廷宗教建筑这一较小的范围。乾隆时期由于政治稳定、经济繁荣达到了清朝的盛期，因此建设量相当大，一方面新建了不少建筑，另一方面重修、改建了许多建筑。经济实力也使建筑附会古制有了物质基础。

所谓附会古制，很重要的就是运用象征手法。附会古制主要体现在传统的大型祭祀建筑上。对祭祖建筑而言，高等级的建筑形制是长久以来已相当成熟的模式，其中数的隐喻是主要手法。同样，祭祀蚕神的建筑也是通过数字来象征主题，因为祭祀蚕神的对象是女性，属阴，故而多用偶数，以示阴阳有别。这方面在大型的天坛、地坛上表现得更为充分，乾隆帝重视礼制的制度建设，执政期间重修了许多坛庙，国子监内新建辟雍，在建筑活动方面有积极的反映。在这些建筑上运用了许多象征手法，从建筑朝向、彩画、数字、形状等多个方面表现主题，这些建筑所达到的艺术成就之高已有公论。宫廷宗教建筑的规模虽不及上述国家性的祭祀建筑，但在运用艺术手段方面毫不逊色。

前文已述宫廷宗教建筑的建设往往有一定的象征意义，这是在总体布局层面上的表现，落实到一个具体的建筑群或建筑物上，也要有相应的手法来强化这种象征，从而形成了宫廷宗教建筑的一个重要特点。具体的手法同需要表达的象征意义相关联，较为显著的如表现祝福祝寿主题使用坛城，是用一种具象的形式组合来表现宗教中理想国的空间模式，从而完成这一象征意义的表达。关于坛城的运用，也有多种手法，大的如须弥灵境的北半部、雍和宫后半部，小的则有小西天。须弥灵境所用的象征手法是非常具象的，围墙对应铁围山；不同平面形状的小殿对应于不同的部洲；日光殿在东、月光殿在西表示日升月落的轨迹；四色塔的颜色同教义关联，如此等等。小西天中的神山也是非常生动的具象雕塑，运用的都是形象的直观语汇。

单体建筑表现坛城的有雍和宫法轮殿、香岩宗印之阁等，通过屋顶形式来表现，法轮殿是屋顶上隆起五个天窗，一大四小；香岩宗印则是一座建筑的五个屋顶，一大四小。小的则是直接通过坛城模型陈列在室内。坛城是藏传佛教的产物，汉族文化传统的神仙境界则是在园林中通过一池三山模式来体现，大多是水面上的三座岛，也有如方壶胜境这般通过伸入水面的三座亭子来表现三山，灵活多变地对三山进行了阐释。

另一种象征手法是数字同空间结合，典型的例子是雨华阁、香岩宗印和宫廷中多次出现的六品佛楼模式。雨华阁外观三层，内部四层，按照四续部，即事部、行部、瑜伽部、无上瑜伽部的形态布置，每层以坛城、佛像等物的布置来反映相应的教义。香岩宗印则是取义三部，六品佛楼则按照修习密宗的进程，六品是六部经典的分类，一室般若经品为显教部，其余为密教四部，其中无上瑜伽又分为两部：无上阳体根本品、无上阴体根本品，余为事部、行部和瑜伽部。通过塔、唐卡、经书、佛像、供案等物品，按照藏传佛教的教义组合在一个两层贯通的空间内，六品佛楼就是六座立体曼陀罗，形成一个系统。六品佛楼这样的形式目前所知没有在其他地方出现过，可能就是根据乾隆帝的要求而进行的创造，值得深入研究。

总之，象征手法是宫廷宗教建筑中被广泛应用的一种设计手法，清代的实践在这方面取得了成熟的经验。

第六章　清代皇家宗教文化的特征 >>

在近代以前，宗教文化往往是当时社会文化的典型代表，而皇家的宗教文化又在整个社会的宗教文化中起到很重要的作用。研究皇家宗教文化有窥斑知豹的意义。从文化形成的历史看，皇家宗教文化不是空中楼阁，它是建立在民间宗教文化的基础上的，同时也对民间的宗教文化产生巨大的影响，这一点在清代尤为明显。满族统治者本身的宗教文化并不发达，其上层社会的宗教文化来自对其他民族宗教文化的学习，并促使其产生了一种全新的宗教文化格局。本章的重点在于从建筑的角度来阐述这一过程，以宫廷宗教建筑的建设为主线，辅以清代帝王宗教思想的脉络，两相结合，以期获得较为全面而清晰的认识。思想是动因，建筑是其物化的体现，当然，宗教建筑的建设不唯思想所促成，还受到众多别的因素的限制，但从建筑观察其思想、了解其文化不失为一条途径。

第一节 清代帝王的宗教思想

清代满族统治者重视藏传佛教、崇奉黄教是其宗教文化的一个重要特征，其原因往往同边疆政策相联系，雍和宫内乾隆帝御制的《喇嘛说》碑文被广泛引用作为直接证据，而这篇文字的完成已是大清建国一百多年后的事情。仔细考察这之前的历史，不难发现，边疆政策确实是形成这一局面的重要因素，但以乾隆时期黄教在宫廷中如此兴盛，则难以只考虑这一个方面的影响。清代满族统治者的边疆政策早已形成，但黄教却未在宫廷之中骤然兴盛，说明国家政治同宫廷宗教文化之间未必有如此直接的关联，其中原因绝非这么简单。因此，梳理清代早期几位帝王的宗教思想，观察其脉络和变化的原因就对探究这一现象具有很重要的价值。

一、努力汉化、富有宗教热诚的顺治帝

顺治帝幼年即位，顺治八年亲政，十八年驾崩，终年二十有四，是一位少年天子。顺治帝的宗教情结是比较重的，经常痛自苛责，自我忏悔，与他同宗教人士的交往有关。顺治八年开始，他同传教士汤若望过从甚密，十四年后开始与佛教高僧在宫中谈经论道，几欲出家。边疆政策方面，承继了其先辈的做法，扶持黄教，顺治九年五世达赖喇嘛进京，为此在德胜门外兴建了西黄寺作为达赖在京的住处。

清代帝王从政治因素考虑扶持黄教，但始终保持一定的距离。满族在同蒙古族的交往中，早就接触到了黄教。由于满族自有其宗教信仰萨满教，在两种宗教接触的过程中也存在摩擦。清初，皇太极在崇德元年三月，“谕诸臣曰：‘喇嘛等以供佛持戒为名，酒肆奸贪，直妄人耳。蒙古诸人深信其忏悔超生等语，致有悬转轮结布幡之事，嗣

后俱宜禁止。’”①虽然未厉行禁止，但可看出统治者并不崇信黄教，最后是出于政治利益的考虑而扶持黄教，以联合蒙古，维护区域稳定。萨满教作为宗教是相当粗陋的，没有经典，仪式也不统一，处于比较原始、蒙昧的状态，因此满族普遍的宗教热诚是相对较低的，在频繁的战事中，更为注重实际、切近的利益。

顺治亲政之前，多尔衮执政，在进军征伐、治理国家的过程中不可避免地要处理宗教事务，其言行体现的是一种理性、实用的态度。顺治三年七月，“**江西抚李翔凤进正一真人张应景符四十幅，得旨：‘致治之道，惟在敬天勤政，安所事此？朝廷一用，天下必至效尤，其置之。’**”②道教真人趋依新主，并未见用，但经济上的帮助还是可以考虑。顺治六年五月，“**户部等言：‘师旅频兴，岁入不供，议开监生吏典承差等援纳，并给内外僧道度牒，准徒杖等罪折赎。……’从之。**”③两相比较可以明显地感受到其实用精神。这种精神的影响极其深远，可以说是定下了基调，有清一代宗教始终处于政治的威压之下，也鲜有倚仗特权的僧道出现。多尔衮执政时期在宫廷中未有任何宗教建筑的建设，但在顺治四年建了堂子。多尔衮在执政之初（顺治元年）就在历法上启用汤若望的新历，并封汤若望为钦天监监正，后又加授太常寺少卿衔，官阶正四品④，以西人任如此关键之职为千古未有，从中可以看出新兴政权较少桎梏、注重实用，其根源就在于宗教观念还比较淡薄。观象在当时绝不是一般意义上的天文观测这么简单，而是人与天之间的交流。天文学在当时称为天学更确切，这一权力是垄断在少数人手里的，钦天监正可为“王者之师”，地位卓然。顺治帝亲政之后同汤若望的关系有更进一步的发展，表现出了少年天子好学的一面，并由于当时人们对天的敬畏而非常崇敬汤若望这位“通天教师”，但这位少年并未对基督教产生兴趣，在褒扬汤若望功绩的碑文中也只字不提他的传教身份，这是需要注意的地方。

顺治八年正月十二日，福临开始亲政，此时他十四岁。首先遇到的难题是看不懂汉文奏章，早年由于多尔衮故意放纵他的汉文学习，使他耽于骑射，此时亲政痛感不便，因此发愤苦读、博览群书，开始了对汉文化全面而深入的理解，并领悟了“文教治天下”的奥秘，所以他经常采用汉族固有的生活方式和伦理道德观念来不

①[清]蒋良琪撰，《东华录》，中华书局，1980年，第38页。

②[清]蒋良琪撰，《东华录》，中华书局，1980年，第84页。

③[清]蒋良琪撰，《东华录》，中华书局，1980年，第98页。

④参见陈亚兰著，《沟通中西天文学的汤若望》，科学出版社，2000年，第64-68页。

断完善他的统治，其中自然也包括宗教方面的内容，真正开始了满族统治者全面汉化的历史进程，深刻影响了后代。

顺治帝的母亲孝庄太后来自蒙古科尔沁部落，笃信黄教，就接触宗教的可能性来说，应该很早，但顺治帝并未信奉黄教。这是一个很有趣的现象，至少说明了当时人们普遍的宗教态度是有一定自由的，当然来自女性的影响力要弱一些。从汤若望的回忆录看，顺治帝虽然聆听他的教诲，但并未对基督教产生兴趣。当时顺治帝正是一位少年，对世界充满好奇，兴趣广泛，缺乏宗教上的专注也很正常。顺治帝在政治上并非一帆风顺，天下未定，缺乏得力的亲信大臣推行其政治主张，重用汉官导致满族贵族的抵触，在处理朝政时倍感孤独。这些因素使其容易受到身边太监的影响，并从宗教中得到慰藉，他结识玉林琇和木陈忞即是由太监引见。同时，汉族传统文化中宗教也占到了很重要的位置，其影响是相当广泛的，顺治帝在努力学习汉文化的时候也必然会对宗教思想有所研究，这也是他同两位佛教高僧产生契合的基础。但从文献上看不出两位僧人是以法术或灵迹来取得信任，这一点很重要，显示了顺治帝同他们的交往重在思想层面的交流。同时，以满族同黄教的渊源而没有信奉，专注于禅宗一派，更说明文化上的动因是主要的。

从宗教建筑的建设看，顺治帝在位十八年，执政十年，宫廷宗教建筑的建设有八处，考虑到钦安殿等宗教建筑的因袭，还是比较活跃的。这里面有新朝伊始，制度需要完备的因素，如坤宁宫改建成萨满祭祀场所、奉先殿的重建等。从建设的时间看，大多集中在顺治十二年至十五年短短的三年间，只有北海的永安寺是顺治八年亲政之初建造的，这同当时的经济状况有关，政权尚未稳固是不可能有过多精力消耗在宗教方面的。永安寺的建设在很大程度上有为新政权祈佑的意思，同政治有密切关系。当时这位少年天子所面临的军事、经济、政治等各方面都形势严峻。顺治九年，李定国在华南发动强大攻势，定南王孔有德、敬谨亲王尼堪相继阵亡，军事上受到重挫。顺治十二年之后，政局开始趋于稳定。顺治十四年，吴三桂等向李定国发动最后的猛攻。顺治十六年，除郑成功外各地大规模的反清武装都被荡平。应该说顺治帝还是有一定作为的。顺治十二年后，频繁的宗教建筑建设反映了他在这期间开始成熟，对宗教文化有了认识。

从汤若望同顺治帝的交往看，他是一位兴趣广泛、充满好奇心的人，不鄙视形而下的“术”，这可能同他早年并未受到严格的儒学训练有关，因此，他对道教发生兴趣就不难理解了。顺治帝因为曾经落发、意欲出家而为史家注目，他同佛教的关系自不必多说，然而从宗教建筑的建设看，顺治帝对于道教也相当热衷，八处宫廷宗教建筑中有两处，紫禁城内的玄穹宝殿和南苑的元灵宫[①]占到相当比例，这点未引起史家的充分重视。我认为顺治时期的太监大多沿用明朝的太监，由于明代的宫廷道教文化极度发达，顺治帝在这方面不可能不受到影响，同时道教重术，年轻而充满好奇心的天子也很容易被打动。而且道教在传统文化中占有相当重要的地位，年节习俗大多与之相关，从文化因袭的角度看，顺治帝也会有深入的接触。顺治帝同高僧对谈的万善殿原为明代的芭蕉园，是嘉靖帝道教修炼的场所，从使用这一处建筑看，在改为佛教建筑之前，他肯定已经经常光顾此处，并且他还保留了放河灯的习俗。

顺治帝对汉族文化的追求，在三教上都有突出的表现，上述道教是其一。对政治生活影响大的是他表现出了对礼制的高度重视，为表示崇孝而重建了奉先殿，又为了表示敬天而仿奉先殿之意修建上帝坛，后者很失败，显示他对汉族的礼制制度还没有深刻领会，礼多则滥，失之庄重，并且下旨停堂子之祭的行为暴露了其性格冲动、在政治上不很成熟的一面。汉化的进程过快，导致满族贵族的不满。顺治十五年又在南苑建德寿寺，为太后祝寿，开清代帝王为太后建寺的先河。虽然建设的是佛教建筑，反映的思想内容却是孝道思想。

顺治十七年，其宠妃董鄂妃去世后，顺治帝陷入了低潮，消极厌世，决心出家，虽然最终未果，但也成就了一段宫廷传奇。他为董鄂妃在景山办了隆重的道场，佛道共襄其举，这个道场可能是清代宫廷中规模最大的一次了，这一事件倒是告诉了我们，顺治帝最为强烈的宗教热情是献给汉传佛教的，在广泛地接触了多种宗教文化之后，他最终选择了汉传佛教，其原因值得深入研究。本人认为可能同顺治帝一生的政治生涯不太顺利有关，远大的抱负难以施展，冲动的性格使他容易走向极端。同时，高僧阻止他出家的行动也说明，在佛教僧人心中，在处理帝王这类特殊人物的宗教行为时，有一把明确的尺子，当与不当的尺度把握得很准。佛教的传教手段同基督教明显不同，并不追求形式上的皈依，这也是佛教在中土传播千百年来的经验，宗教同政治的微妙关系在这一事件中体现得淋漓尽致。

年轻的天子在顺治十八年因感染天花而在紫禁城的养心殿驾崩，他的宗教活动也戛然而止，历史开始了另外的篇章。他所致力的汉化过程在他

①南苑元灵宫建于顺治十四年，为道教建筑，以此判断紫禁城中玄穹宝殿建于顺治年间的可能性极大。其规制仿大光明殿，显然深受城内西苑明代遗留的道教建筑的影响，进而可以佐证本文的观点。参见[清]于敏中等 编纂，《日下旧闻考》卷七十四，北京古籍出版社，1985年，第1242、1244页。

身后经历了短暂的反复。很快，另一位杰出的天子走上了政治舞台。康熙帝刚刚亲政时虽然年少，但不乏老成持重，是一个充满理性精神的帝王，因此宫廷中的宗教也就是另外一番面目了。

二、没有崇信，但有敬畏的康熙帝

康熙帝与顺治帝不同，很早即开始了汉文化的学习，并达到了相当高的程度，这种文化的浸润必然包含了汉族传统宗教的影响，同时他又是一位充满理性精神的人，重视科学，在对待宗教文化方面表现出了相当微妙的态度。康熙帝比较接近传统儒者的宗教观，敬天法祖是其核心精神，孔子说“敬鬼神而远之”，同时又说“祭如在”，不管其真实动机是否为政治统治服务，这都成了传统社会中一种普遍的宗教态度，即在信与不信之间。毕竟以当时的认识水平，国人的未知领域仍是相当广泛的。在康熙帝的敬天思想中，突出的一点是对权力有清醒的认识，以对天的敬畏来约束权力，实际上可以认为是一种自律，但他希望通过自己的敬畏来感染群臣，用一种比较自然的手段来维持吏治的清明，这是他用心良苦的地方，尝言“人主势位崇高，何求不得，但须有一段敬畏之意，自然不致有差错，便有差错，也会省改。若任意率行，略不加谨，鲜有不失纵佚者。朕每念及此，未尝敢一刻暇逸也”[①]。既是自警也是警人。在行动上，凡遇天有灾异，必定有所省思，康熙十八年，“九月庚戌，以地震祷于天坛”[②]，十九年“十一月丙辰朔……彗星见，诏求直言。”[③]康熙三十二年秦省旱荒，“三月丙午，遣皇子胤禔祭华山”[④]。自然的灾害不可避免，天文中的异相当时已可预测，但也需要解释，康熙三十六年，“二月壬午朔，钦天监预奏日食分数，谕曰：‘日食虽人可预算，然自古帝王，皆因此而戒惧，盖所以敬天变，修人事也，若庸主则委诸气数矣。本年水潦地震，今又日食，意必阴盛所致，岂可谓无预于人事乎？可谓九卿，如有人事应改者，悉以奏闻。’”[⑤]这些思想和行动都是遵从儒家经典的学说，荀子早就指出了宗教的社会教化功能，强调各种祭礼、巫术活动，“君子以为文，而百姓以为神。以为文则吉，以为神则凶。”而《易经》中说明了“圣人以神道设教，而天下服矣”。

但康熙帝对祀礼的重视远逊于其后代，

①中国第一历史档案馆整理，《康熙起居注》，第一册，中华书局，1984年，第127页。
②《清史稿》卷六，《本纪六・圣祖本纪一》，中华书局，北京，1977年，第201页。
③《清史稿》卷六，《本纪六・圣祖本纪一》，中华书局，北京，1977年，第204页。
④《清史稿》卷七，《本纪七・圣祖本纪二》，中华书局，北京，1977年，第237页。
⑤[清]蒋良琪撰，《东华录》，中华书局，1980年，第280-281页。

"他注重实际运作，而忽视祀礼的建设。清代属礼部掌管的78项祀典，竟无一项是在康熙年间设立。"[①]天、地、先农等祭礼，康熙亲祭的次数也不多。这可能也是他身上重实用理性的一种反映，不尚虚文。

与对宗法性宗教的敬畏形成对比的是康熙帝对佛道二氏的态度，康熙十二年十月初九，他在弘德殿同讲官熊赐履说："朕十岁时，一喇嘛来朝，提起西方佛法，朕即面批其谬，彼竟语塞。盖朕生来便厌闻此种也。"[②]但是，康熙帝也并不因为自己不信佛道而行禁止。相反，他还要利用宗教来为自己的统治服务，"朕惟佛教之兴，其来已久，使人迁善去恶，阴翊德化，不可忽也。……为宗社用呵护，生民祈福佑。"[③]同时，他也十分注意控制宗教势力，使其不至对国家形成危害。康熙二十八年十一月，"理藩院题乌斯尼哈白塔住持喇嘛罗卜藏宜宁等称伊师喇木占巴喇嘛复转生于世祈请往聚。上曰：'蒙古之性深信诡言，但闻喇嘛胡土克图胡必尔汗不计真伪，便极诚叩头送牲畜等物，以为可获福长生，之欲荡家产不顾，而奸宄之徒得以行诈，谓能知前生之事，惑众欺人，网取财帛牲畜，败坏佛教。诸蒙古笃信喇嘛，久已惑溺，家家供养，隐其言而行者甚众，应将此等诈称胡土克图者严行禁止。'"[④]康熙二十二年，"七月，吏部题查正一真人从无赐恤致祭之例，应不准行，其恩诏诰命，应如所请。旨：'张继宗见号真人，即着照所袭衔名给与诰命。一切僧道，原不可过于优崇，若一时优崇，日后渐加纵肆，或别致妄为，尔等识之。'"[⑤]可见，康熙大帝的确在治国方面有过人之处，对待宗教不抑不扬，走的是一条折中之路，头脑清醒，行事也极有分寸。同时，作为朝中大臣的儒士对佛道等教的警惕性一直保持高度紧张，也影响到帝王的具体政策。康熙五十年，"十二月，赵申乔疏言：'直省寺庙众多，易藏奸匪，请敕禁增建。'从之。"[⑥]

康熙帝同顺治帝一样，同西方传教士也有密切的接触，并从他们那里学习了不少科学知识，鳌拜摄政期间曾废除新历，走过一段回头路，但康熙帝只认事实，同样重用传教士，汤若望去世后，南怀仁担任了

①刘潞著，《论清代先蚕礼》，《故宫博物院院刊》1995年第1期，紫禁城出版社，第30页。

②中国第一历史档案馆整理，《康熙起居注》，第一册，中华书局，1984年，第127页。

③"圣祖御制弘仁寺碑文"，引自[清]于敏中等编纂，《日下旧闻考》卷四十一，北京古籍出版社，1985年，第648页。

④[清]蒋良琪撰，《东华录》，中华书局，1980年，第248-249页。

⑤[清]蒋良琪撰，《东华录》，中华书局，1980年，第202页。

⑥[清]蒋良琪撰，《东华录》，中华书局，1980年，第354页。

钦天监监正。在掌握了相当的科学知识之后，他更不会信奉佛道的教义，因此他写下了“**颓波日下岂能回，二氏于今自可哀。何必辟邪犹泥古，留资画景与诗材**”[①]的诗句，可堪回味的是后半段，说明他也充分认识到了宗教在文化中的重要地位，其文化价值是值得善待的，采取了一种相当宽容的态度。因此，有许多宗教活动他也参与其中，康熙三十七年正月，上巡幸五台山，“**七月初七日，京师地微震。直抚于成龙言：‘霸州等处挑浚新河已竣，乞赐河名，并敕建河神庙。’得旨：‘赐名永定河，建庙立碑。’**”[②]康熙三十九年七月，“**时海口浚通，督臣张鹏翮奏请将拦黄坝改名大通口，建海神庙。从之。**”[③]顺应当时社会的自然状态，游名山，拜大刹，兴修庙宇，毫不矫饰，一切都自然而然，并且作为一种文化上的修养，“**雪霁寒轻景物鲜，上元临幸偶参禅。方丈无人般若静，天花虚落古松前。**”[④]上元之节，踏访寺僧，观景吟诗，颇得个中趣味；情景互照，禅意盎然，果然有大家之气。其中修养，可得一窥。他也不干预后辈的宗教生活，高兴了还会为他们写上几句。乾隆帝的宫中潜邸的佛堂就有康熙帝题写的对联和“敬佛”匾，这些都可看出康熙帝对宗教的态度是不崇信也不压制，放任自流，表现出一种非常自信的姿态。

康熙帝与众不同的一点还在于，用一种科学求证的态度来看待某些宗教行为。如道教的炼丹，他显然并不反对炼丹，在西苑之中总有一些企图攀附帝王的道士在炼制仙丹，康熙帝总是让道士自己先服用他们的丹药，不少妄人也就死于自己之手。中国历史上死于丹药的帝王为数不少，早已引起了有识之士的警惕，但以当时的认识水平，炼丹的神秘性是毋庸讳言的，康熙帝作为一个求知欲旺盛的人，自然会产生兴趣，但他始终抱着实证的态度，是难能可贵的。确切地说，炼丹的理论他并不感兴趣，而是对这种实践活动及其结果怀有好奇心。

从宫廷宗教建筑的建设情况看，可与上文互相印证。康熙帝在位六十一年，时间相当长，其时国家已步入盛期，经济上并不拮据，康熙帝的建设量也不小，但宫廷宗教建筑的建设只有六处，其中畅春园的两处还不能确知是否建园时新建，很有可能是因袭原址的故旧。康熙帝在宫廷宗教建筑的建设是顺治至乾隆四朝中最少的，也不存在日常使用的宗教建筑或

①转引自李国荣著，《帝王与炼丹》，中央民族大学出版社，1994年，第432页。

②[清]蒋良琪撰，《东华录》，中华书局，1980年，第285页。

③[清]蒋良琪撰，《东华录》，中华书局，1980年，第292页。

④“圣祖仁皇帝御制上元幸完善点戏作诗”，引自[清]鄂尔泰、张廷玉等编纂，《国朝宫史》，北京古籍出版社，1994年，第341页。

空间，的确是没有宗教热诚。所建的几处，目的性也很强，如康熙十七年建南苑永佑庙[①]，其中供奉的是碧霞元君，是祈求多子多福之用，其时康熙帝也正当壮年，皇家考虑皇权的继承，即所谓兴国广嗣，对这方面相当重视。康熙三十五年，在南苑建永慕寺，是为太后祝釐祈福，都不是从个人的需要出发，而是家族利益的要求，重在孝道，养育后代也是孝道的一项重要内容。这一点是在前四朝中唯一的，个性非常鲜明。

康熙帝可看作是儒家文化的典型人物，内圣外王，他对佛道等宗教的态度同儒家的正统思想一致，满族统治者的汉化过程至此已基本完成，不同于顺治帝的是，他对满族自身的民族文化也较为重视，恢复了堂子祭祀，并始终对汉族官僚保持着警惕，党争是他最忌讳的官场陋习，但在这方面他也并没有留下多少成功的经验，这实际上已超出了帝王的能力范围，是这个制度不可避免的弊病。他的后辈在处理满汉关系和宗教政策方面，有所继承，也有所发展，至乾隆朝基本形成稳定的格局。

三、调和三教、仿若教主的雍正帝

雍正帝虽然在位时间不长，但对清代的统治有极为重要的积极意义，改革了康熙朝的弊政，为乾隆朝的繁盛打下了基础。雍正帝虽然政绩卓著，却是一个颇有争议的人物，因为他留下了许多历史谜团，民间舆论控诉他四大罪：谋父、逼母、弑兄、屠弟，他也曾为自己辩解，事情似乎越描越黑。并且雍正帝删节、篡改康熙朝实录是不争的事实，总是当不得光明磊落。当然，长于权谋也是政治斗争的环境使然，物竞天择、适者生存，起因还是皇位之争。在这里面，宗教也占据了很重要的地位，教中人物、江湖术士奔走其间，希图幸进，雍正帝在即位前后也有不同的表现。请看下面一则史料：

“雍正三年（正月）[五月]上谕礼部：‘前僧人宏素处，称有朕昔年赏赐金刚经一部，上有朕制序文，昨日赍到，文与字俱非朕笔，且将朕名书写错误，甚不可解。朕在藩邸时，因与柏林寺相近，间与僧人谈论内典，并非以僧人为可信用也。况今临御天下，岂有密用僧人赞助之理？近日宣化、苏州等处，竟有僧人假称朕旨，招摇生事者，已经发觉惩治。此等于朕声名大有关系，尔部不可不严禁。年来各处呈缴御笔，今限期已满，尚有未缴者，尔部严行各省，再限一年，务令全缴，倘有隐瞒，定行治罪。’”[②]

颇有此地无银三百两、欲盖弥彰之嫌。由于康熙帝执政时间很长，

① “殿中奉天仙碧霞元君。东西配殿，东曰协佑殿，西曰弘育殿。”参见[清]于敏中等编纂，《日下旧闻考》卷八十七，北京古籍出版社，1985年，第1251-1252页。

②[清]蒋良琪撰，《东华录》，中华书局，1980年，第438页。

太子两立两废，导致继位的局面不明朗，而皇子都已步入中年，羽翼渐丰，自然不甘人后，为夺皇位，无所不用其极，包括迷信巫术。康熙四十七年“**十一月，以大阿哥直郡王胤禔令蒙古喇嘛巴汉格隆咒诅废皇太子用术镇压，革去王爵**”①。僧道都在诸皇子府中登堂入室，或作预言，或行法术，各尽所能。雍正帝在即位前自也不能免俗。同时，宗教活动有时又能营造出一种与世无争、我自超然的假象，以迷惑众人。藩居期间他曾作《自疑》诗一首：“**谁道空门最上乘，漫言白日可飞升。垂裳宇内一闲客，不衲人间个野僧。**”②在权力斗争的关键时刻以闲客的面目示人，心思缜密。

图111　雍正帝儒装像（引自圆明园）

康熙帝的宽政体现在宗教政策上也是比较宽松，而雍正帝的严厉在宗教上也有反映，他并不满足于世俗的权力，还试图扮演宗教领袖的角色，进而在思想上给人们加上牢固的束缚，并企图把儒教、佛教和道教联合成为一个宗教。“**三教之觉民于海内也，理共出于一原，道并行而不悖。……天人感应之理无他，曰诚敬而已。……性命无二途，仙佛无二道。**”③这些思想倒也并非是他独创，当时持这种看法的人不在少数，所以他能顺利地在晚年（1732？—1735）组织了十四个人，研究佛教禅宗。除他自己外，这帮人还包括五位亲王、三名大臣、五个和尚和一名道士。1732年，他编辑了一个选集，是从十三个佛教徒和两个道士的著作和讲话中辑录的，书名叫《御选语录》，共十九卷，1733年刊行。这部选集中，还选进了他自己的观点，题名《圆明居士语录》。虽然从选集所选的大部

①[清]蒋良琪撰，《东华录》，中华书局，1980年，第335页。

②语出《清世宗御制文集》卷三十，《四宜堂集》，转引自冯尔康著，“清世宗的崇佛与用佛”，左步青选编，《康雍乾三帝评议》，紫禁城出版社，1986年，第325页。

③语出《天竺寺碑文》，《御制文集》卷十七，转引自冯尔康著，“清世宗的崇佛与用佛”，左步青选编，《康雍乾三帝评议》，紫禁城出版社，1986年，第329页。

图112　雍正帝佛装像（引自圆明园）

图113　雍正帝道装像（引自圆明园）

分言论看，他内心是一位禅宗派的佛教徒，但他却将自己的开悟归功于二世章嘉呼图克图，对汉地高僧多有抑制，并对禅宗的某些派别大加挞伐。雍正帝干涉宗教内部事务的程度之深超过清代任何一位帝王，因为他自比教主，相当于内部管理而不算作是宗教之外的力量，这也是个特别之处。那么，他认为宗教的功能如何，如此大做文章的用意何在呢？他说佛教的善应感报的学说“有补于人之身心，……然于治天下之道则实无裨益”[①]。治国的根本还是宗法性宗教和儒学，这般行为的要旨实在就是将政治上的权势移植到宗教领域，禅宗本身在思想上是有相当自由的，但在雍正帝玩弄宗教于股掌之间的手段中，也就丧失了思想活力。所以从结果上看，三教合一的做法在许多地方模糊了汉族文化的传统的特点，由于又掺杂了黄教的思想进去，这可视为清代帝王关注民族矛盾而在文化政策上有所作为的开端，至乾隆朝大兴黄教远非其表面所说的单单为了“安众蒙古”。前辈学者如孟森先生对此觉得颇为怪诞，其实以雍正帝的文化修养断不会不知道其中的不伦不类，实在是醉翁之意不在酒。曾静投书案的发生，使他意识到汉族文化中强烈的

①语出《上谕内阁》四年七月初二条，转引自冯尔康著，《清世宗的崇佛与用佛》，左步青选编，《康雍乾三帝评议》，紫禁城出版社，1986年，第331页。

民族情结，夷夏之防绝不是新政权短短几十年就可轻易突破的。对一个外来者来说，原来文化内部的一些区别都不如民族之间的差异大，所以满汉融合不可能是单方面的满族汉化就能完成的，满族统治者对汉族传统文化的改造在进京之后就没有停止过，这时正是深入发展时期。

雍正朝虽然时间不长，但宫廷宗教建筑的建设量不小，仅次于乾隆朝，遍布正宫、离宫、行宫。养心殿盖成正寝后，在清代首创正寝之中的宗教空间，仙楼佛堂的源头即在此。这个同他自比居士倒是相吻合的，宗教修炼成为日常生活的重要内容，其位置必然也是在核心处，他经常举行的法会就在这些空间里进行。同他调和三教的思路一致，他的宗教建筑建设在内容上佛道并置，祭祖的内容也在其中。典型的如圆明园中的慈云普护、日天琳宇及养心殿和九州清晏的佛堂等，莫不如此。除此之外，他的宗教建筑建设往往也是带有很强的目的性，兴龙王庙以祈雨，刘猛将军庙以灭蝗，城隍庙以护佑一方平安。

其中最为突出的一点是，设坛众多，以斗坛为最多，尚有天神坛、祝龄坛等，表现出对道教实践的热衷。由于道教的行法设坛多为消灾、祈求平安，所以雍正帝给人缺乏安全感的印象。这个原因有两方面，首先是他的确信法术，这是基础；其次是当时的斗争过于激烈，他的对手也热衷此道，作为一个信法术的人，他不得不防。前文曾有论述，紫禁城的城隍庙建于雍正四年，而他的两个弟弟阿其那、塞思黑分别于同年八月和十月去世，这一联系不是巧合。更为有趣的是雍正九年，他突然在养心殿设坛、御花园澄瑞亭设坛，请法师住在坛边，并在宫中他的主要活动场所养心殿、乾清宫、太和殿内安置符板，为什么会在这个时候如此大动干戈呢？如果是一种日常的需要，为什么在雍正初年没有动作，其他宫廷宗教建筑大多建于雍正初年，并且设坛行法对他来说也不是什么新鲜事物。这要说到雍正八年，他杀了一个道士贾士芳。贾士芳是雍正帝的宠臣李卫向其推荐的，是白云观的道士。雍正八年春夏之际，雍正帝大病一场，遍发手谕以求高人。李卫的行动最为迅速，而贾士芳也确有手段，不日即愈，但雍正帝大约在同年九月的手谕中提到发现自己的健康竟然操纵于贾之手，顿时大怒，很快就将贾士芳杀了。可见，贾士芳并非没有本事而招罪，恰恰相反，他的手段过分了得，雍正帝又是雄猜之主，怎能忍受，必得先除之而后快。而后来为他布置符板、设坛行法的则是另一位受宠信的道士娄近垣，可见其重视程度。并且时间上也是雍正八年十月十五日开始下旨造坛，这不会是巧合，而是对贾士芳有大忌讳，深恐其人虽死而阴魂不散，因为他已领教了贾士芳的本事。这些在今天的人看来颇为无稽，甚至有些荒诞，但放到当时的历史语境中是真实可信的，乾隆年间曾有“叫魂”的恐慌从江浙一带向外蔓延，孔飞力先生曾专门著书分析，即使当时的许多人也并不相信有叫魂的法术，但是在整个中国大地上仍然引起了极大的恐慌，这个实例可以作为对雍正帝的行为解释的一个旁证。宗教对统治者来说是把双刃剑，没有被有效纳入国家管理系统的游方僧道始终是统治者的心病，所谓妖僧奸道是颇为忌讳的。在打击对手的时候，这类事情也会成为话柄，雍正三年十二月，“议政王大臣刑部等题奏：‘年羹尧大逆之罪五：一、与静一道人邹鲁等谋为不轨。……’”[①]年羹尧一度是雍正帝的宠臣，也是他即位的得力助手，对他的指控实际上也从侧面折射出了雍正帝自己的宗教活动。

雍正帝好道，不仅建设了不少道教活动场所，也大举炼丹。根据档案显示，自雍正八年十一月至十三年八月间，共传用炼丹所需物品157次，地点有：紫碧山房36次，六所24次，深柳读书堂20次，头所16次，四所16次，接秀山房15次，新盖板房6次，秀清村及二所各4次[②]。涉及炼丹的场所记名的就有九个之多，有趣的是这些场所命名无一同道教主题相关。紫碧山房是园中的最高处，炼丹对地点有所要求，需要有灵气的地方，高的地方相对与天的接触要便利一点儿，故炼丹多在深山。园中炼丹只能找个相对符合条件的地方，紫碧山房的次数最多看来是有原因的。

炼丹并非在道教建筑内进行，且这些地点大多处在圆明园较为偏僻的地方。秀清村在雍正八年始建成，建成马上就进行炼丹，其建设的目的很可能不是出于诗情画意。从这些地点可以间接地感受到雍正对于炼丹的两难态度。道教修为分内丹、外丹两门，外丹一道自五代以来日渐衰微，屡有死于丹药的帝王，饱受非议。康熙尽管也让道士进宫炼丹，但并不迷恋于此道，屡有训谕。明代帝王多迷恋道教，丹药之害尤为儒士所恨。雍正好道，也不能明目张胆地炼丹，这就是帝王不同于百姓甚至王公大臣的地方。他们一方面乐此不疲；另一方面经常发表言论表示并不相信，构成了一幅非常矛盾的画面，究其原因实乃地位使然。皇帝如果迷恋方术，说出来的话将危及整个国家的统治基础，必然为士大夫所不容。这也是中国宗教文化中有特色的一面，三教合一并不是件简单的事，总要有取舍。从这个角度来理解这些现象，一切又都是自然而然的事了。雍正一死，乾隆马上下谕驱逐道士，从中可以看出道士也是生活在圆明园中的，考虑到炼丹的需要这也是必然的。

从上述的这些情况看，全面准确地描述宫廷内的宗教建筑在目前还是困难的，简单地分类都会有问题。

①[清]蒋良琪撰，《东华录》，中华书局，1980年，第444页。

②参见《帝王与炼丹》第460页。

炼丹场所从来没有被归为宗教建筑看待，现在看来不够全面，尽管炼丹活动可能自乾隆之后再没有发生过，但是这些建筑始建于雍正之手，炼丹这一功能是否对建筑设计有特殊的影响尚难下结论。明嘉靖帝在紫禁城中兴建的祥宁宫采用了无梁殿形式，显然是出于防火的考虑，那么清代宫廷中用于炼丹的建筑在什么地方考虑防火呢？目前的资料显示，圆明园中似无无梁殿的存在，可能园中水道纵横，建筑离水源都较近，且较为隔离，已经有所考虑了。炼丹强调其神秘性的一点还在于对方位、时辰的选择，这些研究目前尚未涉及。

图114　乾隆佛装图（引自《雍和宫》）

四、兴黄定边、民族色彩浓厚的乾隆帝

乾隆帝的经历比起他的父亲要顺遂得多，年幼之时就得到皇祖父的宠爱，父亲在即位之初就以秘密立储的方式将他列为储君，没有经过血雨腥风的权力斗争。而雍正帝不仅将权力顺利地交给了他，同时也将一个经过整治充满希望的国家交给了他，使得他在一个比较安定的环境中可以尽情施展，其中一项重要的内容就是大兴土木。宫廷宗教建筑伴随着皇家宫殿和园林的建设也骤然增多，根据本课题尚不能称之为完全的统计，乾隆朝的宫廷宗教建筑的建设量比前三朝的总和还多，这也可算作是乾隆盛世的一个写照吧。其中涉及的内容相当广泛，清代的文化特色得到了充分的展示。

满族统治者作为少数民族掌握了全国政权，民族矛盾是不可避免的。调和包括下面几个方面的内容。一是同化即满民族的汉化，这是由汉族文化的优势决定的；二是对汉族传统文化的改造，使之能够接受异族统治，确立政权的合法性；三是确立满族自身的文化特点，提高满族的文化地位，这是由民族自尊心决定的。乾隆朝之前的各位帝王未能充分开展这些工作，重点在汉化上，这是历史条件所决定的，雍正帝显然已经开始了对汉族传统文化的改造，前文已有论述，但满族自身文化仍未能得到发展。宗教是文化中的一项重要内容，地位独特，属于意识形态领域，是上层建筑，所以其影响深远，利用宗教改造文化就成为清代帝王的必然选择。乾隆帝的独到之处在于利用宗教建筑，创造了一种异族风情浓郁的建筑艺术，以此来宣示民族性。

虽然乾隆朝改变了许多雍正朝的宗教政策，许多地方不公开地否定了他父亲的宗教活动，比如雍正帝御选的宗教文集不能入选《四库书目》，其宠信的道士被驱逐、重用的僧人被贬抑等，但是雍正帝的一些思想还是被他继承了，尤其是利用黄教来确立满族的民族文化以同传统的汉族文化抗衡这一点最为关键。而这一思想得以贯彻实施的关键人物章嘉呼图克图也是雍正帝在其年幼之时为他选择的学伴，雍正帝以老章嘉为自己开悟的本师，俟其圆寂之后，将转世章嘉接到京城与弘历一起学习，所以乾隆帝与章嘉的渊源是很深的。章嘉是蒙古地区的活佛，自然也是“安众蒙古”的关键，康熙年间封章嘉呼图克图为国师，地位之崇在有清一代独一无二。乾隆时期黄教之兴有了前所未有的新局面，宫廷之中多出了不少惹人眼目的汉藏结合风格的黄教建筑，乾隆帝起码利用黄教奠定了富有民族特色的宗教建筑。伴随着政治上的联盟，一个文化上的少数民族联盟也形成了。

在乾隆朝的宫廷宗教建筑建设中，章嘉国师具有举足轻重的地位。乾隆帝对黄教历史的了解来自他，对著名佛寺的了解来自他，而一些建筑样式的确立显然也离不开他的指导，比如紫禁城中的雨华阁，据考证其原型是托林寺，六品佛楼模式的创造是在他的监督下完成的。同时，他也是乾隆帝黄教修炼的本师，两世章嘉同两代帝王都结成了不同寻常的关系，这点是极为特殊的。从时间上看，宫廷中运用黄教教义设计的宗教建筑都出现在乾隆十年以后，同乾隆帝日常使用关系最密切的养心殿佛堂的改建完成于乾隆十二年，自此以后，宫廷中出现了大量的黄教建筑。这个时间应同乾隆帝的修炼关系密切，是他的宗教修为达到一定程度之后的反映①。正是乾隆帝通过自己的亲身实践，才使他充分领略了黄教在文化上的丰富内涵，并试图通过黄教来提升满民族的文化，进而使满族在强大的汉族文化传统面前保持自己的独

①据《章嘉国师若必多吉传》所述，乾隆帝第一次请求传授灌顶的时间是乾隆十年年末，灌顶所用的器具也是乾隆帝自备，灌顶是密宗修炼达到较高程度的标志，因此这是一个重要的时间。并且乾隆帝“坚持每天上午修证道次，下午修证胜乐二次第。每月初十举行坛城修供、自入坛场、会供轮、供养等活动。”从这些记述就可理解为什么在日常起居的空间中要安排宗教空间了，并且六品佛楼等形式的建筑显然也是专门为乾隆帝的密宗修炼服务的。另，乾隆帝自即位就开始向章嘉国师学习藏语，这也是为宗教修炼所做的准备，而且这很可能引发了他要将佛经都译成满文的念头，他在宗教修炼中对语言的感受肯定更为真切。第182–184页。

立性，而不是完全的汉化。应该说，乾隆帝深深地被藏传佛教的文化、艺术所吸引和折服，并且空间上的距离感也增加了这种文化的神秘性。这种神秘感同宗教教义结合，迸发出的吸引力是不难想象的。尽管广为人知的《喇嘛说》中简单地把推广黄教作为一种政治上利用的手段和稳定边疆局势所需，但这无法解释乾隆帝在宫廷之中，尤其是日常使用的空间中出现的众多同黄教教义有关的陈设、修炼的场所，可见这完全是个人因素决定的。

图115　高宗坐禅局部图（引自雍和宫唐卡）

乾隆不仅自己喜欢黄教，还要将黄教引入满族文化，使之成为满民族普遍的宗教信仰。他建造了黄教寺庙、建立了满族喇嘛寺院，并将佛教经典《大藏经》译成满文，这样寺院、僧人、经典就都齐备了，可见这已经超出了“安众蒙古”的需要，而是切实而有计划地将藏传佛教引进到满民族的文化中。这是一项浩大的工程，其用心之良苦，虽不落文字，但也昭然若揭。王家鹏先生在《乾隆与满族喇嘛寺院——兼论满族宗教信仰的演变》一文中写道：“乾隆试图把藏传佛教推行于满族中，作为满族全体成员的共同信仰。宫廷中萨满祭祀虽然仍是重要的祀典，但萨满教毕竟是粗陋的原始宗教，远远不能适应已经迅速封建化了的满洲贵族与平民的精神需求。其宗教信仰逐步由萨满教演变为佛教，主要为藏传佛教。乾隆创建满族喇嘛寺，表明在满族统治阶层中宗教信仰的转变。清代的汉地佛教虽然已经衰落，但是在内地的影响仍远比藏传佛教大得多。而清统治者却选择了蒙藏等少数民族信仰的藏传佛教，其原因值得我们深入研究。”[①]这个问题的解释只能是乾隆帝不愿意选择汉地佛教，同雍正帝在《御选语录》顽强地加入黄教教义一样，不愿意完全被汉族同化是个关键因素，这是一种非常矛盾、微妙的心理，简而言之就是民族自

①王家鹏著，《乾隆与满族喇嘛寺院——兼论满族宗教信仰的演变》，《故宫博物院院刊》，紫禁城出版社，1995年第1期。

尊心使然。汉化的理由不用赘述，汉化的进程早已开始，仍要如此舍近求远地大规模引入黄教文化，除此之外别无更好的解释。乾隆帝煞费苦心地选择黄教作为满民族文化发展的外援，从根本上反映了异族统治在当时民族矛盾不可避免的整体文化特点，尽管他汲取了元代迅速灭亡的教训，但这一选择的结果并不理想，忽视了文化发展的规律，人为地加以改造，虽有帝王之权势，最终仍然是失败。从结果看，满族并没有普遍地以黄教作为宗教信仰，并且满族汉化的过程也不可阻挡，至清末满族不会说满语，甚至萨满祭祀的传统都被遗忘，同时由于满族的特权地位始终不能消除民族矛盾，以至清末“反清复明”的口号仍有巨大的号召力，这些无疑说明他的文化政策从根本上讲是失败的。

尽管文化政策的总体效果并不理想，但乾隆时期却创造出了一些新的建筑形式，取得了一定的艺术成就，在前文论述其艺术特点的时候已有说明。由于这一做法人为痕迹过重，文化的普遍意义没有实现，所以这些建筑形式也就失去了发展的基础，没有生命力，只是一时在很小的范围内兴起，当时也没有推广，后世也没有继承，黄教无论在汉族还是满族人的心目中依然处于一种比较隔膜的状态，不能有效地融入整个社会。因此在乾隆晚年所写的《喇嘛说》中，言之凿凿地只论及黄教在维护边疆安定的意义而不言其他，因为这一文化政策说出来不利于在汉族地区的统治，同时经过几十年的实践，他可能也感到了这种做法的效果并不理想。

尽管黄教得到乾隆帝的大力发展，但汉地宗教（包括佛、道）建筑在宫廷之中仍然占据了主要的位置，数量上超过了黄教建筑，空间位置也比黄教建筑显著。这说明汉族文化的优势实在巨大，乾隆帝对此也不能割舍，事实上他也不愿意完全同化到黄教文化之中去，这里体现了他的两面性。当六世班禅来朝觐的时候，他以中华文化代言人的姿态出现，当他作为一个异族统治者面对汉族臣民的时候，他需要利用黄教来照顾自己的民族自尊心，这是一种微妙的心理状态。帝王作为一个统治者，他的言论落于文字的都有一个语境问题，如果只看到一条两条，容易失之偏颇，只有将他的言行对照起来，全面地审视，才可能理清头绪，这点在看待乾隆朝的宗教建筑建设上显得尤为重要。他的民族自尊心是相当隐晦地表现出来的，这也是前人未尝论及的地方，本文试为阐发，尚不能非常深入，谨以此求正于方家。

第二节 宫廷宗教建筑中所体现的宗教文化

中国的传统社会中，宗教关系盘根错节，宗教现象也趋于复杂，这些在前文的具体论述中已经可以了解，今天的我们站在一个中断的传统背后，其余绪仍在影响着我们。作为这个文化中的一员，我们有切身的体会，也有只缘身在此山中的局限，下面这段文字是一位外国学者对于中国宗教的理解，其宏观而抽象的概括对我们的理解也有帮助。

(1) 历史学家却不能断定中国的基本“宗教”——儒教——是一种宗教还是一种伦理学说。甚至我们对于道教的理解在这一点上也发生了改变。虽然很明显，道教成了某些私人生活权利的守护者，而外向型的儒教几乎没有为这些权利保留任何地位，但是学者现在看出，甚至《道德经》也不仅仅是一本精神生活指南，而且还是政治教本。

(2) 如果说儒教既是宗教又是社会学说，那么中国家庭就既是社会性的又是宗教性的（此处我依据保罗·蒂利希关于宗教是“终极关怀”的定义）。一位西方权威汉学家劳伦斯·汤普森走得更远，他甚至坚决认为家庭就是中国的“现实宗教”。基督教以其肉体复活的教义延长了肉体存在使之超越死亡，而中国则通过延续家庭超越了死亡：由此产生了祖先崇拜在中国的重要性。

(3) 在中国占主导地位的对社会的重视最显著地表现在，它将其各种宗教置于适当的相互关系中的独一无二的方式。在其他文明中，各个宗教若不是竞争关系就是相互排斥的关系，然而中国各派宗教却盘根错节地结合在一起并且相互合作，传统上它们全都对每个中国人的生活做出了重要贡献。……在中国，宗教冲突并非鲜见，不过这种冲突很少发生于教派之间。绝大部分冲突发生在国家政府与宗教之间。①

家庭在中国传统社会中的重要性是不言而喻的，家庭是中国社会的基本单元，同时家庭观念成为维系整个社会稳定的核心理念，国家是一个放大的家庭观念，传统的宗法性宗教对此有系统的阐述和严格的规范。而家庭观念的影响力也不仅仅局限于宗法性宗教之内，佛、道无不向其妥协，这点在宫廷宗教文化中有极为显著的表现，上文曾提出“孝治的宗教建筑”这一概念，下文将深入论述。

家庭概念的至上地位要求其中的个体约束个性以取得整体的和谐，同时也强调了宽容性和成员之间协作的关系。实现这一目标

①[美]休斯顿·史密斯著，《从世界的观点透视中国宗教》，汤一介主编，《中国宗教：过去与现在——北京国际宗教会议论文集》，北京大学出版社，1992年，第3-4页。

图116　金发塔（引自《北京紫禁城》，乾隆帝为存放其母梳落的头发而专门制作）

的前提条件是家庭中家长的绝对权威，在国家的政治生活中，皇帝正是扮演了家长这个角色，所以皇权拥有至上的地位，而其他任何力量都被看作是家庭中的成员，必须顺从于这种权威，并在相互之间保持和谐。如果试图破坏这种局面，自然就成为叛逆而遭到征伐。因此，宗教在中国传统社会中也是国家内的成员，服从于皇权，如此取得了宗教间比较稳定的关系。这是中国传统社会中宗教冲突较少的原因，任何宗教在相互竞争中都必须依赖皇权，而打击对手的最有力的武器就是对手与国家之间的关系，一旦指证对手破坏国家秩序则导致政府出面毁灭对手，所以宗教冲突的最为直观的反映是政府对某个教派的压制而不是教派之间的争斗。

前面一节的论述重点在于各个帝王不同的特点，对共性的论述主要在下文展开。尽管宫廷中的宗教建筑同帝王个人喜好之间有密切的关系，但是其特殊身份决定了这些建筑的建设必须有一些堂而皇之的名目，或是具有某种象征意义，这些名目的选择或象征意义的体现还是纳入在一个基本框架内的，最为重要的自然是体现孝道思想的建筑。其次，护国佑民也是一项重要内容。再其次是一些较为个人化的空间。不同的宗教建筑反映了不同层次的需要，并且很显然，三教的功能特点有显著的区别，只有结合在一起，才能构成一个比较完备的系统，以全面地适应需求。

一、治国孝为先——孝道思想在宫廷宗教建筑中的反映

在考察清代宫廷宗教建筑的建设时，基于孝道思想的宗教建筑建设屡见不鲜，包括两方面的内容。一是祭祖建筑，这些建筑又有两个方面的内容一为原庙之制，二为兴建庙宇为逝去的先祖祈福；二是为太后祝福或祝寿而兴建的庙宇。

清代每朝帝王都有这方面的建设，顺治帝在经济仍然拮据的情况

下重建了奉先殿，顺治十五年在南苑为太后祝寿新建了德寿寺；敬天法祖的康熙帝重修了奉先殿，于康熙三十年为太皇太后祝釐在南苑建永慕寺；雍正帝则在即位之初就有动作，设寿皇殿为康熙帝的影堂，将康熙帝年幼时避痘之所改为福佑寺，内奉牌位，又在畅春园建恩佑寺，也是托佛寺之名行祭祖之实。乾隆帝的建设更为频繁，五年在圆明园建安佑宫祭祀康熙、雍正二帝。十一年在北海建阐福寺为太后祝釐。十四年重建寿皇殿。十六年开始以为太后祝寿的名义兴建清漪园，主要建筑为大报恩延寿寺、须弥灵境。三十四年扩建慈宁宫花园。三十六年为太后祝寿在北海兴建小西天。四十二年为太后祝寿在畅春园修建恩慕寺，包括雍和宫改庙也是孝道思想的反映，同时囿于礼制的约束，还将太后的影堂设于佛堂之内以便经常行礼，以申孝思。可见，孝道思想是宗教建筑建设的一个重要主题，形式也很多样，并不局限于礼制规定的祭祖建筑。尤其在传统礼制中，女性地位不高，对太后的孝奉，在生前是通过寺庙的建设来体现，在身后仍要假佛堂或寺庙之空间来设置影堂，佛寺就具有了不同于其原始功能的新功能，这是值得注意的地方。

图117　坤宁宫的百字帐（引自《北京紫禁城》）

从上述一系列的建设看，清代帝王的重礼崇孝前无古人，孝道思想是汉族传统文化的核心内容之一，但满族统治者对这一思想的重视超过了前朝的汉族帝王。明代宫中也出现了不少祭祖建筑，但两者做比较的话，可以发现有很大的不同。奉先殿是明代首创，明孝宗在弘治年间为供奉其生母的神主在奉先殿西侧建奉慈殿，还有弘孝殿、神霄殿，分别奉安孝烈皇后、孝恪皇太后的神位。明世宗即位后，先是改奉慈殿为观德殿，后又在奉先殿之东建崇先殿，供奉其生父兴献王的神主。这些建筑都围绕在奉先殿的左右，除奉先殿外，都是由于明代皇帝没有子嗣，造成继位的皇帝其生身父母的地位按照礼法制度不能入享太庙，甚至其神主也不能进入奉先殿，新皇帝只能通过新建家庙来体现孝心，同时也抬高自己的血统，嘉靖帝就非得为生父争得一个帝王的头衔。奉先殿附近的这一区域也就具有了不同寻常的象征地位，形象地体现了后建家庙是对传统礼制的一个补充。明代帝王的频兴家庙是血统变异问题的一个解决之道，是一种无奈之举，同清代的家庙频兴截然不同。清代帝王只是在末期同治帝之后才出现非子继位的现象，清代的频繁建设家庙同他们的生活空间较大有关系，正宫并不长住，所以在离宫之中也要建设家庙以便于经常行礼。两者的动机、出发点完全不同。

因为孝道思想被认为是封建统治的基础，所以体现孝道思想的宗教建筑在形式上也就明显地要重于其他的宗教建筑，形制等级高，规模较为可观，位置比较显要，使得这一思想可以得到充分的彰显。以祭祖建筑为例，奉先殿为九开间重檐黄琉璃瓦庑殿顶，一层须弥座，等级之高仅次于中路三大殿，室内更是全部天花浑金装修。而经过乾隆朝的建设后，安佑宫、寿皇殿都是七开间重檐歇山黄琉璃顶，形制相近，等级在所属空间区域内都是最高的，安佑宫的形制等级超过了圆明园中的朝会建筑。再看以孝奉太后为名所建的宗教建筑，如北海的阐福寺，大殿仿正定隆兴寺的大悲阁，内立大佛，体量可想而知；小西天为国内体量最大的攒尖方亭式建筑，面积达1200多平方米；清漪园的大报恩延寿寺更是由于佛香阁的巍然矗立而气势不凡；须弥灵境的香岩宗印之阁也是造型独特，庞然而立。这些建筑不仅在宫廷宗教建筑这一类型中最为壮丽，而且也超过了同一空间区域内的其他类型建筑，得到最大程度的彰显。虽是佛教建筑而不避讳，因为这些建筑的目的并不是单纯地为了宗教信仰，精神上同传统的宗法制度吻合，没有矛盾，所以大张旗鼓反而有利于宣扬传统伦理，成为维护统治的一种手段。“凡治国以孝为先”这句话在这些建筑上得到了非常直观的表现。

如果再将孝道思想的外延稍稍扩展，所谓“不孝有三，无后为大”，兴国广嗣也是这一思想的产物。充满理性精神的康熙帝，在位六十余年所建区区几处宗教建筑中就有两处是同生育有关，南苑永佑庙，奉碧霞元君，畅春园娘娘殿，供送子娘娘，始于这种目的的建筑虽然规模不大，但也似乎成为宫廷中不可或缺的一项内容。雍正帝即位后，将圆明园作为离宫御园，在福海边上建广育宫，从属于四十景之一的夹镜鸣琴，也是供奉碧霞元君。从“永佑”“广育”这样的命名中也可看出其中寄予的希望。

综上所述，可知孝道思想在宫廷宗教建筑中占据了极为重要的地位，建筑形式也不局限于祭祖建筑一个范畴之内，三教都有涉及，手段各不相同，但目的是一致的。孝道思想在政治层面同治国安邦、维护纲纪息息相关，在皇室家族层面，保证了家族的延续。清代统治者可能是由于异族统治的缘故，在这方面的重视反而超过了以前的汉族统治者，一个少数民族面对的种族延续的压力比一个多数民族要大得多，且孝道思想对于维护政权的合法地位有着其他任何思想不可比拟的积极作用。

对于任何一个在位的皇帝来说，表现其孝道只有两条途径，一是祭奠逝去的先祖，二是奉养活着的太后，毕竟祭祖活动的频率较低，因此太后的奉养成为帝王尽孝的主要内容，而太后本身就处于一种物质优裕的状态，地位崇高但对于权力无涉，所以宗教建筑的建设在这方面对帝王来说就具有了十分积极的意义。一则太后同宗教已经形成了一种传统的关联，而且精神上的关怀对太后的意义要大于物质的占有；二则兴修寺庙，所费不菲，用来表达心意，足可感人；三则这样的行为对国家政治毫无影响。

作为这个话题的余绪，这里有一则生动的史料：“乾隆元年七月十五日，上谕：朕承皇太后谕旨：顺天府东有一废寺，意欲重修。朕随降旨与陈福、张保，此处破坏庙宇甚多，不知系何寺庙？著伊二人俟皇太后驾过时指与看明，奏朕派委人员修理。乃陈福、张保不但不亲往查看，竟奏闻皇太后留人在彼处察询。张保糊涂不知事务，陈福随侍圣祖多年，理合深知体统，几曾见宁寿宫皇太后当日令圣祖修盖多少庙宇？朕礼隆尊养，宫闱以内事务，一切仰承懿旨，岂有以顺从盖庙修寺为尽孝之理？设外间声扬皇太后各处修理庙宇，致僧道人等借缘簿疏头为由，不时乞求恩助，相率成风，断乎不可。在此时僧道亦知畏惧国法，即欲妄为，必不能行。倘后来或遇年幼之君，并值不知外间事务，主母不能断制，俾若辈自谓得计，殊于国体有伤。今此一事顺从皇太后，仍传朕旨修盖。嗣后如遇此等事务，陈福等不行奏止，轻易举动，多生事端，朕断不轻恕。将此旨传与陈福、张保知悉。”①可怜的太监没有明白皇帝的心思，就事论事地“轻易举动”，成为替罪羊。不过从中可以看出乾隆帝确实心思缜密、深谋远虑，在他未来的帝王生涯中为太后兴建了不止一处寺庙，但都是在宫廷中，这个区别是很重要的。空间位置的不同代表了事物的属性不同，宫廷之内属于皇家范畴，可视为家务事；宫廷之外属于国家范畴，必须考虑因一个行动可能引起的系列社会效应，皇帝修盖寺庙可能成为一种政治姿态，而不是简单的尽孝之举。同时更为重要的是，皇帝必须掌握主动权，太监显然忽视了这一点，使得皇帝在这件事中自始至终处于被动局面，太后的意志成为主动因素，这是皇帝所不能容忍的。尤其考虑到将来出现僧道挟太后以令皇帝的可能性，这个问题就更为严重了。因此对太后的孝道是有范围限制的，必须保证皇帝对权力的完全掌握，表面的“礼隆尊养”不能掩盖皇帝的权威，即使在宫廷中也是如此，皇帝的主动兴建对皇帝更为有利，何况此时皇帝还可以利用皇太后的旗号来为自己的利益服务。清漪园的建设是个典型的例子，实际上这种尽孝也就是皇帝的个人表演，皇太后以一种尊贵的姿态参与其中，成为一个昂贵的道具。这是理解孝道思想的又一面，乾隆帝通过训谕夺回了主动权，家长的地位没有被撼动，修盖寺庙本身就只是一

①[清]鄂尔泰、张廷玉等编纂，《国朝宫史》卷四，北京古籍出版社，1994年，第39页。

件微不足道的事情了。

二、护国有仙佛——佛、道在宫廷生活中的作用

宗教从大的方面说都有道德说教的功能，宗法性宗教同儒学结合规定了一套讲究等级秩序的伦理标准，孝道思想典型地反映了这一点，在这个秩序中，要求人遵从自己的位置来约束行为；佛教则从人生痛苦的根本原因出发，要求人通过节制欲望来约束行为；道教牢牢抓住了人普遍希求长生的心理，以无为的口号来平息人的欲望，进而约束行为。各种教义，出发点不同，但结果相近，尤其是三教经过漫长历史时期的争斗和共存，彼此在理论上都吸收了其他宗教的教义，所以三教之间根本性的矛盾已经淡化，而宗教的道德说教功能被统治者重视并强化。就当时任何一个单一的宗教来看，都有其局限性，宗法性宗教强调的是一种社会法则，对人的个体的关怀比较薄弱，佛、道二教就能适时地起到补充作用，辅助它全面地完成社会功能，神仙菩萨各尽所能，各展所长。北海永安寺的建设是由番僧自告奋勇，以佛教祈佑“寿国佑民”，康熙帝在弘仁寺碑文中写道：“‘朕惟佛教之兴，其来已久，使人迁善去恶，阴翊德化，不可忽也。’移入旃檀佛像，‘创建殿宇，配以菩萨从神，为宗社永呵护，生民祈福佑……’”[①]无论信与不信，宗教的教化功能只要纳入国家的控制自然是有利于安定的，而祈佑的愿望也是美好的，所以宗教建筑的建设应该说没有阻力，它还需要一定的推动力。

这个推动力来自一些非常现实的需求。在中国传统的多神信仰系统中，不同的神祇各自承担了不同的功能，这些功能同人间的需求一一对应，细致入微，门类齐全。圆明园内的情况很有代表性：“园内帝后寝息的园林景群，亦多建有佛殿或设有佛堂，皇子读书处（前垂天贶）设有圣人堂。园内供奉的计有释迦佛、弥勒佛、三世佛、长寿佛、旃檀佛、无量寿佛、开花献佛、欢喜佛、观音、文殊、洛迦、娘娘、花神、蚕神、河神、龙王、土地、关帝、吕祖、药圣、刘承中、风神、云师、雷神、雨师、太岁、碧霞元君等，百神俱全。”[②]佛教系统的神同教义的关系比较密切，大多脱胎于佛教历史的人物，如三世佛等，也有功能指向，药师佛管医药，观音兼有送子之能，无量寿佛保佑长生，同密宗修炼有关的神佛就更为复杂多样了。道教系统中的神仙大多产生于中国本土漫长历史发展过程中的传说，更是五花八门，

①“圣祖御制弘仁寺碑文”，引自[清]于敏中等编纂，《日下旧闻考》卷四十一，北京古籍出版社，1985年，第648页。

②引自《样式雷圆明园图概观》，《圆明园兴建史变迁》，第198页。

只要生活中能够遇到的现象、问题，在这几乎都能找到对应的神仙，正如引文中所描述的那样。可见，当时如果要让生活的方方面面都能比较如意的话，不配备这么一套齐全的神仙系统是很难实现的。圆明园因为离宫型御园的性质决定了在宗教建筑的建设方面比较集中，紫禁城作为正宫有较多约束，而一般的行宫御园由于使用频率相对较低，所以在供奉神佛的种类方面相对少一些，但这只是一个相对的概念，就绝对量来说，清漪园、静明园、静宜园也都不少（其中有些应该是因袭原有的建筑，目前难以准确地区分哪些为清代始建），就是紫禁城中在钦安殿、御花园、慈宁宫花园、宁寿宫花园包括建福宫花园内也有种类繁多的神佛供奉。

其中当时帝王比较重视的有三世佛、文殊、观音等佛教中的重要偶像和关帝、真武大帝、东岳帝君、碧霞元君以及蚕神、河神等，因为这些神佛起作用的领域比较重要。龙王掌管降水，祈雨必去龙王庙，且帝王祈雨也是向百姓做了很好的姿态，表示了解民间疾苦并有所行动。同时，北京皇家园林同水有密切的关系，北方本身是缺水的，因此为了表示珍惜水，也要兴修龙王庙，通过崇祀龙王来表达心意。最典型的是静明园中在泉眼之旁建龙王庙，同时仁育宫（即东岳庙）的祭祀主题也是感谢上天赐予玉泉山的泉水。水不仅对园林很重要，对整个北京城都很重要，水源要珍惜，河道也要整治，每次河工结束后都要修河神庙，因为水利工程十分艰苦，修庙也是对工程的一个纪念，并希望工程可以一劳永逸地解决问题。祭祀蚕神同重农桑劝耕织有关，碧霞元君同繁衍香火有关，这些都是宗法社会比较关心的问题。文殊被视为满族的象征，真武是北方神，北京地处北方，所以真武的护佑自明成祖朱棣开始就格外重视。

所有偶像中关帝的供奉最为普遍，关帝是忠义的化身，三教都视其为教中偶像，佛教将他作为护法神，雍和宫西北角建关帝庙以护佑寺庙，园林之中更是不止一处建有关帝庙，一个圆明园供奉关帝的场所就有北远山村的关帝庙、舍卫城城门楼、日天琳宇等起码三四处。以现在掌握的资料，已不可能明确地知道每一处关帝是出于什么目的供奉，以哪一种宗教的面目出现。即使在当时，可能也未必有明确的划分，因关帝已成为一个很独特的宗教偶像。最终的结果还是落到护佑这个主题上。在当时普遍的信与不信之间的信仰状态，通过偶像的供奉来满足一种心理需求是非常自然而合情理的现象，民间如此，皇家也不例外。直至今日，关帝在华人地区仍是被供奉最多的偶像之一。

综上所述，在“护佑”这个主题上多要仰仗佛道的神仙菩萨，对象的范围大到国家和天下百姓，小到为了太后个人，尽管对象有异，但其中贯穿的精神是一致的，就是追求一个天下太平的安定局面，同统治利益密切相关。由于宗法性宗教局限于天地日月、河海山川、帝王圣贤等大礼，祭祀对象的范围有限，所以其功用也受到限制。并且越是大礼，行礼的频率也就越低，否则为滥。因此，佛、道二教的神仙菩萨就可在日常的生活中发挥作用，在祭祀对象、行礼频度两方面弥补宗法性宗教的不足。宫廷之中供奉仙佛的数量、种类可谓多多益善，从从事宗教活动的情况看，清代帝王尚不能称为佞幸，但其对待仙佛的心理肯定是宁多勿缺，从圆明园集中体现的情况看，这也可视为宫廷宗教文化的一个特点。在民间，由于宗教活动是放在一个公共空间中完成的，所以一个空间的功能是限定得比较明确的，不可能像宫廷一样在一个空间范围内，将各路神仙聚拢一堂。

三、立国赖相扶——三教是密不可分的一个系统

通过上述两条的论述，自然就可看出三教是密不可分的一个系统。其表现在：

（1）三教各自的教义都有局限性，对于帝王之家，其精神需求是多方面的，单一宗教显然无法满足这种需求。雍正帝尝言："以佛治心、以道治身、以儒治世"[①]，对三教之所长可谓了然，颇为中肯。三教就是分别从上述三个方面出发，发展成为一套理论，从根源上就有不同的指向。因此，雍正帝对三教虽然都有深入的参研，但自有分寸，"凡体国经邦一应庶务自有古帝王治世大法，佛氏见性明心之学与治世无涉。"[②]在行动上对于三教的运用也有清醒的判断。外朝如此，内廷亦然。

（2）三教在长期的共存中已经发展出了一套相处的法则，由于儒教的正统地位无以撼动，佛、道二教都采取了一种积极向其靠拢的姿态，教义的修改、发展是一方面，具体的宗教实践中佛道也甘当配角，以佛道的行为为儒教的目的服务又是一方面。而这种具体实践往往并不遵从教义，康熙帝疑惑："朕观朱文公家礼、丧礼不作佛事。今民间一有丧事，便延集僧道，超度炼化，岂是正理？"[③]理学名臣自然进劝力行禁止，但这是不可能有结果的。康熙帝在南苑为太后荐福修建德寿寺，其意思是一样的，只不过手段不同，表现的方式不同而已，都是利用佛道来为儒教的孝道思想服务。佛道的生存状态是缺乏独立性的，只能依附于儒教，即从经

①原文出自《清世宗关于佛学谕旨》，转引自杨启樵著，《雍正帝及其密摺制度研究》，广东人民出版社，1983年，第22页。

②《上谕内阁》四年十二月初八条，转引自冯尔康著，《清世宗的崇佛与用佛》，左步青选编，《康雍乾三帝评议》，紫禁城出版社，1986年，第331页。

③康熙十二年十月初九，于弘德殿同讲官对谈，引自中国第一历史档案馆整理，《康熙起居注》，第一册，中华书局，1984年，第127页。

济角度分析，佛道若不积极参与到家礼、丧事中去，也少了一份可观的收入。在国家政治生活中，明代曾使用道士奏乐参与祭天、祭祖等大礼，清代禁止了这种做法，但对崇尚孝道的清代帝王来说，礼法制度中对女性祭祀对象的限制，使得他们只能借助佛教来表现他们的孝思。

（3）宗教在长期发展的过程中同节日民俗之间有密不可分的关系，宫廷生活在节俗方面同民间毫无二致，而节日活动若离开佛、道二教在当时显然已不可能。这种文化上的相互渗透不是一时一地的个别现象，而是长期发展形成的普遍现象，从这个角度讲，对待佛道不可能有截然的区别或限制，必然是放在一个文化的整体环境中去看待。这在宫廷中的众多节令的活动安排中可以明显地感受到。

（4）三教承担了不同的社会功能，在宫廷这个小社会中也是如此。在国家范畴，儒教针对的是国家政权，有一整套完备的礼法制度。在皇家范畴，儒教反映的是宗族的领导权，同样有一套相似的制度，家族作为国家的基本组成单位在许多方面表现出了极为相似的特点。但正如前文所描述的，儒教有许多没有涉及的领域，尤其在宫廷这个小社会中，具有许多与普通宗族不同的特性，家族成员只是其中一小部分人，尽管他们的地位最高，但更为庞大的是服务人群，其中不仅有宫女、太监，还有地位低下的女眷，他们也有他们的社会需求。其中最为典型的是太监的养老问题，由于太监是特殊人群，所以他们的养老问题也极为特殊，他们没有家庭可以依靠，只能自生自灭，在传统的宗法性宗教中根本没有对他们进行考虑的领地，事实上，他们受到的是非人的歧视。这时佛教就有了用武之地，寺庙成为他们养老的最好去处。鉴于老来有这种寄身的需求，因此他们在年轻时必然也要投入到佛教的活动中去，宗教此时不仅仅是一个精神寄托这么简单了。

三教的偶像齐聚一堂的情形在宫廷中并不多见，只在雍正时期才出现。由于雍正帝有调和三教的意图，所以出现在日天琳宇、慈云普护等有限的几处建筑中，这同民间的情况有较大区别，体现了宫廷反映的是一种上位文化，对教义理论的纯粹还是比较精通并在意。因此严格地说，三教合一只是一个很短时期内出现的现象，而不能称之为清代宫廷宗教文化的一个特点，但三教合流的这种趋势在上文的描述中可以明确地感受到。从教义的相互补充到宗教实践的混合（佛、道的混合更为突出，同宗法性宗教的融合主要还是体现在目的性上），两个层面都有反映，由此可见，宫廷这个小社会的确是整个社会的一个缩影。

四、享国思有源——清代宫廷宗教文化的民族特色

清代的满族统治者作为少数民族掌握了全国政权，因其文化相对比较原始，所以继承汉族文化传统是必然选择，尤其是他们汲

取了元代蒙古统治者的经验教训之后，更为重视这一点，以期政权的稳固。但出于征服者的自豪感和民族自尊，他们必须保持自己的民族特性而不至于在汉化的过程丧失自我，这又是一种自然的心态，并且这种保持种族特性的思想同宗法性宗教和儒家学说是一致的。其中也有对政权稳定的考虑，汉族统治者的经验教训也使他们对汉族文化保持着高度的警惕，这种文化的弱点也是显而易见的，不然一个庞大帝国不会拱手相让于一个新兴的少数民族政权。他们以一个外来者的眼光审慎地观察、学习，并作出自己的抉择，理想的状态自然是取其精华、去其糟粕，但接受一种文化绝不是通过挑挑拣拣就能达到这种理想状态的。

为了保持满民族的民族本色，清代帝王可谓煞费苦心，选秀女不得选汉女，这是为了保持血统；坚持狩猎、骑射是为了保持强悍尚武的精神；官方文件坚持使用满文是为了文化不中断；官僚系统中始终有满人的定额是为了保持对行政系统的控制，如此等等，在政治、军事、文化等各个方面有一系列政策，而宗教方面也是有一套对策。这里有个过程问题，随着满族汉化程度的加深，暴露的问题不同，因此，不同帝王的手段也不同，依时间的顺序，首先是坚持萨满祭祀的传统，兴建堂子并将坤宁宫改建成萨满祭祀的场所，这是象征意义最强的一项举措，在顺治朝即已完成，而后乾隆帝在宁寿宫也布置了同样的祭祀场所，以表示归政之后仍然不废祭祀。这一点比较明显，且前辈学者多有论及，兹不赘述。其次是雍正帝借调和三教的名义，对汉族传统的宗教进行改造，顽强地试图在其中加入黄教的内容，提高黄教的地位。最后到了乾隆朝，乾隆帝通过自身的宗教修行实践，充分领略了黄教所蕴含的文化魅力，决心在满族中推广黄教，使其成为满族普遍的宗教信仰，围绕这一目标开展了一系列的行动，修建黄教寺庙、用满文翻译《大藏经》、建立满族喇嘛寺院等（前文有具体介绍），这些行为都不是用兴黄教为了安定边疆这一目的可以解释的，可以感受到乾隆帝是继承和发展了雍正帝的宗教思想，有所扬弃，利用宗教不仅建立起了一个政治、军事上的少数民族联盟，而且建立了一个文化上的联盟，与政治、军事目的不同，这个联盟的假想敌是汉族文化中的糟粕。

乾隆帝深深了解宗教信仰对于一个民族的重要性，那时清朝开国已有近百年的历史，满族汉化的程度已经很深，开始出现官僚病，生活奢侈淫靡，满族固有文化被淡忘，甚至满文的水平也在下降，乾隆帝把这一切都归结为是由汉族文化的劣根性所引起，把保持民族文化传统同政治清明联系在一起，这就变成了一个很严重的问题。由于汉族官僚仍然是必须倚重的对象，并且汉族文化的精巧、优雅也是乾隆帝所欣赏的（多次南巡、并在皇家园林中模仿江南风景，是在建筑上的主要表现），所以不能公开地排斥汉族文化，陷入了一个为难的境地，此时提出以黄教作为满族的宗教信仰、配备满文经典是个相对周全的对策，对汉族的触动不大，政治上不会产生波动。可惜的是他没有找对症结，满族的腐化同汉化并没有必然的联系，而是一个特权阶层的通病，官僚习气也同民族习性无关，而同政治制度有关，所以这剂药方的效果可想而知。并且宗教信仰靠人为推动也不现实，尤其是在一个已经有悠久宗教传统的文化环境内，除非使用非常激烈的手段，这在当时也是不可能的。

这一民族性在宫廷宗教建筑上的具体表现有以下几点。首先是在紫禁城中轴线上的坤宁宫布置萨满祭祀，实际上这已是一种向汉族文化妥协的措施。按照盛京故宫的布置，萨满祭祀就在清宁宫正寝举行（那里皇帝和皇后没有分居两宫），但仍然具有相当高的地位，尤其是清代对紫禁城的使用使中轴线上的建筑基本成为象征性的场所，只有乾清宫作为御门听政的场所有比较实用的功能。乾隆帝修建归政后居住的宁寿宫时，在宁寿宫中也按照萨满祭祀的需要进行了布置，尽管后来实际并没有使用。其次就是大兴黄教建筑，摸索出了一套行之有效的汉藏结合的建筑手法（关于其建筑艺术特色，参见第五章的有关论述），并使这种富有民族特色的建筑在景观上同传统汉式建筑并置。文化上竭力汉化又对汉化深为恐慌的心态通过这种文化的对峙表现出来。不过，这种建筑风格即使在宫廷中也不是普遍的，宫廷宗教建筑的大部分还是采用纯粹的汉式建筑，但建筑内供奉的多为黄教偶像，念经人员都是喇嘛，雍和宫的喇嘛承担了部分职责（主要为紫禁城服务），正觉寺里的满族喇嘛也承担了一部分（为长春园的含经堂、梵香楼等处念经）。到了乾隆朝汉地佛教在宫廷中基本没有生存空间了，尤其是势力最大的禅宗被皇帝讥为“话头禅”，尽管在皇帝的诗文中不时会炫耀才情而语含禅机，但其宗教实践在宫廷中完全受到抑制。

番僧进表以“文殊”与“满族”读音相近，攀附满族统治者之后，文殊菩萨受到了别样的看待，成为满族的象征，大为彰显。寺庙中文殊殿成为一项主要内容，山西五台山被称为“文殊道场”，因此也受到清代帝王的青睐，多次进山朝拜。这种对文殊菩萨的特殊崇拜也是其宗教文化中民族性的一种表现。

第三节　皇家宗教建筑同皇家园林的关系

宫廷中的宗教建筑同园林的关系密切，皇家文化和世俗文化在这一点上是共同的，有人用山水禅的概念来解释，笔者一直抱着一种更为简单的想法：宗教如果一味以苦行的面目出现是不能立足并广泛传播的。宗教总是同各地最为杰出的艺术结合，这不是教义使然，而完全出自人的需要和信众的热情。上帝在管风琴伴奏的唱诗声中、教堂高耸的空间里、透过五彩玻璃的绚烂光线中、无数精美的绘画和工艺品中向世人投以和善的笑容；佛祖始终面对世人拈花而笑。教义或许就在山水的体验之中，但在世人眼里，中国杰出的园林艺术无疑正是宗教最理想的立身之所。宗教首先显现的便是对世人的亲和。同时在园林中遍布的宗教空间也不断地强化了帝王所希望的对于宫内女眷和上层管理人员在精神上的麻醉作用。在宫廷这一皇权至上的场所，宗教不仅要为帝王祈福，也要现实地抚慰帝王的凡思俗念。凡尔赛宫的北翼，教堂同音乐厅并列；英国的宫殿中教堂同大厅并列；紫禁城中宗教建筑和空间同园林结合在一起；世俗的声色享乐同宗教的清心修为都不过是帝王生活中兴之所至的一种消遣，这些华丽的面具也对皇室之外的人们起到了蒙蔽的作用。

园林的这种娱乐功能同宗教场所结合在民间也有很好的解释，“府州县准令皆立城隍庙。长吏岁时祠以宣报昭泽，而江以南严奉尤谨。开堂皇，崇寝阁，羽卫舄奕，若大府然。往往规庙堧隙地为之池馆台谢以娱神”。[①]“娱神”二字非常形象，神界其实就是人间，娱人与娱神是一致的，苦行只是现实的宗教活动中的一小部分，对于大多数人，单纯的说教不是教育或归化的充分手段。在当时的生活中，不仅园林同宗教结合，就是市井生活也是同宗教建筑紧密相连，夫子庙外行人熙熙攘攘，佛寺道观立于街衢要冲。山清水秀之处，貌似远离尘世，实则游人如织。这其实同宗教的生存状态有关系，宗教的对象是人，宗教的生存也离不开人，无论其教义、思想是否出世，具体的宗教实践还是要落实到人的身上，需要有对人世的关怀，并以此来吸引人们皈依宗教。同时，我们应该清楚地看到，皇家文化的基础是民间文化，皇家文化不是无源之水、空中楼阁，它只是突出地反映了民间文化的某一部分，而且皇室成员同凡夫俗子在文化上也没有本质的区别。皇家文化中有意思的一点是，它往往综合了上位文化和下位文化，对两种不同层次的文化都有吸收，其在审美情趣或宗教修养上所表现出的趣味很是微妙，或者可以说是庞杂，集锦

①《新建上海城隍庙西园湖心亭记》，引自上海城隍庙旅游纪念扇。

式的倾向在多个方面都有体现。既有士大夫阶层的追求玄思、超然物外、自命清高，也有市井之中喧闹烦嚣、夸耀财富、俗丽堆砌。在宗教生活方面，上位文化注重宗教理论，下位文化偏于宗教实践，宫廷之中两者兼而有之，并都努力做到极致。

从根源看，园林本质上是人对心目中理想生存环境的一种直观表达，寄托了人的理想和追求，所以，它也是一种奢侈品，是在一定经济条件下才能实现的艺术创作。从中国的文献记载看，最早的园林是出现在皇家，因为只有皇家才有这样的条件实施园林建设。正因为园林是对理想的描摹，所以在园林创作中不可避免地要引入宗教，宗教表达的主要内容就是一个理想世界，两者在这方面完全重合。这一点在皇家园林中有极为典型的表现，对神仙境界的营造无疑是表达理想环境的重要内容，几乎每座皇家园林都要再现一池三山，这一模式来源于神仙传说，由这个传说又衍生出了一系列的典故，用于表现对神仙境界的描摹。一池三山模式到了后来已经没有多少宗教意味，但如果利用宗教建筑来营造三山，如清漪园中的治镜阁，那么三山的缥缈气息就更为生动了。这也未尝不是另一种放松心灵的方法，只是其中还有皇家专制的影子。通过垄断对三山模式的使用，从而借以夸耀，这个逻辑可能很可笑，却很现实。这是皇家文化的独特之处，既有追求文化意蕴的向往，又不免落入喜欢夸饰的俗套。

当时的宗教文化，由于宗法性宗教占据了主要地位，将其实践活动限制在一个很小的范围内，所以佛、道二教以补充者的身份出现，其本身在意识形态的独立地位已经丧失，成为文化附庸。这种附庸地位使得它们只能在政治以外的社会空间中生存发展，文化、艺术领域就成了它们的主要阵地。文人们也将佛、道二教作为逃避现实政治的一块精神上的世外桃源，发展出了一种独特的隐逸的宗教文化。园林正是人们暂时隐逸的空间，在这个空间里，人们希望忘却尘世的烦恼，宗教在渲染超脱尘世的氛围方面具有无可比拟的优势。尘世的烦恼不会因为人的身份而消失，反而对于肩负政治责任的人来说可能更多，而他们也有能力为自己创造更大的隐逸空间，自然也可更为着力地在其中渲染出世情怀。当然这也同最高统治者个人的修养、爱好有关，康熙帝经营的园林中较少有宗教建筑，而积极参与宗教事务的雍正、乾隆两代帝王就自然而然地要利用宗教建筑来营造符合自己审美趣味的景致。

总之，园林是用于游观的，这是根本目的。“独乐乐不如众乐乐”，皇家园林也有其一定的公共性，得到宠信的王公大臣有时可以与帝王共同游园，宫廷成员也是一个公众群体，当然游园往往同年节习俗有关，年节习俗又同宗教有密切关系，许多节俗就是来源于宗教传说。从乾隆帝在圆明园的活动流线看，每月朔望的活动既有参拜宗教建筑也有游园观赏，两者结合才是一幅园林生活的完整画面。

最后，从静明园、静宜园、清漪园等皇家园林的沿革看，其前身是民间的风景胜地，在成为皇家园林之前那里已是宗教建筑荟萃之地。这是由于宗教建筑在当时的人文环境中占据了重要地位，其原因在于宗教建筑所具有的公共性。公共性表现在以下两个方面。一是资金的来源；二是建筑的使用。两个方面的公共性使得寺观建筑可能具有宏敞的建筑空间格局，同时也成为公众会聚的场所，这个功能在当时的社会生活中具有十分积极的意义，且为其他任何类型的建筑所不可能具有。尤其在没有公共园林这个概念的时候，寺庙同所处的自然环境结合所形成的独特景观，包括其中所有的寺庙园林，事实上就承担起了公共园林的功能。作为当时的旅游设施的建设，其资金来源有相当一部分是来自就近的寺观。这是宗教建筑在当时社会中所承担的较为综合的功能，并不是仅仅局限于宗教这一意识形态领域。这可能也是为什么元明以降，宗教思想的发展江河日下，但宗教活动在整个社会中的地位仍能保持，宗教建筑仍能持续地得到支持和发展的原因。这是宗教在民间的生存状态，同宗教在皇家的情况不尽相同，但两者之间仍有曲折的联系，因为民间文化是皇家文化的基础和土壤。这一点在静明园、静宜园、清漪园的历史沿革中可以感受到。

宗教与园林的话题是难以尽述的，两者之间有着千丝万缕的联系，清代皇家园林中出现了数量惊人的宗教建筑，成为一个显著的特点。本文只能以笔者粗浅的学识尝试分析其中的原因，真正完全的解释可能隐身在更为广阔的历史世界中。

结语 >>

清代满族统治者起兵关外，迅速夺取全国政权，定都北京后，继承了明代宫殿，也包括其中的不少宗教建筑，且基本上没有改变其原始功能。伴随着政权的稳固，宫廷中的建设不断增加，宗教建筑也是一项重要内容，至乾隆朝达到高峰。无论正宫、离宫和行宫，宗教建筑都占据了一席之地，甚至成为整个空间的主导，其建筑形式丰富，数量众多，有着自己独特的艺术魅力。同时，建筑作为人类精神的物质载体，宫廷宗教建筑直观地反映了当时皇家宗教思想及文化，对全面理解清代历史具有积极意义。通过前述各章的具体研究分析和论述，本论文在以下几个方面的阐述有助于对清代宫廷宗教建筑有更为清晰的理解。

第一，清代宫廷宗教建筑主要完成于顺治至乾隆四朝，不同的帝王有不同的侧重，反映了其个人的宗教思想，其中的时间线索是重要的。帝王思想个性的形成同当时的政治、文化环境存在着密切的关联，反映了当时所面临的具体问题，从宗教建筑的成因分析，每处宗教建筑的建设都有其“必然”的因素。正是对不同帝王的个性研究，使文化发展的动态过程得以显现。每个帝王都有其个性独特的地方，顺治帝努力汉化，康熙帝充满理性，雍正帝调和三教，乾隆帝大兴黄教但不偏废汉地文化，利用黄教维护民族个性。

第二，清代宫廷宗教文化中的民族性是相当重要的特征，民族风格的宗教建筑和大量的汉式建筑并存，直观地反映了当时的文化政策。顺治帝比较重视汉化，虽然也对满族保持自己的民族个性有所考虑，但在当时文化上的进步是主要矛盾，汉化可能带来的问题尚未引起高度重视。康熙帝已开始考虑汉化问题对满民族的负面影响，提出了一些举措，仍未涉及宗教领域。当时黄教并未得到大力推行，只是为了边疆少数民族的稳定而加以保护。雍正帝利用宗教为少数民族政权的合法性进行辩解，并致力于调和三教。在其中加入黄教思想，试图改造汉地传统宗教文化。体现了乾隆帝既要延续既定的汉化之路，又对满族“过分”汉化所带来的问题的忧虑。在宫廷中乃至整个满民族中大力推行藏传佛教，希望通过不同于汉族的宗教信仰，来抵御汉族文化对满族文化的侵蚀，并同其他少数民族结成文化联盟，提高少数民族文化的地位。但对汉族文化的优秀部分仍然加以保留并弘扬，从建筑形式到宗教内容都是如此。总体上汉族文化还是占据了主要地位，在清漪园、静明园、静宜园等皇家园林中，宗教建筑都成为景观中的主角，藏式建筑和汉式建筑对峙的局面又别有一番深长的意味。

第三，宫廷宗教建筑数量众多，它们之间存在着一种相互的关联，共同构成了一个特殊的系统。这个系统由几个方面的因素决定，宗教建筑所具有的象征意义是其一；空间属性是其二；具体的使用是其三。同时这三个因素之间又相互作用。总体上形成了一种分层的结构形式，表层是政治上具有积极象征意义的宗教建筑，如祭祖、祀孔以及表现孝道、护国佑民思想和民族性的宗教建筑，这是最为彰显的一类，使用上反倒不是最为频繁（有的虽然形式上活动颇多，但宫廷上层的参与并不多，如萨满祭祀），但从建筑的规模、形制来看明显处于一个高位，其公共性也最强。在这层宗教建筑下面是一批具有明确功能指向的宗教建筑，这些功能是由其中供奉的神灵的专长决定。这些建筑的实际使用自有相关人群，仪式性较弱，注重实用，公共性降低。最核心的一层是同宫廷上层的起居空间紧密相连的宗教建筑，这部分建筑日常使用的频率最高，用于个人修炼，最为真实地反映了使用者的宗教信仰，没有公共性，空间的规模和形式完全从宗教教义和实际使用的角度出发。这个由表及里的结构真实地反映了宗教在政治重压之下的生存状态，在宫廷之中也没有例外，尽管最高统治者从个人角度来说不乏崇信。而从正宫到离宫再到行宫这一政治性逐渐减弱的空间序列中，宗教建筑在这些空间领域中也发生了相应的变化，宗教内容的选择随之调整，同上述情况相映成趣，并可视之为一个尺度更大的空间结构系统。

第四，宫廷宗教建筑在建筑艺术上有自己独特的成就。这些成就包括在通过建筑语言表达象征意义方面的成功实践，结合不同民族风格的探索以及不拘一格、突破常规的建筑形式和功能的创新。宫廷中的宗教建筑，其形式的多样性超过了任何其他类型的建筑，在一些特殊题材的设计上形成了独具特色的手法，诸如藏传佛教中的坛城模式和汉族文化中对神仙境界的建筑描摹，这些题材本身多局限于皇家使用，而宗教教义又是其中的核心内容，因此教义的表达成为关键，在一个程式化的建筑语言体系里，这种实践无疑具有极为重要的积极意义。

第五，宫廷宗教建筑中的相当一部分是为宫廷中的公共生活服务的，是后宫中的公共空间，这一特性决定了宗教建筑在宫廷生活中的地位，是我们今天了解宫廷生活的重要媒介，宗教建筑的系统特性无疑也是宫廷成员社会结构的一种体现。

总之，文化的内涵是丰富的，也是具体而微的，宫廷宗教文化是通过具体的宗教行为、空间模式、建筑形式、建筑动机、宗教内容的选择等各个或大或小、或抽象或具体的方面综合在一起形成的，本文试图通过宫廷宗教建筑所涉及的多个方面来研究、探寻清代宫廷宗教文化的本来面目。

我想，本文只是一个小小的开端，囿于个人的学识、能力，只能做到初窥堂奥，中国宗教文化的复杂性首先就是一道难关。不过也正是这种复杂性使得这个题目具有了挑战的魅力，本人不避粗陋地做抛砖之举，期待着未来这个领域有更为深入、细致的研究，相信人们终会揭开历史的面纱。

参考文献

1.《礼记》，崔高维校点，辽宁教育出版社，1997年

2.牟钟鉴、张践著，《中国宗教通史》，社会科学文献出版社，2000年

3.《国语》，上海书店，1987年

4.杨伯峻著，《春秋集注》，中华书局（《春秋集注》应该是高闶的，杨伯峻先生有一本《春秋左传注》）

5.王夫之著，《礼记章句》卷二十五，《船山全书》第四册，长沙岳麓书社，1996年

6.《论语》，外语教学与研究出版社，1998年

7.《新唐书》，中华书局，1975年

8.杨振宁著，《美与物理学》，《知识就是力量》杂志2001年第8期

9.《史记》，中华书局，1959年

10.《汉书》，中华书局，1962年

11.[明]顾炎武著，《历代宅京记》，中华书局，1984年

12.郭湖生著，《唐大明宫建筑形制初探》，刘先觉主编，张十庆副主编，《建筑历史与理论研究文集》，中国建筑工业出版社，1997年

13.国家图书馆馆藏，雷氏样式房图档

14.《旧唐书》，中华书局，1975年

15.《清史稿》，中华书局，1977年

16.《金史》，中华书局，1975年

17.[清]于敏中等编纂，《日下旧闻考》一至四册，北京古籍出版社，1985年

18.《元史》，中华书局，1976年

19.《明史》，中华书局，1974年

20.[明]刘若愚著，《酌中志》，北京古籍出版社，1994年

21.汤用彬、彭一卣、陈声聪编著，《旧都文物略》，书目文献出版社，1986年

22.[清]高士奇著，《金鳌退食笔记》，北京古籍出版社，1980年

23.[明]沈德符撰，《万历野获编》上，中华书局，1997年

24.[明]沈榜编著，《宛署杂记》，北京古籍出版社，1983年

25.许以林著，《奉先殿》，《故宫博物院院刊》1989年第1期

26.[明]刘若愚著，《明宫史》，北京古籍出版社，1980年

27.杨文概著，《北京故宫乾清宫东西五所原为七所辨证》，单士元、于倬云主编，《中国紫禁城学会论文集》第一辑，紫禁城出版社，1997年

28.任继愈主编，《中国道教史》，上海人民出版社，1997年

29.[清]鄂尔泰、张廷玉等编纂，《国朝宫史》，北京古籍出版

社，1987年

30．章乃炜、王蔼人编著，《清宫述闻》初续编合编本，紫禁城出版社，1990年

31．[清]庆桂等编纂，《国朝宫史续编》，北京古籍出版社，1994年

32．马洪路、马得志著，《唐代长安宫廷史话》，新华出版社，1994年

33．朱庆征著，《顺治朝上帝坛》，《故宫博物院院刊》1999年第4期，版社

34．[清]何刚德著,《春明梦录·客座偶谈》，上海古籍书店影印，1983年

35．[梁]释慧皎撰，汤用彤校注，《高僧传》，中华书局，1992年

36．土观·洛桑却吉尼玛著，《章嘉国师若必多吉传》，民族出版社，1988年

37．陈宗蕃编著，《燕都丛考》，北京古籍出版社，1994年

38．周苏琴著，《北京故宫御花园浮碧亭澄瑞亭沿革考》，单士元、于倬云主编，《中国紫禁城学会论文集》第一辑，紫禁城出版社，1997年

39．李国荣著，《帝王与炼丹》，中国民族大学出版社，1994年

40．[清]蒋良琪撰，《东华录》，中华书局，1980年

41．周苏琴著，《清代顺治、康熙两帝最初的寝宫》，《故宫博物院院刊》1995年第3期，紫禁城出版社

42．白洪希著，《盛京清宁宫萨满祭祀考辨》，《故宫博物院院刊》1997年第2期，紫禁城出版社

43．阎崇年著，《清代宫廷与萨满祭祀》，《故宫博物院院刊》1993年第2期，紫禁城出版社

44．王家鹏著，《雨华阁探源》，《故宫博物院院刊》1990年第1期

45．朱家溍著，《故宫退食录》，北京出版社，1999年

46．刘潞著，《坤宁宫为清帝洞房原因论》，《故宫博物院院刊》1996年第3期，紫禁城出版社，1996年

47．汤用彤著，《隋唐佛教史稿》，中华书局，1982年

48．傅连兴、白丽娟著，《建福宫花园遗址》，《故宫博物院院刊》1983年第3期，紫禁城出版社

49．王家鹏著，《故宫六品佛楼梵华楼考》，朱诚如、王天有主编，《明清论丛》第一辑，紫禁城出版社，1999年

50．[英]特伦斯·霍克斯著，瞿铁鹏译，《结构主义和符号学》，上海译文出版社，1997年

51．刘潞著，《论清代先蚕礼》，《故宫博物院院刊》1995年第1期，紫禁城出版社

52．周维权著，《中国古典园林史》，清华大学出版社，1999年

53．常少如主编，《藏传佛教古寺雍和宫》，北京燕山出版社，1996年

54．[清]吴长元著，《宸垣识略》，北京

古籍出版社，1983年

55．魏开肇著，《雍和宫漫录》，河南人民出版社，1985年

56．张驭寰著，《圆明园里的舍卫城》，载中国圆明园学会编，《圆明园学术论文集》第五集，中国建筑工业出版社，1992年

57．宿白著，《藏传佛教寺院考古》，文物出版社，1996年

58．[瑞典]奥斯瓦德奚伦著，韩宝山译，《圆明园》，载中国圆明园学会编，《圆明园学术论文集》第五集，中国建筑工业出版社，1992年

59．张恩荫著，《圆明大观话盛衰》，紫禁城出版社，1998年

60．中国第一历史档案馆编，《圆明园》上编，上海古籍出版社，1991年

61．舒牧、申伟等编，《圆明园资料集》，书目文献出版社，1984年

62．李申著，《中国儒教史》上、下编，上海人民出版社，2000年

63．王家鹏著，《乾隆与满族喇嘛寺院——兼论满族宗教信仰的演变》，载《故宫博物院院刊》1995年第1期，紫禁城出版社

64．罗文华著，《清宫六品佛楼模式的形成》，《故宫博物院院刊》2000年第4期，紫禁城出版社。

65．王道成主编，方玉萍副主编，《圆明园——历史·现状·论争》上、下卷，北京出版社，1999年

66．刘敦桢著，《同治重修圆明园史料》，《刘敦桢文集》(一)，中国建筑工业出版社，1982年

67．清华大学建筑学院著，《颐和园》，中国建筑工业出版社，2000年

68．Simon Thurley, The Royal Palaces of Tudor England, Yale University Press，1993年

69．Jean-Marie Pérouse de Montclos, Versailles, Abbeville Press，1991年

70．王子林著，《仙楼佛堂与乾隆的“养心”、“养性”》，载《故宫博物院院刊》2001年第4期，紫禁城出版社

71．陈亚兰著，《沟通中西天文学的汤若望》，科学出版社，2000年

72．中国第一历史档案馆整理，《康熙起居注》，中华书局，1984年

73．左步青选编，《康雍乾三帝评议》，紫禁城出版社，1986年

74．李国荣、张书才著，《实说雍正》，紫禁城出版社，1999年

75．汤一介主编，《中国宗教：过去与现在——北京国际宗教会议论文集》，北京大学出版社，1992年

76．张恩荫著，《圆明园变迁史探微》，北京体育大学出版社，1991年

77．刘仲宇著，《中国道教文化透视》，学林出版社，1990年

78．李天纲著，《中国礼仪之争：历史、文献和意义》，上海古籍

出版社，1998年

79. 杨启樵著，《雍正帝及其密摺制度研究》，广东人民出版社，1983年

80. [英]特伦斯·霍克斯著，瞿铁鹏译，《结构主义和符号学》，上海译文出版社，1997年

81. Chad Hansen, Chinese Confucianism and Daoism, edited by Phlip L. Quinn and Charles Taliaferro, A COMPANION TO PHILOSOPHY OF RELIGION, BLACKWELL，1997年

82. 马克斯·韦伯著，王容芬译，《儒教与道教》，商务印书馆，1995年

83. 严耀中著，《中国宗教与生存哲学》，学林出版社，1991年

84. 柴惠庭著，《英国清教》，上海社会科学院出版社，1994年

85. 刘敦桢主编，《中国建筑史》，中国建筑工业出版社，1984年

86. 萧默主编，《中国建筑艺术史》，文物出版社，1999年

87. 詹鄞鑫著，《神灵与祭祀》，江苏古籍出版社，2000年

88. [汉]许慎著，《说文解字》，中华书局，1963年

89. [美]克里斯蒂安乔基姆著，王平、张广保等译，《中国的宗教精神》，中国华侨出版公司，1991年

90. 方晓风著，《紫禁城后宫宗教建筑和空间初探》，张复合主编，《建筑史论文集》第11辑，清华大学出版社，1999年

91. 方晓风著，《圆明园宗教建筑研究》，《故宫博物院院刊》2002年第1期，紫禁城出版社

92. 方晓风著，《“礼制建筑”求解》，张复合主编，《建筑史论文集》第15辑，清华大学出版社，2002年

93. 中国佛教协会编，《中国佛教》，东方出版中心，1996年

94. 罗竹风主编、陈泽民副主编，《宗教学概论》，华东师范大学出版社，1996年

95. 南怀瑾著，《金刚经说什么》，北京师范大学出版社，1997年

96. 马书田著，《华夏诸神》，北京燕山出版社，1990年

97. 徐珂编撰，《清稗类钞》，中华书局，1984年

98. 黄夏年主编，《佛教三百题》，上海古籍出版社，2000年

99. 王卡主编，《道教三百题》，上海古籍出版社，2000年

100. [清]昭梿著，《啸亭杂录》（附啸亭续录），中华书局，1997年

101. 秦国经著，《中华明清珍档指南》，人民出版社，1996年

102. 陈志华著，《外国造园艺术》，（台）明文书局，1990年

103. [美]孔飞力著，陈兼、刘昶译，《叫魂：1768年中国妖术大恐慌》，上海三联书店，1999年

104. 于倬云主编，《紫禁城宫殿》，商

务印书馆香港分馆，1983年

105．故宫博物院古建管理部编，《紫禁城宫殿建筑装饰：内檐装修图典》，紫禁城出版社，1995年

106．于倬云主编，《紫禁城建筑研究与保护：故宫博物院建院70周年回顾》，紫禁城出版社，1995年

107．满学研究会编，《清代帝王后妃传》上，中国华侨出版公司，1989年

108．天津大学建筑工程系主编，《清代内廷宫苑》，天津大学出版社，1986年

109．郝慎钧、孙雅乐著，《碧云寺建筑艺术》，天津科学技术出版社，1997年

110．何重义、曾昭奋著，《圆明园园林艺术》

111．Che Bing Chiu，Yuan Ming Yuan：Le jardin de la Clarte parfoute，Les Editions de l' Imprimeur，2000年

112．朱诚如、王天有主编，《明清论丛》第二辑，紫禁城出版社，2001年

113．白文明著，《中国古建筑艺术》第三册：宗教建筑，黄河出版社，1999年

114．上海书店出版社编，《〈大义觉迷〉谈》，上海书店出版社，1999年

115．故宫博物院编，《紫禁城》，紫禁城出版社，1987年

116．于倬云、楼庆西编，《中国美术全集——建筑艺术编：宫殿》，中国建筑工业出版社，1987年

117．程里尧编著，《中国古建筑大系》之《皇家苑囿建筑》，中国建筑工业出版社，1993年

118．（台）故宫博物院编著，《故宫藏画精选》，读者文摘亚洲有限公司，1981年

119．中国政协全国委员会文史资料研究委员会编，《晚清宫廷生活见闻》，文史资料出版社出版，1982年

120．孟森著，吴俊编校，《孟森学术论著》，浙江人民出版社，1998年

121．[春秋]孔子编著，《诗经》，武汉出版社，1997年

122．乌丙安著，《神秘的萨满世界》，上海三联书店，1989年

123．[清]鄂尔泰等编，《圆明园图咏》，河北美术出版社，1993年

附录：清代宫廷宗教建筑年表

序号	建筑名称	建筑地点	始建年代	用途	始建原因
（一）清因明旧					
1	钦安殿	紫禁城	永乐	祀真武大帝	永乐帝以真武为保护神
2	英华殿	紫禁城		礼佛	宫中女眷日常使用
3	慈宁宫佛堂	紫禁城	嘉靖	礼佛	太后日常使用
4	中正殿一路	紫禁城	嘉靖	道教修炼，清代改为佛教活动场所	嘉靖帝个人玄修之用
5	大光明殿	西苑中海之西	嘉靖二十三年	道教修炼	嘉靖帝个人玄修之用，宫婢之变后移居西苑，兼理政务
6	大高玄殿	景山之西	嘉靖二十三年	道教修炼	
7	大西天经厂	西苑之北海	明末	供三世佛	贮藏经板
8	香山寺	静宜园	金大定二十六年	佛寺	民间使用
9	洪光寺	静宜园	成化年间	佛寺	民间使用
10	碧云寺	静宜园	元至顺初年	佛寺	民间使用
（二）顺治时期					
1	永安寺	北海	顺治八年	佛寺	护国佑民
2	坤宁宫改建	紫禁城	顺治十二年	萨满祭祀	民族传统
3	奉先殿	紫禁城	顺治十二年	祭祖	重礼崇孝
4	万善殿	中南海	顺治十三年前	佛堂	召对高僧
5	上帝坛	紫禁城	顺治十四年	祭天	敬天
6	元灵宫	南苑	顺治十四年	道观	不详
7	玄穹宝殿	紫禁城	可能同上	祀玄天上帝	不详

续表

序号	建筑名称	建筑地点	始建年代	用途	始建原因
8	德寿寺	南苑	顺治十五年	佛寺	为太后祝寿
（三）康熙时期					
1	弘仁寺	北海之西	康熙五年	佛寺	安置旃檀佛像
2	永佑庙	南苑	康熙十七年	奉碧霞元君	多子多福
3	传心殿	紫禁城	康熙二十四年	祀孔圣、先贤、帝师	重视文教
4	永慕寺	南苑	康熙三十年	佛寺	为太后祝釐
5	关帝庙	畅春园	不详	祀关帝	*不清楚是否康熙时始建或原来就有
6	娘娘殿	畅春园	不详	供送子娘娘	
（四）雍正时期					
1	慈云普护	圆明园	雍正即位前	供佛、道神像	园林点缀
2	日天琳宇	圆明园	雍正即位前	供佛、道神像	营造神仙境界
3	天神坛	圆明园	雍正即位前	拜祭、行法	祈求平安
4	寿皇殿	景山	雍正元年	祭祖	重礼崇孝
5	福佑寺	紫禁城护城河外东侧	雍正元年	祭祖	重孝
6	养心殿佛堂	紫禁城	雍正初年	有佛堂	改作正寝后日常使用的需要
7	舍卫城	圆明园	雍正初年	佛寺	成为宫廷娱乐、教育的背景
8	广育宫	圆明园	雍正初年	祀碧霞元君	多子多福
9	前垂天贶圣人堂	圆明园	雍正初年	祭拜孔圣	重视文教

续表

序号	建筑名称	建筑地点	始建年代	用途	始建原因
10	北远山村关帝庙	圆明园	雍正初年	祭祀关帝	园林点缀
11	九州清晏佛堂	圆明园	雍正初年	佛堂	日常使用需要
12	恩佑寺	畅春园	雍正初年	佛寺	为康熙荐福
13	刘猛将军庙	圆明园	雍正二年	祈求灭蝗	有蝗灾
14	时应宫	中海	雍正二年	龙王庙	求雨
15	城隍庙	紫禁城	雍正四年	供奉城隍	保平安
16	斋宫	紫禁城	雍正八年	大祭前致斋	为了安全
17	宁佑庙	南苑	雍正八年	土地庙	保平安
18	养心殿设坛	紫禁城	雍正九年	拜斗姆	求平安
19	澄瑞亭设坛	紫禁城	雍正九年	拜斗姆	求平安
（五）乾隆时期					
1	月地云居	圆明园	乾隆二年前	黄教寺庙	宗教修炼
2	洛迦胜境	圆明园	乾隆三年	祀洛迦	园林点缀
3	方壶胜境	圆明园	乾隆五年前	供佛道神像	营造神仙境界
4	安佑宫	圆明园	乾隆五至八年	祭祖	重礼崇孝
5	先蚕坛	北海	乾隆七年	祭祀蚕神	重视女德、耕织
6	雍和宫改庙	雍和宫	乾隆九至十五年	黄教寺庙	利用潜邸
7	阐福寺	北海	乾隆十一年	佛寺	为太后祝釐
8	法慧寺	长春园	乾隆十二年	佛寺	园林点缀
9	宝相寺	长春园	乾隆十二年	佛寺	园林点缀
10	含经堂佛堂	长春园	乾隆十二年	佛堂	个人修炼
11	梵香楼	长春园	无考[1]	六品佛楼	个人修炼
12	碧云寺扩建金刚宝座塔	静宜园	乾隆十三年	黄教寺庙	有番僧进贡塔样

续表

序号	建筑名称	建筑地点	始建年代	用途	始建原因
13	碧云寺罗汉堂	静宜园	乾隆十三年	供五百罗汉	仿杭州净慈寺
14	寿皇殿	景山	乾隆十四年	祭祖	重礼
15	雨华阁改建	紫禁城	乾隆十五年	密宗修炼	向往藏传佛教文化
16	大报恩延寿寺	清漪园	乾隆十六年	佛教寺庙	为太后祝寿
17	宝云阁	清漪园	乾隆十六年	铜质佛殿	寺庙配置，园林装点
18	转轮藏	清漪园	乾隆十六年	安置转轮藏	寺庙配置，园林装点
19	罗汉堂	清漪园	乾隆十六年	供奉罗汉像	寺庙配置，园林装点
20	慈福楼	清漪园	乾隆十六年	佛殿	寺庙配置，园林装点
21	须弥灵境	清漪园	乾隆十六年	黄教寺庙	为太后祝寿、兴黄教
22	云会寺	清漪园	乾隆十六年	佛寺	园林点缀
23	善现寺	清漪园	乾隆十六年	佛寺	园林点缀
24	妙觉寺	清漪园	乾隆十六年	佛寺	苏州街配景
25	花承阁	清漪园	乾隆十六年	建塔、供佛	园林点缀
26	广润祠	清漪园	乾隆十六年	龙王庙	重视治水
27	治镜阁	清漪园	乾隆十六年	佛寺	园林点缀，营造神仙境界
28	昙花阁	清漪园	乾隆十六年	供佛	园林点缀
29	五圣祠	清漪园	乾隆十六年	祀道教神灵	园林点缀
30	文昌阁	清漪园	乾隆十六年	祀文昌帝君	文武相配，共同护佑

续表

序号	建筑名称	建筑地点	始建年代	用途	始建原因
31	宿云檐	清漪园	乾隆十六年	祀关圣帝君	护国佑民
32	乐寿堂佛堂	清漪园	乾隆十六年	佛堂	个人修炼
33	乐安和佛堂	清漪园	乾隆十六年	佛堂	个人修炼
34	凤凰楼佛堂	清漪园	乾隆十六年	佛堂	园林点缀
35	蚕神祠	清漪园	乾隆十六年	祭祀蚕神	耕织图的配景
36	龙神祠	静明园	乾隆十七年	祀龙王	珍爱泉水
37	香岩寺、玉峰塔	静明园	乾隆二十一年前	佛寺	造景
38	妙高寺、妙高塔	静明园	乾隆二十一年前	黄教寺庙	造景
39	东岳庙（仁育宫）	静明园	乾隆二十一年	祀东岳大帝	珍爱玉泉泉水
40	圣缘寺	静明园	乾隆二十一年	佛寺	同东岳庙相配
41	慧曜楼	紫禁城	乾隆二十一年前	六品佛楼	密宗供养、修炼
42	西天梵境	北海	乾隆二十四年	贮藏经板	贮藏经板
43	正觉寺	绮春园	乾隆三十八年前	黄教寺庙	满族喇嘛寺院
44	慈宁宫花园扩建	紫禁城	乾隆三十四年	供佛	为太后祝寿
45	汇万总春之庙（花神庙）	圆明园	乾隆三十四年	祀花神	园林点缀，仿杭州
46	宁寿宫改建	紫禁城	乾隆三十五至四十四年	萨满祭祀	不忘本
47	养性殿佛堂	紫禁城	乾隆三十五至四十四年	佛堂	日常使用需要

续表

序号	建筑名称	建筑地点	始建年代	用途	始建原因
48	宁寿宫花园	紫禁城	乾隆三十五至四十四年	含有多处供佛空间	点缀园林、日常使用
49	小西天	北海	乾隆三十六年	供佛	为太后祝寿，仿南海普陀山的泥塑大山，营造神仙境界
50	恩慕寺	畅春园	乾隆四十二年	佛寺	为太后祝寿
51	昭庙	静宜园	乾隆四十五年	黄教寺庙	配合六世班禅进京祝寿

注：本表为不完全统计，只列出文献中有明确记载且较为显著者。

档案中出现装修记载的年代是乾隆二十二年，建筑应不会早于含经堂的建设，年代则介于乾隆十二年至二十二年之间。参见罗文华著，《清宫六品佛楼模式的形成》，《故宫博物院院刊》，紫禁城出版社，2000年第4期。

方晓风，1969年生于上海，1992年毕业于清华大学建筑学院，获建筑学学士学位；1992至1997年任职于上海中建建筑设计院；2002年于清华大学建筑学院获工学博士学位。2002年至今，任教于清华大学美术学院；2007年至今，任职于《装饰》杂志。

担任“中国人居环境学年奖”组委会副主任兼秘书长，致力于中国空间设计教育的交流与人才选拔，倡导环境审美意识。同时，出任“筑巢奖”组委会主席，致力于奖项的平台化建设，引导中国住宅室内设计的研究与交流，培育优秀的青年设计师，助推行业发展。近年来，方晓风专注于两个方面的研究：城市公共空间、中国传统造园理论与实践。

曾参与中央电视台《为中国而设计——境外设计二十年》和《为中国而设计——世博建筑》两部大型纪录片的策划。2008年为纪念《装饰》创刊50周年，策划了装饰·中国路——新中国设计文献展，引起广泛关注。2009年策划的“艺之维新”——清华大学美术学院邀请展着重展现了中国设计传统中的文人文化。

策展与获奖：2008年策划“装饰·中国路——新中国设计文献展”；2009年策划“艺之维新——清华大学美术学院邀请展”。

著作出版：《写在前面》（著），凤凰出版集团美术出版社，2014；《中国园林艺术——历史·技艺·名园赏析》（主编），中国青年出版社，2010。